数字绘画艺术创作与实践研究

朱诚静◎著

U0334130

时代文艺出版社
SHIDAI WENYI CHUBANSHE

图书在版编目（CIP）数据

数字绘画艺术创作与实践研究／朱诚静著. -- 长春：
时代文艺出版社, 2024. 11. -- ISBN 978-7-5387-7606
-5

Ⅰ. TP391.413

中国国家版本馆CIP数据核字第2024EU6332号

数字绘画艺术创作与实践研究
SHUZI HUIHUA YISHU CHUANGZUO YU SHIJIAN YANJIU

朱诚静　著

出 品 人：吴　刚
责任编辑：杜佳钰
装帧设计：文　树
排版制作：隋淑凤

出版发行：时代文艺出版社
地　　址：长春市福祉大路5788号　龙腾国际大厦A座15层（130118）
电　　话：0431-81629751（总编办）　0431-81629758（发行部）
官方微博：weibo.com/tlapress
开　　本：710mm×1000mm　1/16
印　　张：19.5
字　　数：280千字
印　　刷：廊坊市广阳区九洲印刷厂
版　　次：2024年11月第1版
印　　次：2024年11月第1次印刷
书　　号：ISBN 978-7-5387-7606-5
定　　价：86.00元

图书如有印装错误　请与印厂联系调换　（电话：0316-2910469）

前　　言

　　随着计算机技术的飞速发展和互联网的普及，艺术创作领域正经历着前所未有的变革。数字绘画作为这一变革中的佼佼者，以其独特的魅力和无限的可能性，逐渐成为当代艺术的重要组成部分。它不仅继承了传统绘画的精髓，更在技法、表现形式和传播方式上实现了质的飞跃，为艺术家们提供了更加广阔的创作空间和更加丰富的表现手法。

　　本书旨在深入探讨数字绘画艺术的创作与实践，分析其在技术、审美、文化等方面的特征，以及其对传统绘画艺术的继承与发展，为数字绘画艺术的进一步繁荣提供理论支持和实践指导。全面且深入地探讨了数字绘画艺术的各个方面，从基础定义到技术实现，再到艺术实践与商业应用，为读者构建了一个完整的数字绘画知识体系。从数字绘画的定义、发展历程及与传统绘画的异同出发，逐步深入介绍了数字绘画的媒介工具、艺术特征及其分类。随后，通过解析数字图像处理原理、色彩管理、软件操作等技术基础，为读者打下坚实的创作基石。书中还详细阐述了构图、透视、色彩运用、光影处理等核心创作技巧，助力读者提升艺术表现力。此外，探索了多种数字绘画风格及其表现技巧，鼓励读者发展个人风格。最后，还聚焦数字绘画在商业领域的广泛应用，包括游戏设计、影视概念、广告包装等，为数字艺术家们提供了广阔的职业发展视野。

数字绘画作为当代艺术的重要组成部分，以其独特的魅力和无限的可能性正逐渐改变着艺术创作的面貌和格局。通过对数字绘画艺术的兴起背景、特征分析、创作实践以及发展前景的探讨和研究，旨在为广大艺术家和研究者提供有益的参考和借鉴。我们相信在不久的将来数字绘画艺术将会迎来更加辉煌的发展时期，为人类社会文化的繁荣与进步做出更大的贡献。

由于笔者水平有限，书中难免存在不妥甚至谬误之处，敬请广大学界同仁与读者朋友批评指正。

目　录

第一章　数字绘画艺术概述

第一节　数字绘画的定义

一、概念界定

（一）数字绘画的技术基础

数字绘画的兴起，根植于计算机技术的飞速发展，尤其是图形处理能力的显著提升。它打破了传统绘画对物理媒介的依赖，将画布、颜料、画笔等实体工具转化为虚拟空间中的像素、色彩与笔触。这一转变，不仅拓宽了艺术创作的边界，也极大地丰富了艺术表现的形式与手段。数字绘画的核心在于计算机与各类数字媒介的紧密结合，如平板电脑以其便携性和触控屏幕的直观性，成为许多艺术家偏爱的创作工具；而数位板则以其高度的精准性和与专业软件良好的兼容性，在插画、动画、游戏美术等领域占据重要位置。

（二）创作流程与工具应用

数字绘画的创作流程，从构思设计到成品输出，每一个环节都紧密依托于计算机软件的支持。艺术家首先会在脑海中或草图本上勾勒出初步的想法，随后通过扫描仪或手绘板将其转化为数字草图。在数字环境中，艺术家可以利用 Photoshop、Clip Studio Paint、Procreate 等专业绘图软件，进行色彩调整、图层管理、效果添加等操作，实现对传统绘画技法的模拟与超越。这些软件提供了丰富的画笔预设、纹理材质以及强大的图像处理能力，使得艺术家能够轻松创造出细腻逼真的画面效果，或是探索前所未有的视觉风格。

（三）艺术风格的多样性

数字绘画以其独特的创作方式和灵活的技术手段，促进了艺术风格的多样化发展。从传统的油画、水彩、素描，到现代的扁平化、矢量风、像素艺术，数字绘画几乎可以涵盖所有绘画风格。艺术家们不再受限于材料的物理属性，而是能够自由组合色彩、线条、形状等元素，创造出既具有个人特色又符合时代审美的艺术作品。此外，数字绘画还催生了诸如数字插画、数字雕塑、虚拟现实艺术等新兴艺术形式，进一步拓宽了艺术的边界。

（四）社会影响与文化传播

随着互联网的普及，数字绘画作品得以迅速传播至全球各地，极大地促进了文化的交流与融合。艺术家们通过社交媒体、在线画廊等平台展示自己的作品，吸引了来自不同国家和地区观众的关注与讨论。这种跨越地域和文化的传播方式，不仅让更多的人有机会接触到优秀的艺术作品，也促进了艺术观念的创新与碰撞。同时，数字绘画还为文化遗产的数字化保护、教育资源的共享提供了有力支持，成为推动社会进步与文化发展的重要力量。

随着人工智能、大数据等技术的不断成熟，数字绘画领域将迎来更加广阔的发展空间。AI 辅助创作、自动化绘画工具的开发，将进一步提高艺术创作的效率与质量，同时也为艺术家提供了更多元化的创作可能。此外，随着虚拟现实（VR）、增强现实（AR）技术的普及，数字绘画作品将不再局限于二维平面，而是能够以更加立体、互动的方式呈现给观众，带来前所未有的艺术体验。未来，数字绘画将继续以其独特的魅力，引领艺术领域的新一轮变革与发展。

二、技术基础

在数字绘画的广阔领域中,技术基础是支撑艺术家创意与灵感的坚实平台。这一领域深度融合了图像处理软件与高性能硬件,为艺术家们提供了前所未有的创作自由与表现力。

(一)图像处理软件的多样选择

数字绘画的核心在于图像处理软件的应用,这些软件如同艺术家的画笔与调色板,在数字世界中挥洒自如。Photoshop 以其强大的图像编辑与合成能力著称,不仅支持丰富的色彩管理与精确的选区操作,还内置了多种滤镜效果,能够轻松实现从简单涂鸦到复杂艺术作品的跨越。Procreate 则为 iPad 用户提供了专业级的绘画体验,其直观的界面设计与流畅的笔触反馈,让艺术家能够随时随地捕捉灵感,进行高效创作。Clip Studio Paint 则以其专为漫画与插画设计的功能而备受青睐,其丰富的笔刷库、灵活的图层操作以及便捷的漫画制作工具,极大地提高了创作效率与作品质量。

(二)色彩管理的艺术

色彩是数字绘画的灵魂,而色彩管理则是确保作品色彩准确性与一致性的关键。通过专业的色彩管理工具与校准流程,艺术家可以确保在不同设备与平台上展示的作品,都能呈现出一致的色彩效果。这要求艺术家对色彩理论有深入的理解,并熟练掌握色彩空间转换、色彩校正等技巧,以实现对色彩的精准控制。同时,选择合适的色彩模式(如 RGB、CMYK)也是至关重要的,它们决定了作品在不同应用场景下的色彩表现。

(三)图层处理的无限可能

图层是数字绘画中的一项重要功能,它允许艺术家在同一画布上创建多个独立的图像层,并在这些层上进行独立的编辑与调整。这种非破坏性的编辑方式，极大地提高了创作的灵活性与可修改性。艺术家可以利用图层来构建复杂的场景、实现细节刻画，或是通过调整图层的透明度与混合模式，创造出丰富多变的视觉效果。此外，图层蒙版与剪贴蒙版等高级功能的应用，更是为数字绘画带来了前所未有的创意空间。

（四）滤镜效果的创意探索

滤镜是数字绘画中的一把利器，它能够为作品增添独特的视觉效果与艺术氛围。从基础的模糊、锐化、噪点处理，到复杂的艺术风格化、油画效果等，滤镜为艺术家提供了丰富的创意选项。通过巧妙运用滤镜效果，艺术家可以轻松实现传统绘画难以达成的艺术效果，或是为作品赋予全新的视觉感受。同时，随着技术的不断进步，越来越多的智能滤镜与自定义滤镜不断涌现，为数字绘画的创作带来了更多的可能性。

数字绘画的技术基础涵盖了图像处理软件的多样选择、色彩管理的艺术、图层处理的无限可能以及滤镜效果的创意探索等多个方面。这些技术要素相互交织、相互促进，共同构成了数字绘画创作的坚实基础。在这个充满无限可能的数字世界中，艺术家们正以前所未有的热情与创造力，探索着数字绘画的无限魅力。

三、创作自由度

在艺术创作的广阔天地中，数字绘画以其前所未有的创作自由度，为艺术家们开启了一扇通往无限想象的大门。这种自由度不仅体现在技术层面，更深刻地影响了艺术创作的思维方式和表现形式，让艺术家们能够以前所未有的灵活性和创造力，探索艺术的无限可能。

（一）色彩选择的无限宽广

传统绘画中，艺术家受限于颜料的种类与数量，色彩的选择往往受到一定限制。而在数字绘画中，艺术家拥有了一个色彩斑斓的调色板，其中包含了数百万种颜色可供选择。这种近乎无限的色彩资源，使得艺术家能够轻松调配出任何想要的颜色，无论是自然界中难以捕捉的微妙色调，还是超越现实的幻想色彩，都能在数字画布上得到完美呈现。此外，数字绘画软件中的色彩管理工具，如色轮、色彩吸管等，进一步简化了色彩选择的流程，让艺术家能够更加专注于创作本身。

（二）修改便捷性带来的创作灵活性

传统绘画一旦落笔，便难以更改，这在一定程度上限制了艺术家的创作自由。而在数字绘画中，修改与调整变得轻而易举。艺术家可以随时撤销之前的操作，重新绘制不满意的部分；也可以利用图层功能，将不同的元素分别置于不同的图层上，进行独立编辑与调整。这种便捷的修改能力，不仅降低了创作的门槛和风险，也为艺术家提供了更多尝试与探索的空间。艺术家们可以大胆尝试不同的创意和想法，即使失败也能迅速调整方向，继续前行。

（三）效果模拟的多样化与逼真性

数字绘画软件中的多种滤镜、特效和笔触预设，为艺术家提供了丰富的效果模拟工具。无论是模仿传统绘画的笔触质感，如油画的厚重感、水彩的透明感；还是创造出现实中难以捕捉的视觉效果，如光影的变幻、材质的质感等，都能通过数字手段轻松实现。这种多样化的效果模拟能力，不仅让艺术家的创作更加丰富多彩，也让他们能够以更加逼真的方式呈现自己的想象与创意。同时，随着技术的不断进步，数字绘画在效果模拟上的逼真度也在不断提高，使得数字作品在视觉上与传统绘画越来越难以区分。

（四）技术融合推动的创新与突破

数字绘画的自由度还体现在与其他技术的融合上。随着人工智能、虚拟现实等技术的不断发展，数字绘画与这些新技术的结合正在成为新的趋势。AI辅助创作、自动化绘画工具的开发等，不仅提高了艺术创作的效率与质量，也为艺术家们提供了更多元化的创作手段。同时，虚拟现实技术的应用更是让数字绘画作品以全新的方式呈现给观众，带来前所未有的沉浸式艺术体验。这种技术融合推动的创新与突破，正在不断拓展数字绘画的边界与可能。

数字绘画在色彩选择、修改便捷性、效果模拟以及技术融合等方面所展现出的高创作自由度，为艺术家们提供了前所未有的创作空间与可能性。它打破了传统绘画的束缚与限制，让艺术家们能够以更加自由、灵活和创造性的方式表达自己的想法与情感。在未来，随着技术的不断进步与创新，数字绘画的创作自由度还将得到进一步的提升与拓展。

四、存储与传播

在数字艺术的广袤领域中，作品的存储方式经历了从传统媒介到数字文件形态的明显转变。这一转变不仅极大地拓宽了艺术创作的领域，更为作品的保存、管理与传播带来了前所未有的便利。

（一）高效便捷的存储方式

数字绘画作品以电子文件的形式存在，这使得它们能够轻松存储于各种数字设备中，包括但不限于个人电脑、移动存储设备乃至云端服务器。相较于传统绘画作品需要占用大量物理空间进行存放，数字文件以其几乎不占实体空间的特性，实现了高效便捷的存储管理。艺术家可以随时随地通过电子设备访问自己的作品库，进行查看、编辑或分享，极大地提升了创作与管理的效率。

（二）安全可靠的备份机制

数字绘画作品的易存储性也为其提供了安全可靠的备份机制。艺术家可以通过复制、粘贴或同步等方式，将作品文件备份至多个存储介质或云端平台，有效避免因单一存储介质损坏或丢失而导致的作品遗失。此外，随着数据恢复技术的不断发展，即便是遭遇数据丢失的情况，艺术家也有机会通过专业手段找回自己的作品，确保创作成果的安全与完整。

（三）灵活多样的编辑能力

数字绘画作品的存储形式还赋予了艺术家灵活多样的编辑能力。与传统绘画作品一旦完成便难以更改不同，数字文件允许艺术家在任何时候对作品进行回顾、修改或完善。这种非破坏性的编辑方式，使得艺术家能够不断推敲作品细节、优化构图色彩，直至达到自己满意的效果。同时，随着图像处理技术的不断进步，艺术家还可以利用各类滤镜、特效等工具，为作品增添更多创意元素与视觉冲击力。

（四）互联网时代的快速传播与分享

在互联网高度发达的今天，数字绘画作品的传播与分享变得前所未有的便捷。艺术家只须轻轻一点，便可将自己的作品上传至各大社交平台、在线画廊或专业艺术网站，与全球范围内的观众进行即时交流与互动。这种跨越地域与时间的传播方式，不仅极大地拓宽了艺术作品的受众范围，还促进了不同文化背景下艺术家之间的相互启发与学习。此外，互联网还为艺术家提供了展示自我、推广作品的宝贵平台，有助于他们建立个人品牌、拓展艺术市场。

数字绘画作品的存储与传播方式以其高效便捷、安全可靠、灵活多样以及快速广泛的特性，为艺术家们带来了空前的创作自由与机遇。在这个充满无限可能的数字时代里，艺术家们正以饱满的热情与创造力，探索着数字绘画艺术的无限魅力与价值。

五、跨界融合

在数字化时代的浪潮中，数字绘画以其独特的艺术魅力和强大的技术支撑，不断跨越传统艺术的边界，与动画、游戏设计、电影特效等多个领域深度融合，展现出前所未有的跨界应用能力。这种跨界融合不仅丰富了数字绘画的表现形式和创作空间，也推动了相关产业的创新发展。

（一）数字绘画与动画的紧密结合

动画作为一种集绘画、影视、文学等多种艺术形式于一体的综合艺术，其制作过程离不开数字绘画的支持。数字绘画为动画提供了丰富的角色设计、场景构建和色彩搭配等素材资源。艺术家们通过数字绘画软件，可以创作出形态各异、色彩丰富的动画角色和背景，为动画作品注入生动有趣的视觉元素。同时，数字绘画的便捷修改性和高效渲染能力，也大大提高了动画制作的效率和质量。在动画制作过程中，数字绘画与动画技术的紧密结合，使得动画作品在视觉效果上更加细腻逼真，故事情节更加引人入胜。

（二）游戏设计领域的数字绘画应用

游戏设计是数字绘画的另一个重要应用领域。在游戏中，数字绘画不仅用于角色设计、场景构建等美术资源的创作，还涉及游戏界面设计、UI/UX优化等方面。游戏设计师们通过数字绘画软件，可以绘制出符合游戏风格和主题的角色形象、武器装备、怪物模型等，为玩家营造出身临其境的游戏体验。同时，数字绘画还能够帮助设计师们优化游戏界面布局和色彩搭配，提升游戏的可玩性和用户体验。随着游戏产业的不断发展壮大，数字绘画在游戏设计领域的应用也将越来越广泛深入。

（三）电影特效中的数字绘画贡献

在电影制作中，数字绘画同样发挥着不可或缺的作用。特别是在电影特效的制作过程中，数字绘画为特效师们提供了强大的技术支持和创意灵感。通过数字绘画软件，特效师们可以绘制出逼真的火焰、水流、爆炸等特效元素，与实拍画面进行无缝融合，创造出震撼人心的视觉效果。此外，数字绘画还用于电影中的虚拟场景构建和背景替换等方面，使得电影制作更加灵活多样。在数字技术的推动下，电影特效的制作水平不断提高，为观众带来了更加精彩纷呈的观影体验。

（四）跨界融合促进艺术创新与技术进步

数字绘画与动画、游戏设计、电影特效等领域的跨界融合，不仅推动了相关产业的创新发展，也促进了艺术创新与技术进步的良性循环。一方面，数字绘画为这些领域提供了丰富的视觉资源和创意灵感；另一方面，这些领域的发展又不断对数字绘画提出新的需求和挑战，推动其技术的不断进步和完善。在跨界融合的过程中，艺术家们与技术人员紧密合作，共同探索新的艺术表现形式和创作手段，为数字绘画的未来发展注入了新的活力和动力。

数字绘画的跨界应用能力是其独特魅力的重要体现之一。通过与动画、游戏设计、电影特效等领域的深度融合，数字绘画不仅拓宽了自己的应用领域和创作空间，也推动了相关产业的创新发展和技术进步。在未来，随着数字技术的不断发展和普及，数字绘画的跨界融合将更加广泛深入，为艺术创作和产业发展带来更多机遇和挑战。

第二节　数字绘画的发展历程

一、萌芽期（20世纪70—80年代）

在20世纪70—80年代，随着科技的飞速发展，计算机图形学作为一门新兴的学科逐渐崭露头角，为数字绘画的诞生奠定了坚实的基础。这一时期，计算机技术的初步成熟，尤其是图形处理能力的显著提升，激发了科学家们对利用计算机生成图像的浓厚兴趣与探索欲望。

（一）技术探索的艰辛起步

在这一时期，计算机硬件性能尚显不足，存储空间有限，运算速度也相对缓慢，这极大地限制了计算机图形学的应用与发展。然而，正是在这样的技术背景下，先驱者们凭借着对未知领域的无畏探索精神，开始尝试利用计算机生成简单的图像。这些图像虽然粗糙且功能单一，但它们标志着人类历史上一个全新艺术形式的诞生——数字绘画。

（二）科学研究的驱动力

起初，计算机生成图像的应用主要集中在科学研究领域，如气象模拟、物理现象的可视化分析等。科学家们通过编写复杂的算法，将抽象的数据转化为直观的图像展示，以便于理解和分析。这一过程中，计算机图形学的技术不断得到验证与完善，为后来的数字绘画发展积累了宝贵的经验与技术储备。

（三）艺术创作的初步融合

随着计算机图形学技术的逐渐成熟，一些具有前瞻性的艺术家开始尝试将这一技术引入艺术创作之中。他们利用计算机生成的图像作为创作素材，通过编程或特定的图形处理软件，创作出具有独特风格与表现力的数字艺术作品。这些作品虽然数量有限，但它们展现了数字绘画在艺术创作中的巨大潜力与无限可能，为后来的数字艺术发展开辟了道路。

（四）技术瓶颈的突破与展望

尽管萌芽期的数字绘画面临着诸多技术限制与挑战，但通过科学家们与艺术家们的共同努力，为这一新兴艺术形式的发展奠定了坚实的基础。随着计算机技术的不断进步，尤其是图形处理芯片、大容量存储介质以及高速网络等关键技术的突破，数字绘画将迎来更加广阔的发展空间。未来的数字绘画将不仅局限于简单的图像生成与编辑，更将融合虚拟现实、增强现实等前沿技术，为艺术家们提供更加丰富的创作手段与表现方式，推动数字艺术向更高层次发展。

二、成长期（20世纪90年代）

进入20世纪90年代，随着计算机技术的飞速发展，图形处理软件如Photoshop的横空出世，标志着数字绘画正式步入了一个全新的成长期。这一时期，数字绘画不仅逐渐从技术的边缘地带走向艺术创作的前沿，更激发了艺术家们对其艺术表达潜力的深度探索与挖掘。

（一）Photoshop的崛起与普及

Photoshop，作为这一时代图形处理软件的佼佼者，以其强大的图像编辑、色彩校正、图层处理等功能，迅速赢得了艺术家们的青睐。它打破了传统绘画工具的限制，让艺术家们能够在计算机屏幕上自由创意，实现传统媒介难以达到的艺术效果。随着Photoshop的不断升级与完善，越来越多的艺术家开始将其视为不可或缺的创作工具，数字绘画也因此迎来了前所未有的发展机遇。

（二）艺术表达潜力的挖掘

在Photoshop等图形处理软件的助力下，艺术家们开始深入挖掘数字绘画的艺术表达潜力。他们利用软件的独特功能，创造出丰富多彩的视觉效果，如细腻的笔触质感、逼真的光影效果、奇幻的色彩搭配等。这些前所未有的艺术表现方式，不仅拓宽了艺术创作的边界，也为观众带来了全新的审美体验。艺术家们通过数字绘画，表达着对世界的独特理解和感受，传递着深刻的情感与思想。

（三）技术与艺术的融合

在数字绘画的成长期，技术与艺术的融合成为一个显著的特点。艺术家们不再仅仅关注于技术的掌握与运用，而是更加注重技术与艺术的有机结合。他们通过不断尝试与探索，将数字绘画的技术特性与自身的艺术理念相融合，创造出既具有技术美感又富含艺术深度的作品。这种融合不仅提升了数字绘画的艺术价值，也推动了艺术创作方式的革新与发展。

（四）创作群体的扩大与交流

随着数字绘画技术的普及与发展，越来越多的艺术家加入到这一创作领域中来。他们来自不同的背景、拥有不同的艺术风格与创作理念，但共同之处在于对数字绘画艺术的热爱与追求。这一时期，艺术家们之间的交流与互动也日益频繁。他们通过线上论坛、社交媒体等平台分享创作心得、交流创作经验，共同推动着数字绘画艺术的繁荣与发展。这种跨地域、跨文化的交流与合作，不仅促进了艺术风格的多样化与融合，也为数字绘画艺术的未来发展奠定了坚实的基础。

（五）对传统艺术的挑战与融合

在数字绘画的成长期，它不可避免地与传统艺术产生了碰撞与交融。一方面，数字绘画以其独特的艺术表现力和创作便捷性，对传统艺术构成了一定的挑战；另一方面，它也积极吸收传统艺术的精髓与营养，与之相互融合、共同发展。艺术家们在创作过程中，既注重数字技术的运用与创新，也不忘传统艺术的审美追求与人文精神。他们通过数字绘画这一新兴艺术形式，探索着传统与现代、技术与艺术的完美结合之路。

20世纪90年代是数字绘画艺术发展的重要成长期。在这一时期，图形处理软件的兴起为数字绘画提供了强大的技术支持与创作平台；艺术家们则通过深入挖掘其艺术表达潜力、促进技术与艺术的融合、扩大创作群体与交流等方式，共同推动着数字绘画艺术的繁荣与发展。这一时期的数字绘画艺术不仅展现了其独特的艺术魅力与创作价值，也为未来的艺术发展奠定了坚实的基础。

三、成熟期（21世纪初至今）

进入21世纪以来，随着信息技术的迅猛发展，数字绘画技术迎来了前所未有的黄金时期。在这一阶段，硬件设备的普及与软件功能的日益完善，共同推动了数字绘画技术的飞跃性进步，使其成为当代艺术领域中不可或缺的重要组成部分，并催生出众多专业的数字艺术家，他们以其独特的创作手法和丰富的想象力，为艺术界注入了新的活力与灵感。

（一）硬件设备的普及与性能飞跃

21世纪初，随着计算机技术的不断进步，硬件设备的性能实现了质的飞跃。处理器速度的大幅提升、图形处理单元（GPU）的广泛应用以及大容量存储设备的普及，为数字绘画提供了强大的技术支持。艺术家们不再受过去的计算能力与存储空间的限制，能够更加自由地挥洒创意，创作出更加细腻、复杂的作品。同时，触摸屏、平板电脑等新型设备的出现，也为数字绘画带来了全新的创作体验，使得艺术家们能够随时随地捕捉灵感，进行创作。

（二）软件功能的完善与多样化

与硬件设备相辅相成的是软件技术的不断革新。在这一时期，众多专业的数字绘画软件应运而生，它们不仅拥有丰富的绘画工具与特效，还具备强大的图像编辑与处理能力。这些软件不仅简化了数字绘画的创作流程，降低了技术门槛，更让艺术家们能够充分发挥想象力，创作出风格多样、表现力丰富的作品。此外，随着人工智能、机器学习等前沿技术的融入，数字绘画软件的功能日益智能化，为艺术家们提供了更多创作辅助与灵感启发。

（三）数字绘画艺术的繁荣与多元化

在硬件与软件的双重推动下，数字绘画艺术迎来了前所未有的繁荣时期。越来越多的艺术家投身于数字绘画创作之中，他们利用先进的技术手段，将传统绘画技法与现代设计理念相结合，创作出一大批具有鲜明时代特色与个性风格的作品。这些作品不仅涵盖了传统绘画的各个领域，如风景、人物、静物等，还拓展到了动画、游戏设计、虚拟现实等新兴领域，展现了数字绘画艺术的无限魅力与广阔前景。同时，随着数字艺术市场的逐渐成熟与规范化，越来越多的专业展览、比赛及交易平台涌现出来，为数字艺术家们提供了更多展示才华与获取认可的机会。

（四）数字艺术家的崛起与影响力扩大

在数字绘画艺术的繁荣发展中，一批批专业的数字艺术家脱颖而出。他们不仅具备扎实的绘画功底与深厚的艺术修养，还熟练掌握了先进的数字绘画技术。他们通过创作具有独特风格与思想深度的作品，赢得了广泛的社会认可与赞誉。这些数字艺术家的崛起不仅推动了数字绘画艺术的发展与繁荣，更在一定程度上影响了人们对于艺术的认知与审美方向。他们利用数字平台与社交媒体等渠道进行作品展示与交流，扩大了自己的影响力，为数字艺术的普及与推广作出了重要贡献。

四、技术革新

随着科技的日新月异，人工智能、虚拟现实等前沿技术的不断融入，数字绘画领域正经历着一场前所未有的技术革新。这场革新不仅为数字绘画带来了前所未有的创作效率与表现力，更极大地拓宽了其艺术边界，开启了数字绘画的新纪元。

（一）人工智能：数字绘画的创意伙伴

人工智能技术的飞速发展，使得数字绘画的创作过程发生了根本性的变化。通过深度学习等先进算法，AI 能够分析大量艺术作品，学习其中的风格、色彩、构图等要素，并据此生成具有独特艺术价值的作品。这种自动生成图片的能力，不仅为艺术家提供了丰富的创作灵感与素材，也让他们能够更专注于创意构思与情感表达。同时，AI 还能够辅助艺术家进行图像处理、色彩校正等工作，提升创作效率与质量。随着技术的不断进步，人工智能正逐渐成为数字绘画领域不可或缺的创意伙伴。

（二）虚拟现实：沉浸式体验的艺术探索

虚拟现实技术的引入，为数字绘画带来了更加震撼的沉浸式体验。通过 VR 设备，观众可以身临其境地进入艺术家所创造的数字世界中，感受作品的细节与情感。这种全新的观赏方式，不仅让艺术作品更加生动立体，也让观众与艺术家之间的情感交流更加直接深刻。对于艺术家而言，虚拟现实技术则为他们提供了更加广阔的创作空间与表现形式。他们可以利用 VR 技术创作出超越现实的虚拟场景与角色，让观众在沉浸体验中感受到前所未有的艺术震撼。

（三）技术融合：数字绘画的创新动力

人工智能与虚拟现实等新技术并非孤立存在，它们之间的融合与互补为数字绘画带来了更加丰富的创新动力。例如，AI 可以辅助艺术家进行虚拟场景的构建与角色设计，而 VR 则可以让观众沉浸式的体验这些作品。这种技术与艺术的深度融合不仅提升了数字绘画的创意性与表现力，也推动了整个艺术领域的创新发展。此外，随着区块链、物联网等新兴技术的不断涌现与应用拓展，数字绘画的未来将更加充满无限可能与想象空间。

（四）挑战与机遇并存

当然，技术革新在带来机遇的同时也伴随着挑战。如何保持艺术创作的独特性与人文性在技术浪潮中不被淹没？如何平衡技术与艺术之间的关系以实现最佳的艺术效果？这些都是数字绘画领域需要面对的问题。然而正是这些挑战激励着艺术家们不断探索与创新以应对技术的变革与发展。他们通过不断学习与尝试将新技术融入艺术创作中并赋予其新的意义与价值，从而推动数字绘画艺术不断向前发展。

技术革新为数字绘画带来了前所未有的发展机遇与挑战。人工智能、虚拟现实等新技术的融入不仅为数字绘画带来了更多可能性与创意空间，也推动了整个艺术领域的创新发展。面对未来，数字绘画艺术家们将继续秉持创新精神与技术探索，不断拓宽艺术边界并创造更加辉煌的艺术成就。

五、市场与教育

随着数字绘画技术的不断进步与艺术形式的日益成熟，其市场影响力持续扩大，而相关教育体系和培训课程的逐步完善，则为这一领域输送了大量专业人才，形成了市场与教育相互促进、共同发展的良好态势。

（一）市场的蓬勃发展与多元化需求

近年来，数字绘画市场呈现出蓬勃发展的态势。一方面，随着互联网的普及和社交媒体的兴起，数字艺术作品得以更广泛地传播和展示，吸引了大量观众和消费者的关注。另一方面，游戏、动画、影视、广告等行业的快速发展，对高质量数字绘画作品的需求日益增长，为数字绘画市场提供了广阔的发展空间。同时，消费者对数字艺术品的接受度和购买意愿也在不断提高，进一步推动了市场的繁荣。

（二）教育体系的全面构建与课程创新

面对市场的巨大需求和行业的快速发展，相关教育体系迅速响应，积极构建和完善数字绘画教育体系。从基础教育到高等教育，再到职业培训和社会教育，各个层次的教育机构都开设了数字绘画相关课程，以满足不同层次学习者的需求。这些课程不仅涵盖了数字绘画的基本技能和理论知识，还注重培养学生的创新思维和实践能力。同时，随着在线教育平台的兴起，数字绘画课程更加灵活多样，打破了地域和时间的限制，让更多人有机会接触和学习这一领域。

（三）专业人才培养与就业市场的对接

教育体系的完善为数字绘画领域培养了大量专业人才。这些人才不仅具备扎实的绘画功底和数字技术应用能力，还具备良好的艺术素养和创新能力。他们毕业后迅速融入市场，成为游戏设计、动画制作、影视后期、广告设计等行业的重要力量。同时，随着数字绘画市场的不断扩大和细分化，越来越多的专业岗位和就业机会涌现出来，为专业人才提供了广阔的发展空间。

（四）市场与教育的深度融合与相互促进

市场与教育的深度融合是数字绘画领域持续发展的重要动力。市场需求的变化不断推动教育内容和方式的创新，促使教育机构及时调整课程设置和教学方法，以适应行业发展的需要。而教育体系的完善则为市场输送了大量高素质的专业人才，为市场的繁荣提供了有力的人才保障。这种相互促进的关系不仅推动了数字绘画领域的快速发展，也为整个艺术行业注入了新的活力和动力。

数字绘画市场的不断扩大和相关教育体系的逐步完善是数字绘画领域发展的两大重要支柱。它们相互依存、相互促进，共同推动了数字绘画艺术的繁荣与发展。未来，随着技术的不断进步和市场的持续拓展，数字绘画领域将迎来更加广阔的发展空间和更加美好的明天。

第三节　数字绘画与传统绘画的异同

一、创作工具差异

在探讨艺术创作的广阔领域中，数字绘画与传统绘画作为两大并行的分支，其最直观且基础的区别便在于创作工具的截然不同。这一差异不仅塑造了两者独特的艺术风格与表现手法，也深刻影响了艺术家的创作思维与工作流程。

（一）数字绘画：电子媒介的无限可能

数字绘画，顾名思义，是依赖于电子设备和专业软件进行的艺术创作。其创作工具主要包括计算机、平板电脑、数位板等电子设备，以及与之配套的数字绘画软件，如 Photoshop、Procreate 等。这些工具赋予了艺术家前所未有的创作自由与灵活性。通过鼠标、触控笔或压力感应笔在电子屏幕上绘制，艺术家可以即时看到笔触效果，并借助软件的强大功能进行色彩调整、图层管理、滤镜应用等操作。此外，数字绘画还具备撤销、重做、复制粘贴等便捷功能，极大地提高了创作效率与准确性。

更重要的是，数字绘画打破了传统绘画材料的物理限制。艺术家无须担心颜料干燥、画布尺寸等问题，只须轻点鼠标或触控笔，即可创造出丰富多彩的画面效果。同时，数字绘画软件中的笔刷库、纹理库等资源也为艺术家提供了丰富的创作素材与灵感来源。这些优势使得数字绘画在设计、插画、动画、游戏等领域展现出强大的应用潜力。

（二）传统绘画：实体材料的质感与温度

相比之下，传统绘画则坚守着画笔、颜料、画布等实体材料的阵地。这些材料不仅承载着艺术的厚重历史与文化传承，更赋予了传统绘画独特的质感与温度。画笔的软硬、粗细、湿润程度，颜料的色彩、透明度、混合效果，以及画布的纹理、吸水性等因素，共同构成了传统绘画的独特魅力。

在传统绘画的创作过程中，艺术家需要亲手调配颜料、控制笔触力度与方向，以实现对画面效果的精准把握。这种手绘的过程不仅考验着艺术家的技艺与耐心，也让他们在与材料的互动中感受到创作的乐趣与成就感。此外，传统绘画还强调作品的原创性与唯一性。每一幅作品都是艺术家独一无二的情感表达与审美追求，具有不可复制的艺术价值。

（三）创作工具差异下的艺术风格与表现

数字绘画与传统绘画在创作工具上的差异，直接导致了两者在艺术风格与表现手法上的不同。数字绘画以其独特的电子媒介特性，呈现出更加多元、前卫、科技感的艺术风格。艺术家可以运用软件中的特效与滤镜功能，创造出超越现实的视觉效果；也可以借助数字技术的力量，实现传统绘画难以企及的色彩精度与细节表现力。而传统绘画则以其质朴、自然、真实的艺术风格著称。艺术家通过实体材料的运用与表现手法的探索，展现出独特的艺术个性与审美追求。在画布上留下的每一笔，都是艺术家情感与思想的真实流露。

数字绘画与传统绘画在创作工具上的差异，不仅体现在媒介形式与操作方式上的不同，更深刻地影响了两者的艺术风格与表现手法。随着科技的不断发展与艺术的持续创新，这两种绘画形式将继续在各自的领域发光发热，共同推动人类艺术文化的繁荣与发展。

二、创作过程不同

在艺术创作的广阔天地中，数字绘画以其独特的创作过程，与传统绘画并驾齐驱，展现出截然不同的艺术魅力。这两种绘画形式在创作过程中的差异，不仅体现在技术手段上，更深刻地影响着艺术家的创作思维与表达方式。

（一）即时修改与撤销的自由度

数字绘画的最大特点之一，在于其创作过程中的高度灵活性与可逆性。艺术家在数字画布上挥洒创意时，可以即时看到效果，并根据需要进行修改。无论是色彩的微调、线条的修正，还是整体构图的调整，都只需简单的操作即可完成，且这一过程可以无限次重复，直至达到满意的效果。这种即时修改与撤销的自由度，极大地降低了创作过程中的风险与不确定性，让艺术家能够更加专注于创意的表达与探索。

（二）一次成形与逐步覆盖的对比

相比之下，传统绘画的创作过程则显得更为慎重与不可逆转。艺术家在画布或纸张上落笔之前，往往需要经过深思熟虑的构思与规划，因为一旦笔触落下，便难以完全抹去或修改。因此，传统绘画更注重一次成形的精准与力度，或是通过逐步覆盖的方式，层层叠加色彩与笔触，以达到预期的艺术效果。这种创作方式要求艺术家具备极高的技艺与判断力，同时也赋予了传统绘画一种独特的韵味与质感，那是数字绘画所难以复制的。

（三）创作思维的差异

数字绘画与传统绘画在创作过程中的差异，还体现在对艺术家创作思维的影响上。数字绘画的即时修改与撤销功能，让艺术家能够更加自由地尝试与探索，不必过分担心失败的风险。这种创作环境有利于培养艺术家的创新思维与实践精神，使他们能够勇敢地挑战传统，追求新的艺术表现形式。而传统绘画的一次成形与逐步覆盖，则要求艺术家在创作过程中保持高度的专注与耐心，通过反复推敲与磨砺，达到技术与艺术的完美融合。这种创作方式有助于培养艺术家的观察力与表现力，使他们能够更加深入地挖掘艺术作品的内涵与情感。

（四）技术融合与创作边界的拓展

值得注意的是，随着科技的不断发展，数字绘画与传统绘画之间的界限正在逐渐模糊。越来越多的艺术家开始尝试将数字技术融入传统绘画之中，如使用数字工具进行草图设计、色彩搭配等前期准备工作，再将其转化为传统绘画作品；或是利用数字技术对传统绘画作品进行修复、复制与再创作等。这种技术融合不仅拓宽了艺术家的创作手段与表达方式，也为传统绘画注入了新的活力。同时，它也提醒我们，无论是数字绘画还是传统绘画，其本质都在于艺术家对美的追求与表达，而技术只是实现这一目标的工具之一。

三、表现效果多样

在艺术的广阔天地里，表现效果作为艺术作品传达情感、理念与视觉美感的关键要素，一直是艺术家们不断探索与追求的领域。数字绘画以其独特的技术优势，展现了前所未有的表现效果多样性，而传统绘画则在材料与技法的限制中，锤炼出深厚的技艺精髓。

（一）数字绘画：风格模拟与超现实创造的先锋

数字绘画凭借其强大的软件功能与灵活的操作性，能够轻松模拟出各种绘画风格，从古典油画到现代水墨，从细腻写实到粗犷写意，无一不展现其卓越的表现力。艺术家只需选择合适的笔刷、调整色彩与纹理参数，即可在电子屏幕上再现出传统绘画的经典风貌。这种风格模拟的能力，不仅让艺术家能够跨越时空限制，向历史经典致敬，也为他们提供了更为广阔的创作空间与灵感来源。更为令人瞩目的是，数字绘画还能创造出超越现实的表现效果。通过运用软件的特效、滤镜与合成功能，艺术家可以打破物理定律与自然规律的束缚，创造出令人惊叹的超现实场景与奇幻形象。这种超现实效果的创造，不仅满足了人们对未知世界的好奇与想象，也拓展了艺术表现的边界与可能性。

（二）传统绘画：材料技法与情感表达的深度挖掘

相较于数字绘画的便捷与多样，传统绘画在材料与技法的限制中，更加注重对艺术本质的探索与表现。艺术家需要深入了解各种绘画材料的特性与用法，掌握精湛的绘画技法与表现手法，才能在画布上留下永恒的艺术印记。这种对材料技法的深度挖掘，不仅考验着艺术家的技艺水平，也促使他们在创作过程中不断思考、感悟与成长。

传统绘画在表现效果上，更注重情感的真实流露与审美意境的营造。艺术家通过笔触的轻重缓急、色彩的冷暖对比、构图的巧妙布局等手段，将内心的情感与思想融入作品之中，使观者在欣赏时能够感受到强烈的情感共鸣与审美享受。这种情感表达的深度挖掘，使得传统绘画具有独特的艺术魅力与人文价值。

（三）数字绘画与传统绘画的融合共生

虽然数字绘画与传统绘画在表现效果上存在差异，但两者并非孤立存在、相互排斥的艺术形式。相反，随着科技的发展与艺术的创新，数字绘画与传统绘画正逐渐走向融合共生。一方面，数字绘画可以借鉴传统绘画的技法与风格，通过软件模拟出更加逼真、生动的传统绘画效果；另一方面，传统绘画也可以吸收数字绘画的创意与表现手法，创作出具有时代特色的新作品。这种融合共生不仅丰富了艺术的表现形式与语言，也为艺术家提供了更为广阔的创作空间与思路。在未来的艺术发展中，数字绘画与传统绘画将继续相互借鉴、相互影响，共同推动人类艺术文化的繁荣与发展。

四、保存与传播

在艺术的广阔领域中，作品的保存与传播方式直接关联到其生命力与影响力。数字绘画以其独特的数字形态，在保存与传播方面展现出前所未有的便捷性，而传统绘画则因其物理媒介的特性，在这一过程中面临不同的挑战与机遇。

（一）数字存储的无限可能

数字绘画的核心在于其数字本质，这意味着它天然具备数字存储的便利性。艺术家可以轻松地将作品保存为电子文件，存储在硬盘、云盘等数字媒介中，无须担心物理磨损、褪色或损坏的风险。这种保存方式不仅节省了空间，还极大地延长了作品的保存期限。此外，数字存储还便于作品的备份与恢复，有效降低了数据丢失的风险。随着技术的不断进步，数字存储的容量与速度将持续提升，为数字绘画作品的长期保存提供了有力保障。

（二）快速传播的全球视野

数字绘画的另一个显著优势在于其快速传播的能力。在互联网的推动下，数字绘画作品可以瞬间跨越地域限制，传播到世界的每一个角落。艺术家只需轻轻一点，就能将作品分享到社交媒体、线上画廊、艺术论坛等平台上，与全球观众进行即时互动与交流。这种快速传播的特性不仅拓宽了作品的受众范围，还加速了艺术信息的流通与共享，促进了艺术文化的多元化发展。

（三）物理媒介的独特韵味

相比之下，传统绘画则更依赖于物理媒介进行保存与传播。画布、纸张、颜料等物理材料赋予了传统绘画独特的质感与韵味，这是数字绘画所难以模拟的。然而，物理媒介的保存与传播也面临着诸多挑战。首先，物理媒介易受环境因素影响，如温度、湿度、光照等，都可能导致作品的损坏或褪色。其次，物理媒介的传播速度相对较慢，需要通过展览、拍卖、出版等方式进行推广，且受众范围有限。尽管如此，传统绘画的物理媒介依然是其魅力所在，它让观众能够亲身体验到作品的质感与温度，感受到艺术家创作时的情感与思绪。

（四）融合共生的发展趋势

值得注意的是，随着科技的不断发展，数字绘画与传统绘画在保存与传播方面的界限正在逐渐变得模糊。越来越多的艺术家开始尝试将数字技术应用于传统绘画的保存与传播中，如利用数字扫描技术将传统绘画作品转化为高清图像进行数字展示与传播；或是通过虚拟现实（VR）、增强现实（AR）等前沿技术，让观众在虚拟空间中体验传统绘画作品的魅力。这种融合共生的发展趋势不仅丰富了艺术的表现形式与传播手段，也为传统绘画的保存与传播带来了新的机遇与挑战。

数字绘画在保存与传播方面展现出了前所未有的便捷性与高效性，而传统绘画则以其独特的物理媒介与韵味继续吸引着观众的目光。两者各有千秋，共同构成了艺术世界的多彩图景。在未来的发展中，我们期待看到更多创新性的尝试与探索，让数字绘画与传统绘画在保存与传播方面实现更加紧密的融合与共生。

五、审美体验差异

在艺术的殿堂中，审美体验是连接作品与观众情感的桥梁，而数字绘画与传统绘画在审美体验上的差异，恰如两条并行的河流，各自流淌着不同的风景与韵味。

（一）数字绘画：互动与动态的审美新纪元

数字绘画以其独特的互动性与动态性，为观众带来了一场前所未有的审美体验。在传统绘画中，作品往往是静态的、单向的，观众只能被动接受画家的创作成果。而在数字绘画的世界里，作品可以被赋予更多的生命力与互动性。艺术家可以利用数字技术，创作出可以随着观众操作而变化的动态画面，如动画、交互式艺术作品等。这种互动式的审美体验，让观众不再仅仅是旁观者，而是成为作品创作与呈现过程中的一部分，从而获得了更加深入、沉浸的艺术感受。数字绘画还通过其丰富的色彩、光影效果与特效处理，为观众呈现了一个充满动感与活力的视觉世界。这些动态元素不仅增强了画面的表现力与感染力，也让观众在欣赏过程中感受到了更加丰富的情感波动与视觉冲击。这种动态美的追求，正是数字绘画在审美体验上的一大亮点。

（二）传统绘画：静谧触感与视觉盛宴的和谐共生

相较于数字绘画的活力四射，传统绘画则以其静谧的触感为观众提供了另一种独特的审美体验。在传统绘画中，观众可以通过近距离观察画布的纹理、颜料的质感以及笔触的细腻程度，感受到作品所蕴含的深厚文化底蕴与艺术价值。这种触感的享受，是任何数字技术都无法完全替代的。同时，传统绘画在色彩运用、构图布局以及情感表达等方面，也展现出了极高的艺术造诣与审美追求。观众在欣赏传统绘画时，往往会被其深邃的意境、细腻的情感以及精湛的技艺所打动，从而获得一种心灵的洗涤与升华。

（三）审美体验差异背后的文化与技术思考

数字绘画与传统绘画在审美体验上的差异，不仅反映了两者在技术与表现形式上的不同，也深刻揭示了不同文化背景下人们对艺术的不同理解与追求。数字绘画作为科技与艺术相结合的产物，其互动性、动态性等特点正是当代社会快速发展、信息爆炸背景下人们追求新鲜、刺激、互动等心理需求的体现。而传统绘画则承载着悠久的历史文化传统与人文精神内涵，其静谧的触感与视觉盛宴的和谐共生则体现了人们对自然美、和谐美以及精神追求的高度认同与向往。

在欣赏与理解这两种不同的审美风格时，我们应当保持开放与包容的心态，既要欣赏数字绘画带来的新颖与活力，也要珍视传统绘画所蕴含的深厚文化底蕴与艺术价值。同时，我们也应看到两者之间的互补与融合的可能性，通过技术创新与艺术探索，推动两种艺术形式在相互借鉴与融合中不断创新发展，为观众带来更加丰富多元的审美体验与文化享受。

第四节　数字绘画的媒介与工具介绍

一、硬件设备

在数字绘画的世界里，硬件设备不仅是艺术家们创意表达的媒介，更是他们实现艺术梦想的重要工具。从基础的数位板到高度集成的平板电脑，再到创新的触摸屏显示器，这些设备以其独特的功能与优势，为数字绘画艺术带来了前所未有的创作体验。

（一）数位板：精准笔触的起点

数位板作为数字绘画最经典的输入设备之一，以其精准的笔触感应能力和高度的自由度，深受艺术家们的喜爱。它模拟了传统绘画中的笔触感觉，让艺术家在数字环境中也能享受到如同在纸上绘画般的自然体验。数位板通常由感应区和压感笔组成，通过电磁感应技术捕捉笔触的位置、压力、倾斜角度等信息，并将其转化为数字信号输入到计算机中。这种技术不仅保证了笔触的精准性，还赋予了艺术家丰富的表现力，使他们能够创作出细腻、逼真的艺术作品。

（二）平板电脑：便携与创意的融合

随着科技的发展，平板电脑逐渐成为数字绘画领域的新宠。与数位板相比，平板电脑集成了显示屏与输入设备于一体，实现了真正的便携性。艺术家们可以随时随地拿起平板电脑进行创作，无论是灵感突现的片刻还是长途旅行的途中，都能轻松捕捉并记录下自己的创意。此外，平板电脑通常配备有高灵敏度的触控屏和专业的绘画软件，支持多种笔触效果和色彩调整功能，为艺术家们提供了更加直观、便捷的创作方式。

（三）触摸屏显示器：沉浸式创作的窗口

触摸屏显示器则是近年来数字绘画领域的又一创新之作。它不仅拥有高分辨率、广色域等优秀的显示效果，还融入了触控技术，使得艺术家们可以直接在屏幕上进行绘画操作。这种沉浸式的创作体验让艺术家们仿佛置身于自己的艺术世界中，能够更加专注地投入到创作中去。触摸屏显示器通常与专业的绘画软件相结合，支持多点触控、手势操作等高级功能，让艺术家们能够以更加自然、流畅的方式表达自己的创意。

除了上述三种主要的输入设备外，还有一些辅助设备如手绘屏、压感笔、数位屏等也在数字绘画领域发挥着重要作用。它们各自具有独特的功能和优势，为艺术家们提供了更加多样化、个性化的创作选择。随着技术的不断进步和市场的不断发展，我们有理由相信未来会有更多创新性的硬件设备涌现出来为数字绘画艺术带来更多的可能性与惊喜。

二、专业软件

在数字绘画的广阔领域中，专业软件作为艺术家手中的魔法棒，不仅极大地丰富了创作手段，还深刻改变了艺术创作的流程与面貌。从基础的图像处理到高级的绘画创作，再到立体的 3D 建模，这些软件以其独特的功能与优势，为数字绘画艺术家提供了无限可能。

（一）图像处理软件：精细调整与创意合成的基石

图像处理软件是数字绘画不可或缺的基础工具，其中最为人所熟知的莫过于 Adobe Photoshop。Photoshop 以其强大的图像编辑、调整与合成能力，成为数字艺术家手中的得力助手。艺术家可以利用其丰富的滤镜、调整工具以及图层管理功能，对作品进行精细的色彩校正、光影调整与细节修饰。此外，Photoshop 还支持多种图像格式的导入与导出，为艺术家提供了灵活多样的创作环境与输出选择。通过 Photoshop，艺术家能够轻松实现创意的转化与呈现，创作出既符合个人风格又兼具艺术美感的数字作品。

（二）绘画软件：笔触与色彩的艺术探索

绘画软件则是专门为数字绘画设计的创作工具，如 Procreate、Clip Studio Paint 等。这些软件不仅模拟了传统绘画的笔触质感与色彩表现，还融入了许多创新的功能与特性。艺术家可以在软件中自由选择笔刷类型、调整笔触大小与透明度，以及运用丰富的色彩库与调色板进行创作。此外，绘画软件还支持撤销、重做、复制粘贴等便捷功能，极大地提高了创作效率与准确性。通过这些软件，艺术家能够尽情挥洒创意，探索笔触与色彩的艺术魅力，创作出富有个人风格与情感表达的数字绘画作品。

（三）3D 建模软件：立体图像的创想空间

随着数字技术的发展，3D 建模软件也逐渐成为数字绘画艺术家的重要工具之一。这些软件允许艺术家在虚拟的三维空间中创建立体图像，通过构建模型、调整材质与光影效果，实现更加逼真、生动的视觉效果。3D建模软件不仅为艺术家提供了全新的创作视角与表现手法，还使得数字绘画作品能够跨越平面的限制，展现出更为丰富的立体层次与空间感。艺术家可以利用这些软件创作出复杂多变的场景、角色与道具，为观众带来更加震撼与沉浸的审美体验。

数字绘画的专业软件以其独特的功能与优势，为艺术家提供了强大的创作支持与灵感源泉。从图像处理到绘画创作，再到3D建模，这些软件不仅拓宽了数字绘画的艺术边界，也推动了数字艺术领域的不断创新与发展。在未来的艺术创作中，这些软件将继续发挥重要作用，为艺术家们带来更多惊喜与可能。

三、辅助工具

在数字绘画的广阔舞台上，辅助工具如同艺术家手中的魔法棒，为创作过程增添了无尽的精准度与舒适度。从色彩管理器的精细调控，到压感笔的细腻触感，再到鼠标与触控笔的灵活操作，这些工具不仅简化了创作流程，更激发了艺术家们的无限创意。

（一）色彩管理器：精准色彩的控制大师

色彩是绘画的灵魂，而色彩管理器则是确保色彩精准呈现的关键。它通过校准和管理显示器、打印机等设备的色彩输出，确保艺术家在创作过程中所见即所得，避免因设备差异导致的色彩偏差。色彩管理器能够提供广泛的色彩空间和精确的校准工具，让艺术家能够自由探索色彩的无限可能，无论是鲜艳的对比色还是柔和的渐变色，都能得到精准的表现。这种对色彩的精确控制，不仅提升了作品的视觉效果，更赋予了艺术家对色彩世界的深度理解和驾驭能力。

（二）压感笔：细腻笔触的创造者

压感笔作为数字绘画中不可或缺的辅助工具，以其独特的压力感应技术，模拟了传统绘画中的笔触变化。艺术家在绘画过程中，可以通过改变用笔的力度和角度，实现笔触的粗细、浓淡等变化，从而创造出更加自然、生动的绘画效果。压感笔不仅提高了绘画的精准度，还赋予了艺术家更多的表现力和创造力。他们可以根据画面的需要，灵活调整笔触的质感，使作品更加富有层次感和立体感。同时，压感笔的舒适握感和流畅书写体验，也大大提升了艺术家在创作过程中的舒适度。

（三）鼠标与触控笔：灵活操作的得力助手

虽然数位板和压感笔是数字绘画中的主流输入设备，但鼠标与触控笔同样扮演着重要的角色。鼠标以其精准的点击和拖拽功能，在图形处理、界面操作等方面表现出色。艺术家可以利用鼠标快速选择工具、调整参数、移动图像等，提高创作效率。而触控笔则结合了触控屏的便捷性和压感笔的部分功能，为艺术家提供了更加直观、灵活的操作方式。在触摸屏显示器上，艺术家可以直接使用触控笔进行绘画、涂抹、缩放等操作，实现与作品的即时互动。这种灵活的操作方式不仅提升了创作的自由度，还激发了艺术家的创作灵感。

色彩管理器、压感笔、鼠标与触控笔等辅助工具在数字绘画中发挥着不可或缺的作用。它们通过提供精准的色彩控制、细腻的笔触表现和灵活的操作方式，为艺术家们创造了一个更加舒适、高效的创作环境。随着技术的不断进步和市场的不断发展，我们有理由相信未来会有更多创新性的辅助工具涌现出来，为数字绘画艺术带来更多的可能性与惊喜。

四、数字画布

在数字绘画的浩瀚宇宙中，数字画布作为艺术家们挥洒创意的虚拟舞台,其独特性质与功能为艺术创作带来了前所未有的自由与可能。这个虚拟的画布空间,不仅打破了传统画布的物理限制,更以其无限扩展、多层处理以及高度模拟真实绘画环境的能力,成为数字时代艺术创作的重要载体。

(一)无限扩展的画布边界

相较于传统画布受限于尺寸与形状的物理特性,数字画布则拥有无限扩展的边界。艺术家在创作过程中,无须担心画布空间不足的问题,可以根据创作需求自由调整画布大小与比例。这种无限扩展的特性,不仅为艺术家提供了更加广阔的创作空间,也让他们能够更加自由地表达内心的情感与想象。无论是宏大的历史场景、细腻的情感描绘,还是抽象的艺术构想,数字画布都能轻松承载,让艺术家的创意得以无限延伸。

(二)多层处理的深度与灵活性

数字画布还具备多层处理的功能,这是传统画布所无法比拟的。艺术家可以在同一画布上创建多个图层,每个图层都可以独立进行编辑、调整与修改。这种多层处理的模式,不仅提高了创作的灵活性与效率,也让艺术家能够更加精细地控制画面的每一个细节。通过调整不同图层的透明度、混合模式等参数,艺术家可以创造出丰富的视觉效果与层次感,使作品更加生动、立体。

(三)模拟真实绘画环境的沉浸感

数字画布还致力于模拟真实绘画环境,为艺术家提供沉浸式的创作体验。通过高精度的触控笔、压力感应技术以及逼真的笔触模拟算法,数字画布能够精准捕捉艺术家的笔触动作与力度变化,并将其转化为数字信号进行记录与处理。这种模拟真实绘画环境的能力,让艺术家在创作过程中仿佛置身于传统的画室之中,能够感受到笔触与画布的摩擦、色彩的交融与光影的变幻。这种沉浸式的创作体验,不仅激发了艺术家的创作灵感与热情,也让他们能够更加专注于作品本身,追求更高的艺术境界。

数字画布以其无限扩展的画布边界、多层处理的深度与灵活性以及模拟真实绘画环境的沉浸感等独特优势，为数字绘画艺术家们提供了更加自由、高效与沉浸的创作平台。在这个虚拟的舞台上，艺术家们可以尽情挥洒创意、探索艺术的可能性，创作出更加精彩纷呈的数字绘画作品。随着数字技术的不断发展与进步，数字画布的功能与性能也将不断提升与完善，为艺术创作带来更多惊喜与可能。

五、云端存储与协作

在数字绘画的浩瀚宇宙中，云端存储与协作技术的崛起，为艺术家们开辟了一个前所未有的创作新纪元。这项技术不仅彻底改变了作品的保存方式，还极大地促进了艺术家之间的交流与合作，推动了数字绘画艺术的繁荣发展。

（一）云端存储：安全无忧的数字保险箱

传统上，艺术家们需要依赖物理媒介如硬盘、U 盘等来存储自己的作品，这种方式不仅存在容量限制，还面临着数据丢失、损坏等风险。而云端存储技术的出现，则为艺术家们提供了一个安全、便捷、无限容量的数字保险箱。通过将作品上传至云端，艺术家们可以随时随地通过互联网访问自己的作品，无须担心物理媒介的束缚和限制。同时，云端存储平台通常提供多重备份和加密技术，确保作品的安全性和隐私性，让艺术家们能够更加安心地投入到创作中去。

（二）多人协作：跨越时空的创意碰撞

云端存储与协作技术的另一大优势在于其支持多人同时在线编辑和协作创作。这一功能打破了传统创作模式的时空限制，使得艺术家们可以跨越地域、时区等障碍，共同参与到同一幅作品的创作中来。无论是远程团队合作还是跨国项目合作，云端协作都能让艺术家们实时分享创意、交流想法、协同工作。在云端平台上，艺术家们可以共同编辑图层、调整色彩、添加元素等，实现创作过程的无缝衔接和高效协同。这种全新的创作模式不仅提高了工作效率，还激发了艺术家们的创造力和想象力，促进了更多优秀作品的诞生。

（三）版本控制与历史记录：创作的守护者

在数字绘画过程中，艺术家们往往需要经过多次修改和完善才能最终完成作品。而云端存储平台提供的版本控制与历史记录功能，则为这一过程提供了有力的支持。艺术家们可以轻松地查看和比较不同版本的作品，找出最佳创作方案；同时，他们还可以随时回到之前的版本，避免因为误操作或不满意的结果而丢失重要工作。这种精细化的版本管理功能不仅保护了艺术家的创作成果，还为他们提供了更多的创作自由和灵活性。

（四）跨平台兼容与无缝衔接

随着数字绘画工具的多样化和普及化，艺术家们可能会在不同的设备和平台上进行创作。而云端存储与协作技术则能够确保这些设备和平台之间的无缝衔接和跨平台兼容。无论艺术家使用的是 PC、Mac、平板电脑还是智能手机等设备，只要他们连接到云端平台，就能够轻松地访问、编辑和分享自己的作品。这种跨平台的兼容性不仅提高了艺术家们的工作效率，还为他们提供了更加灵活多样的创作环境。

云端存储与协作技术为数字绘画艺术带来了革命性的变革。它不仅为艺术家们提供了一个安全、便捷、无限容量的数字保险箱来存储作品；还打破了传统创作模式的时空限制，促进了艺术家之间的交流与合作；同时，它还提供了精细化的版本控制与历史记录功能来保护艺术家的创作成果；最后，它还实现了跨平台的兼容与无缝衔接来满足艺术家们多样化的创作需求。随着技术的不断进步和市场的不断发展，我们有理由相信云端存储与协作技术将在数字绘画领域发挥更加重要的作用，为艺术家们创造更多的可能性和惊喜。

第五节　数字绘画的艺术特征

一、技术性与艺术性结合

在数字艺术的广阔领域里，数字绘画以其独特的身份，成为技术性与艺术性深度融合的典范。它不仅是艺术家情感与想象的直观表达，更是现代科技在艺术创作中巧妙应用的生动展现。这一双重特性，赋予了数字绘画前所未有的魅力与深度。

（一）技术的驱动力：数字绘画的创新基石

数字绘画的技术性，首先体现在其创作工具与平台的革新上。随着计算机图形技术、图像处理技术以及虚拟现实等前沿科技的飞速发展，数字绘画的创作工具日益丰富多样，从最初的简单绘图软件到如今功能强大的专业绘画软件、数位板、触控笔乃至虚拟现实绘画设备，每一次技术的进步都为艺术家提供了更加精准、高效、便捷的创作手段。这些工具不仅能够模拟传统绘画的笔触质感、色彩层次与光影效果，还能够实现传统绘画难以企及的特殊效果与创意表达，如无限画布、多层处理、动态交互等，极大地拓宽了艺术创作的边界与可能性。此外，数字绘画的技术性还体现在其创作过程中的数据处理与算法应用上。艺术家可以利用先进的图像分析、色彩管理、纹理合成等技术手段，对作品进行精细地调整与优化，以达到更加理想的视觉效果。同时，一些智能化的辅助工具与算法，如自动上色、风格迁移等，也为艺术家提供了更多的创作灵感与选择空间，使得艺术创作变得更加高效与有趣。

（二）艺术的灵魂：数字绘画的情感与想象

尽管技术为数字绘画提供了强大的支撑与保障，但其核心仍然是艺术性的表达。数字绘画作为艺术创作的一种形式，同样承载着艺术家的情感、思想与想象。艺术家通过数字绘画，可以将自己内心的世界以独特的视觉语言呈现出来，与观众进行心灵的交流与对话。在这个过程中，技术只是手段而非目的，它服务于艺术家的创作意图与艺术追求。数字绘画的艺术性体现在多个方面。首先，它继承了传统绘画的审美原则与表现技法，如构图、色彩、线条等元素的运用与组合都遵循着艺术的规律与法则。同时，数字绘画还以其独特的数字语言与表现形式，如像素艺术、数字拼贴、动态图像等，为艺术创作注入了新的活力与可能性。这些新的表现形式不仅丰富了艺术的语言体系与表现手法，也拓宽了观众的审美视野与体验方式。

（三）技术性与艺术性的和谐共生

在数字绘画中，技术性与艺术性并非孤立存在，而是相互依存、相互促进的。技术为艺术创作提供了更加广阔的空间与可能性，使得艺术家能够突破传统绘画的局限与束缚，实现更加自由、多样、创新的表达。而艺术性则是数字绘画的灵魂所在，它赋予了作品情感、思想与生命力，使得观众能够在欣赏作品的过程中感受到艺术的魅力与价值。因此，在数字绘画的创作过程中，艺术家需要不断探索技术与艺术之间的平衡点与融合点，以实现技术性与艺术性的和谐共生与共同发展。

数字绘画作为技术性与艺术性结合的典范，不仅展现了现代科技在艺术创作中的巧妙应用与无限潜力，也传承了传统艺术的审美原则与表现手法。在未来的发展中，随着技术的不断进步与艺术的持续创新，数字绘画必将绽放出更加璀璨的光芒与魅力。

二、创新性与实验性

在数字绘画的广阔领域里，创新性与实验性是推动艺术边界不断拓展的重要动力。艺术家们不断尝试新技术、新手法，将传统绘画的精髓与数字技术的力量相融合，创造出前所未有的艺术形式和视觉体验。

（一）技术革新：数字绘画的驱动力

随着科技的飞速发展，数字绘画技术也在不断更新换代。从最初的像素绘图到如今的 3D 建模、虚拟现实（VR）和增强现实（AR）技术，每一次技术的革新都为数字绘画艺术带来了新的可能。艺术家们利用这些先进技术，可以创造出更加逼真、立体的画面效果，甚至让观众身临其境地感受到作品的魅力。例如，通过 3D 建模技术，艺术家可以构建出复杂的场景和角色，赋予作品更丰富的层次感和空间感；而 VR 和 AR 技术则可以让观众以全新的视角参与到作品中来，与艺术家共同创造艺术体验。

（二）手法探索：传统与现代的交融

在数字绘画中，艺术家们不仅追求技术的革新，还不断探索新的表现手法。他们尝试将传统绘画的技法与数字绘画的工具相结合，创造出独特的艺术风格。例如，一些艺术家利用数位板的压感功能模拟传统画笔的笔触效果，使数字作品呈现出类似油画、水彩或素描的质感；还有一些艺术家则利用数字绘画软件的滤镜和特效功能，对作品进行后期处理，使其呈现出更加梦幻、超现实的效果。这些手法的探索不仅丰富了数字绘画的表现力，也促进了传统绘画与数字艺术的交流与融合。

（三）跨界合作：多元文化的碰撞

数字绘画的创新性与实验性还体现在跨界合作上。艺术家们不再局限于单一的艺术领域，而是积极寻求与其他领域的合作与交流。他们与音乐家、编程师、设计师等不同背景的专业人士携手合作，共同探索数字绘画的新边界。这种跨界合作不仅为数字绘画带来了更多的灵感和创意，也促进了不同文化之间的交流与融合。通过跨界合作，艺术家们能够打破传统艺术的界限，创造出具有时代精神和文化深度的艺术作品。

（四）艺术观念的更新：数字时代的艺术思考

随着数字技术的普及和发展，数字绘画艺术观念也在不断更新。艺家们开始重新审视艺术的本质和价值，思考在数字时代如何重新定义艺术、如何以新的方式表达自我和传递情感。他们不再满足于仅仅追求画面的美感和技巧的精湛，而是更加注重作品的思想性、观念性和社会意义。在数字绘画中，艺术家们通过独特的视角和深刻的思考，探索人类社会的各种问题、挑战和机遇，为观众提供新的思考方式和视觉体验。

创新性与实验性是数字绘画艺术发展的重要特征。艺术家们不断尝试新技术、新手法，推动艺术边界的拓展；他们跨界合作、更新艺术观念，为数字绘画艺术注入了新的活力和动力。在数字时代的背景下，数字绘画艺术正以前所未有的速度和规模发展着，为我们带来更加丰富多彩的艺术世界。

三、多样性与包容性

在数字绘画的广袤领域中，多样性与包容性成为其最为显著的特征之一。这一特性不仅体现在数字绘画能够融合多种绘画风格和媒介上，更在于它能够在此基础上形成独特而丰富的艺术语言，为艺术家提供了前所未有的创作自由与表达空间。

（一）跨越风格的界限：风格的自由融合

数字绘画以其独特的数字技术与媒介特性，打破了传统绘画风格之间的界限。在数字世界中，艺术家可以轻松地跨越写实、抽象、卡通等多种绘画风格的界限，将不同风格的特点与元素进行自由组合与创新。这种风格的自由融合，不仅丰富了数字绘画的表现形式与语言体系，也为艺术家提供了更多的创作灵感与选择空间。他们可以根据自己的审美追求与创作意图，灵活地运用各种风格元素，创造出既具有个性特色又富有艺术感染力的作品。

（二）媒介的无限可能：技术的跨界融合

除了风格的融合外，数字绘画还展现出了媒介的无限可能性。在传统绘画中，媒介的选择往往受到物理属性的限制，如颜料、画布、纸张等。而在数字绘画中，媒介的概念被极大地拓宽与延伸。艺术家可以利用计算机图形技术、图像处理软件以及虚拟现实等多种媒介手段进行创作，实现传统媒介无法企及的特殊效果与创意表达。这种媒介的跨界融合，不仅为数字绘画带来了更加丰富的表现手段与视觉效果，也促进了不同艺术领域之间的交流与融合，推动了艺术创作的多元化发展。

（三）独特艺术语言的形成：个性与创新的展现

在多样性与包容性的融合过程中，数字绘画逐渐形成了自己独特而丰富的艺术语言。这种艺术语言不仅融合了多种绘画风格与媒介的特点与优势，还融入了艺术家的个性与创新精神。艺术家在创作过程中，可以根据自己的审美追求与创作意图，灵活运用数字技术与媒介手段进行探索与尝试，创造出具有个人风格与独特魅力的作品。这些作品不仅展现了艺术家的个性与创新精神，也丰富了数字绘画的艺术语言与表现形式，为观众带来了更加多样化、个性化的审美体验。

（四）推动艺术创新与发展：多样性与包容性的力量

多样性与包容性作为数字绘画的重要特征之一，不仅为艺术家提供了更加广阔与自由的创作空间与选择余地，也推动了艺术创新与发展的进程。在多样性与包容性的推动下，艺术家们不断挑战传统、突破常规、勇于创新，探索出更加新颖、独特、富有表现力的艺术语言与创作手法。这些创新成果不仅丰富了艺术的表现形式与语言体系，也为艺术的发展注入了新的活力与动力。同时，多样性与包容性也促进了不同艺术领域之间的交流与融合，推动了艺术创作的多元化与全球化发展。

多样性与包容性是数字绘画的重要特征之一。它们不仅为艺术家提供了更加广阔与自由的创作空间与选择余地，也推动了艺术创新与发展的进程。在未来的发展中，随着数字技术的不断进步与艺术的持续创新，数字绘画的多样性与包容性将得到更加充分地展现与发挥，为艺术创作带来更多的可能性与惊喜。

四、即时性与互动性

在数字绘画的演进历程中，即时性与互动性成为其不可忽视的核心特征，它们不仅深刻改变了创作的过程，还极大地丰富了作品的表现形式，增强了观众与作品之间的互动体验。

（一）即时反馈：创作灵感的加速器

传统绘画往往需要艺术家经过长时间的构思、草图、上色等阶段，才能逐步完成作品，而这一过程往往缺乏即时的反馈机制。然而，在数字绘画中，艺术家可以即时看到画笔在屏幕上的每一次触碰所产生的效果，这种即时反馈极大地提高了创作的效率和灵活性。艺术家可以迅速调整笔触、色彩和构图，甚至在创作过程中即兴发挥，捕捉稍纵即逝的灵感。这种即时性的创作体验不仅加速了艺术创作的进程，还激发了艺术家更多的创意和想象力。

（二）互动元素：打破静态的界限

数字绘画的另一大魅力在于其能够嵌入丰富的互动元素，使作品不再局限于静态的画面，而是成为一个可以与观众进行互动的多媒体艺术品。艺术家可以通过编程、动画或游戏引擎等技术手段，为作品添加点击、滑动、触摸等交互功能，让观众在欣赏作品的同时，也能够参与到作品的创作和体验中来。这种互动性的设计不仅增强了观众的参与感和沉浸感，还使得作品具有了更加丰富的层次和深度。观众可以根据自己的喜好和兴趣，选择不同的路径、探索不同的场景，甚至与作品中的角色进行互动，从而获得独特的艺术体验。

（三）社交媒体与数字平台：拓宽传播与互动的渠道

随着社交媒体和数字平台的兴起，数字绘画的即时性与互动性得到了更广泛地传播和应用。艺术家们可以将自己的创作过程、作品展示和互动设计发布到社交媒体上，与全球的观众进行实时交流和互动。观众可以在评论区留言、点赞、分享，甚至与艺术家进行直接的对话和讨论。这种跨地域、跨文化的交流方式不仅拓宽了数字绘画的传播渠道，还促进了艺术家之间的相互学习和启发。同时，社交媒体和数字平台也为艺术家提供了更多的展示机会和商业合作可能，使得数字绘画艺术更加贴近大众生活，成为现代社会文化的重要组成部分。

（四）技术融合：推动即时性与互动性的不断创新

随着技术的不断进步和融合，数字绘画的即时性与互动性也在不断得到创新和提升。例如，虚拟现实（VR）和增强现实（AR）技术的应用，使得观众可以在虚拟环境中与数字绘画作品进行更加真实的互动体验；人工智能（AI）技术的引入，则为数字绘画的创作过程带来了更多的智能化和自动化元素，进一步提高了创作的效率和质量。这些技术的融合不仅丰富了数字绘画的表现形式和艺术语言，还为艺术家们提供了更加广阔的创作空间和想象力。

即时性与互动性作为数字绘画的新维度，不仅加速了艺术创作的进程、丰富了作品的展现形式、增强了观众的参与感和沉浸感，还推动了数字绘画艺术的不断创新和发展。在未来的发展中，我们有理由相信数字绘画的即时性与互动性将会得到更加广泛的应用，为观众带来更加丰富多彩的艺术体验。

五、全球化与网络化

在数字化时代的浪潮中，数字绘画以其独特的媒介属性和技术优势，跨越了地域与文化的界限，实现了全球化与网络化的传播与交流。这一趋势不仅极大地拓宽了数字绘画的受众范围与影响力，也促进了全球艺术文化的交流与融合，为艺术创作带来了新的机遇与挑战。

（一）无界传播：打破地域限制的艺术之旅

数字绘画作品以其数字化形态，轻松跨越了传统艺术传播中的地域限制。通过互联网这一全球性的信息交流平台，数字绘画作品可以瞬间传播到世界的每一个角落，让全球的艺术爱好者与观众得以共享这份艺术盛宴。这种无界传播的特性，不仅使得数字绘画作品能够迅速获得广泛的关注与认可，也为艺术家提供了更加广阔与自由的展示空间与机会。他们不再受限于地域与文化的差异，可以自由地表达自己的创作理念与艺术追求，与全球的艺术界进行深入的交流与对话。

（二）网络化交流：促进艺术文化的融合与创新

互联网不仅为数字绘画作品提供了无界传播的平台，更为艺术家之间的交流与互动搭建了便捷的桥梁。通过网络化交流，艺术家可以跨越时空的限制，与来自世界各地的同行进行实时的沟通与探讨。他们可以分享创作经验、交流艺术见解、共同探索艺术的新领域与新方向。这种网络化交流不仅促进了艺术家之间的合作与友谊，也推动了全球艺术文化的融合与创新。在交流的过程中，不同地域、不同文化背景下的艺术元素与观念相互碰撞与融合，产生了许多新颖而独特的艺术成果与创意火花。

（三）全球化视野：拓宽艺术家的创作思路与视野

全球化与网络化的传播与交流方式，使得数字绘画艺术家能够接触到更加广泛与多元的艺术信息与资源。他们可以通过互联网了解到世界各地的艺术动态与趋势，关注到不同文化背景下的艺术表现与风格特点。这种全球化视野的拓宽，不仅为艺术家提供了更多的创作灵感与素材来源，也促使他们不断反思与审视自己的创作理念与艺术追求。在全球化视野的引领下，艺术家们更加注重跨文化的交流与融合，努力在作品中融入更多的国际元素与全球视角，以更加开放与包容的心态去面对艺术创作中的挑战与机遇。

（四）挑战与机遇并存：全球化与网络化下的数字绘画发展

当然，全球化与网络化也为数字绘画的发展带来了诸多挑战。一方面，随着数字技术的普及与发展，数字绘画作品的创作门槛逐渐降低，导致市场上出现了大量质量参差不齐的作品。这些作品不仅难以获得观众的认可与喜爱，也影响了数字绘画的整体形象与声誉。另一方面，全球化与网络化也加剧了艺术市场的竞争与分化，使得艺术家在追求艺术理想的同时不得不面对更加复杂与多变的市场环境。然而，正是这些挑战与机遇并存的特点，促使数字绘画艺术家们不断探索与创新，努力在全球化与网络化的大背景下找到自己的定位与价值所在。他们通过不断提升自己的创作水平与艺术修养，积极应对市场与观众需求的变化，努力创作出更多具有时代特色与个人风格的优秀作品来。

第六节　数字绘画的分类

一、按风格分类

在数字绘画的浩瀚领域中，艺术家们以独特的艺术视角和表现手法，创造出丰富多样的作品风格。这些风格不仅体现了艺术家们的个性与追求，也展现了数字绘画艺术的无限魅力。以下将依据艺术表现手法，对数字绘画的主要风格进行分类阐述。

（一）写实风格：细腻入微的真实再现

写实风格是数字绘画中最为传统和经典的一种表现方式。它追求对现实世界的精准再现，强调细节的真实性和光影效果的细腻处理。在写实风格的数字绘画中，艺术家们运用高精度的笔触和色彩，精心刻画物体的形态、质感和空间关系，力求达到以假乱真的视觉效果。这种风格不仅考验着艺术家的绘画功底和观察力，也体现了数字绘画技术在模拟现实方面的强大能力。

（二）卡通风格：夸张幽默的视觉表达

与写实风格截然不同，卡通风格以其夸张的造型、鲜明的色彩和幽默的情节而广受喜爱。在卡通风格的数字绘画中，艺术家们往往将现实元素进行提炼和简化，创造出具有强烈个性和辨识度的卡通形象。这些形象往往具有夸张的表情、动作和比例，营造出一种轻松愉快的视觉氛围。卡通风格的数字绘画不仅适用于动画、漫画和游戏等领域，也是表达创意和幽默感的有效手段。

（三）抽象风格：自由不羁的意象探索

抽象风格是数字绘画中最具挑战性和探索性的一种表现方式。它摒弃了具象的形态和色彩，转而追求一种超越现实的意象和感受。在抽象风格的数字绘画中，艺术家们通过线条、形状、色彩和纹理等元素的自由组合与变化，创造出一种独特而富有张力的视觉效果。这种风格的作品往往没有明确的主题和形象，而是引导观众通过自身的感知和想象去解读作品所传达的信息和情感。抽象风格的数字绘画不仅考验着艺术家的创造力和想象力，也是艺术表达的一种高级形式。

（四）印象派风格：光影交错的瞬间捕捉

印象派风格起源于 19 世纪的法国绘画流派，它以捕捉自然光线和色彩变化为特点，强调瞬间印象和主观感受的表达。在数字绘画中，印象派风格也得到了广泛的应用和发展。艺术家们运用色彩的对比与融合、笔触的轻盈与灵动等手法，营造出一种光影交错、色彩斑斓的画面效果。这种风格的作品往往充满了动感和生命力，能够引导观众感受到自然界中那些稍纵即逝的美好瞬间。印象派风格的数字绘画不仅展现了艺术家们对自然美的敏锐洞察和独特理解，也体现了数字绘画技术在色彩表现方面的卓越能力。

写实风格、卡通风格、抽象风格和印象派风格是数字绘画中四种具有代表性的艺术表现手法。它们各自具有独特的魅力和价值，共同构成了数字绘画艺术的多元风貌。在未来的发展中，随着技术的不断进步和艺术的不断创新，我们有理由相信数字绘画将会涌现出更多新颖而独特的风格流派，为观众带来更加丰富多彩的艺术体验。

二、按应用领域分类

数字绘画作为艺术与科技结合的产物，其应用领域广泛且多元，依据不同的使用场景，可细分为商业插画、游戏原画、概念设计、动画背景以及数字艺术装置等多个方向。这些领域各具特色，共同构成了数字绘画丰富多彩的应用生态。

（一）商业插画：艺术与商业的完美融合

商业插画是数字绘画中应用最为广泛且贴近大众生活的领域之一。它融合了艺术美感与商业需求，通过独特的视觉语言和创意表达，为广告、包装、出版物、品牌宣传等多种商业活动提供视觉支持。商业插画师须具备敏锐的市场洞察力和良好的艺术修养，能够准确把握客户需求与市场趋势，创作出既符合品牌形象又吸引目标受众的插画作品。这些作品不仅提升了产品的附加值与市场竞争力，还为消费者带来了愉悦的视觉享受。

（二）游戏原画：塑造虚拟世界的基石

游戏原画是数字绘画在游戏开发领域中的重要应用。它负责为游戏角色、场景、道具等元素设定初步的视觉形象与风格，是游戏世界观构建与氛围营造的基石。游戏原画师须具备扎实的绘画功底与丰富的想象力，能够根据游戏策划的需求，创作出既符合游戏背景又富有特色的原画作品。这些作品不仅为游戏后续的开发工作提供了明确的视觉指导，也直接影响了玩家的游戏体验与沉浸感。

（三）概念设计：创意与技术的碰撞

概念设计是数字绘画中充满创意与挑战的领域。它涉及对新产品、新项目或新概念的初步构想与视觉呈现，旨在通过图像表达设计师的创意理念与未来愿景。概念设计师须具备跨领域的知识储备与敏锐的洞察力，能够结合技术可行性与市场趋势，创作出既具前瞻性又具实用性的设计作品。这些作品不仅为项目的后续开发提供了重要的参考依据，也推动了产品设计与技术创新的不断进步。

（四）动画背景：构建动态视觉的画卷

动画背景是数字绘画在动画制作中的重要组成部分。它负责为动画角色提供丰富多样的场景环境与氛围营造，是动画故事叙述与情感传达的重要载体。动画背景设计师须具备出色的空间想象力与色彩搭配能力，能够根据动画剧情的需求，创作出既符合场景设定又富有层次感的背景画面。这些画面与动画角色相互呼应、相互衬托，共同构成了生动、连贯的动画世界。

（五）数字艺术装置：科技与艺术的跨界探索

数字艺术装置是数字绘画在公共艺术领域中的创新应用。它将数字技术与传统艺术媒介相结合，通过投影、互动、声音等多种手段，创造出具有强烈视觉冲击力和互动体验感的艺术作品。数字艺术装置艺术家须具备跨学科的知识背景与创新的思维方式，能够充分利用数字技术的优势，将艺术创意转化为可感知、可互动的艺术作品。这些作品不仅为城市空间增添了独特的艺术氛围与文化内涵，也为观众带来了全新的艺术体验与思考。

数字绘画以其独特的艺术魅力与广泛的应用领域，成为当代艺术创作与文化传播中不可或缺的重要力量。随着科技的不断进步与艺术的持续创新，数字绘画的应用领域还将不断拓展与深化，为人类社会带来更多的惊喜与可能。

三、按技术特点分类

在数字绘画的广阔领域中，技术的不断进步为艺术家们提供了丰富多样的创作手段。依据技术实现方式的不同，数字绘画可以分为2D绘画、3D建模渲染、动态绘画（如GIF、短视频）以及虚拟现实绘画等多个类别。这些不同的技术特点不仅丰富了数字绘画的表现形式，也推动了艺术创作的边界不断拓展。

（一）2D绘画：传统与现代的融合

2D绘画是数字绘画中最为基础和经典的技术形式之一。它借鉴了传统绘画的技法和理念，并借助数字工具实现了更加高效和灵活的创作过程。在2D绘画中，艺术家们可以运用各种数字画笔和颜料，在电子画布上自由挥洒，创造出细腻逼真的图像。这种技术特点使得2D绘画既保留了传统绘画的艺术韵味，又具备了数字时代的高效与便捷。艺术家们可以随时修改和调整作品，甚至通过图层管理实现复杂的图像合成效果。

（二）3D建模渲染：立体空间的探索

3D建模渲染是数字绘画中一项具有革命性的技术。它通过构建三维模型并赋予其材质、光照和阴影等属性，创造出具有立体感和真实感的图像。在3D建模渲染中，艺术家们可以像雕塑家一样塑造形态、调整比例和布局，同时利用渲染技术模拟出光线在不同材质上的反射和折射效果。这种技术特点为艺术家们提供了前所未有的创作自由度，使他们能够创造出更加复杂和逼真的场景和角色。3D建模渲染不仅应用于游戏、电影和动画等领域，也逐渐成为数字绘画艺术的重要组成部分。

（三）动态绘画：时间与运动的艺术

动态绘画是数字绘画中一种富有创新性的技术形式。它打破了传统绘画的静态局限，通过GIF、短视频等动态图像格式，将画面中的元素赋予生命和动感。在动态绘画中，艺术家们可以运用时间轴和关键帧等概念，精确控制画面中元素的运动轨迹和变化节奏。这种技术特点使得作品更加生动有趣，能够吸引观众的注意力并引发共鸣。动态绘画不仅适用于艺术展示和创作分享，也为广告、设计和动画等领域提供了新的创意方向。

（四）虚拟现实绘画：沉浸式体验的创造

虚拟现实绘画是数字绘画中最具前瞻性和挑战性的技术之一。它利用虚拟现实技术构建出一个三维的虚拟环境，艺术家们可以在其中自由创作和漫游。在虚拟现实绘画中，艺术家们可以通过佩戴 VR 头盔和手持控制器等设备，与虚拟环境进行实时互动和创作。他们可以在虚拟空间中绘制三维图像、构建复杂场景和角色，并通过头部和手部动作控制画笔的移动和笔触的变化。这种技术特点为艺术家们提供了一种全新的创作体验和展示方式，使观众能够身临其境地感受作品的魅力和氛围。虚拟现实绘画不仅推动了数字绘画艺术的发展和创新，也为未来艺术创作提供了无限可能。

2D 绘画、3D 建模渲染、动态绘画以及虚拟现实绘画等技术特点共同构成了数字绘画的多元技术体系。这些技术不仅为艺术家们提供了丰富多样的创作手段，也推动了数字绘画艺术的不断创新和发展。在未来的发展中，我们有理由相信这些技术将继续融合与创新，为数字绘画艺术开辟出更加广阔的前景和无限可能。

四、按创作方式分类

在数字绘画的广阔天地里，创作方式的多样性为艺术家提供了无限的创意空间。依据创作方法和材料选择的不同，数字绘画可以大致划分为手绘风格数字化、纯数字创作以及混合媒介三大类别。这些创作方式各具特色，共同推动了数字绘画艺术的繁荣发展。

（一）手绘风格数字化：传统与现代的融合

手绘风格数字化是数字绘画中一种独特的创作方式，它将传统手绘艺术的韵味与数字技术的便捷性相结合。艺术家首先通过手绘的方式在纸上或画布上勾勒出作品的轮廓与细节，随后利用扫描仪或拍照设备将手绘作品转化为数字图像。在数字平台上，艺术家可以进一步调整色彩、光影、质感等效果，使作品更加符合个人审美与创作需求。这种创作方式既保留了手绘艺术的独特魅力，又充分利用了数字技术的优势，实现了传统与现代的完美融合。

（二）纯数字创作：技术与创意的碰撞

纯数字创作是数字绘画中最为直接和纯粹的创作方式。它完全摒弃了传统绘画工具与材料，仅依靠计算机、图形处理软件以及各类数字绘画工具进行创作。艺术家在数字画布上自由挥洒创意，通过鼠标、触控板或专业的数字绘画笔等工具，直接绘制出色彩丰富、线条流畅的作品。纯数字创作不仅极大地提高了创作效率，还使得艺术家能够更加灵活地运用各种数字特效与滤镜，创造出超越现实的视觉体验。这种创作方式充分展现了数字技术的强大潜力与无限可能，为艺术家提供了广阔的创意空间。

（三）混合媒介：跨界融合的艺术探索

混合媒介是数字绘画中一种富有创新精神的创作方式。它不拘泥于单一的创作手段与材料选择，而是将传统绘画元素与数字技术相结合，创造出既具有传统韵味又富含现代气息的作品。艺术家可以在数字平台上先绘制出作品的基础框架与色彩布局，然后结合手绘、拼贴、实物扫描等多种传统绘画技法与材料，为作品增添独特的质感与层次感。此外，艺术家还可以利用虚拟现实（VR）、增强现实（AR）等前沿技术，将数字绘画作品与现实世界相融合，创造出沉浸式的艺术体验。混合媒介的创作方式不仅丰富了数字绘画的艺术语言与表现形式，也促进了不同艺术领域之间的交流与融合。

手绘风格数字化、纯数字创作与混合媒介作为数字绘画的三大创作方式，各自具有独特的魅力与价值。它们不仅为艺术家提供了多样化的创作手段与选择空间，也推动了数字绘画艺术的不断创新与发展。随着科技的不断进步与艺术的持续探索，这些创作方式还将不断演变与完善，为数字绘画艺术注入新的活力与灵感。

五、按功能分类

在数字时代，数字绘画凭借其独特的魅力和广泛的应用领域，成为连接艺术、教育、商业与娱乐的桥梁。依据作品的功能和用途，我们可以将数字绘画划分为教育培训、艺术创作、广告宣传以及娱乐休闲等几个主要类别。这些分类不仅体现了数字绘画的多样性和实用性，也揭示了其在不同领域中的独特价值和深远影响。

（一）教育培训：知识传授与技能培养

在教育培训领域，数字绘画作为一种新兴的教学工具，正逐渐受到广泛的关注和应用。通过数字绘画软件和教学平台，教师可以更加直观、生动地展示绘画技巧和创作过程，帮助学生更好地理解和掌握绘画知识。同时，数字绘画还为学生提供了丰富的实践机会和创作空间，激发了他们的学习兴趣和创造力。在美术课程、设计教育和在线学习平台中，数字绘画已成为不可或缺的一部分，为培养未来的艺术家和设计师奠定了坚实的基础。

（二）艺术创作：个性表达与创意探索

艺术创作是数字绘画最为核心和本质的功能之一。艺术家们利用数字工具和技术手段，创造出丰富多样的艺术作品，表达个人情感、观念和社会现象。数字绘画为艺术家们提供了前所未有的创作自由度和表现力，使他们能够突破传统绘画的局限，探索新的艺术语言和表现方式。从细腻的写实作品到抽象的意象表达，从静态的图像到动态的影像，数字绘画为艺术创作开辟了无限可能。在这个过程中，艺术家们不仅实现了自我价值的提升和创造力的释放，也为观众带来了独特的审美体验和心灵触动。

（三）广告宣传：视觉营销与品牌塑造

在广告宣传领域，数字绘画以其独特的视觉效果和创意表现力，成为吸引消费者注意力、提升品牌形象的重要手段。通过数字绘画技术，广告设计师可以创造出富有创意和感染力的广告图像和动画，将产品或服务的优势和特点以直观、生动的方式呈现给消费者。这种视觉营销的方式不仅增强了广告的吸引力和记忆点，也提高了品牌的市场竞争力和影响力。同时，数字绘画还为广告宣传提供了更加灵活和高效的制作流程，降低了成本并缩短了制作周期。

（四）娱乐休闲：放松身心与享受艺术

在娱乐休闲领域，数字绘画同样发挥着重要作用。随着数字技术的普及和互联网的发展，越来越多的人开始通过数字绘画来放松身心、享受艺术带来的乐趣。无论是参与在线绘画社区、观看数字艺术展览还是创作自己的数字作品，人们都能在其中找到属于自己的乐趣和满足感。数字绘画以其独特的艺术魅力和互动性，为人们的日常生活增添了丰富的色彩和活力。同时，它也促进了数字艺术文化的传播和交流，推动了社会文化的多样性和包容性发展。

数字绘画在教育培训、艺术创作、广告宣传以及娱乐休闲等多个领域中都发挥着重要作用。它不仅丰富了人们的文化生活和精神世界，也推动了相关产业的发展和创新。随着技术的不断进步和应用的不断拓展，我们有理由相信数字绘画将在未来发挥更加重要的作用，为人类社会带来更多的惊喜和变革。

第二章　数字绘画技术基础

第一节　数字图像处理基础原理

一、像素与分辨率

（一）像素：数字绘画的基石

在探讨数字绘画的深邃领域时，像素这一概念无疑是开启艺术与技术交织之门的钥匙。作为构成数字图像最基本的单位，像素不仅是视觉信息的微小载体，更是数字绘画作品细腻度与真实感的基础。每个像素都承载着特定的颜色与亮度信息，它们紧密排列，共同编织出丰富多彩的图像世界。

在数字绘画的创作过程中，艺术家通过对像素的精确操控，能够创造出从细腻入微到粗犷豪放的多种风格作品。像素的密集程度直接影响着图像的清晰度，高像素图像能够呈现更多细节，使画面更加逼真生动；而低像素则赋予图像以独特的颗粒感与复古韵味。艺术家根据创作需求与审美偏好，灵活调整像素设置，以实现最佳的艺术效果。值得注意的是，像素并非孤立存在，它们之间的相互关系与排列方式同样重要。通过调整像素间的色彩变化与排列模式，艺术家可以创造出丰富的纹理、光影与色彩效果，使画面更加立体饱满，增强视觉冲击力与感染力。

（二）分辨率：细节之王的加冕

如果说像素是数字绘画的基石，那么分辨率则是衡量这一基石稳固程度与精细程度的重要标尺。分辨率决定了图像的清晰度和细节表现能力，是评判数字绘画作品质量高低的关键因素之一。

分辨率通常以像素每英寸（PPI）或像素每厘米（PPCM）为单位来衡量，它表示了图像中单位长度内所含像素的数量。高分辨率图像意味着在相同尺寸下包含更多像素，因此能够呈现更多细节与层次，使画面更加细腻逼真。这对于需要高度还原现实场景或追求极致细节表现的艺术作品尤为重要。然而，高分辨率并非总是必要的。在实际应用中，艺术家需根据作品用途、展示平台及文件大小等因素综合考虑，选择合适的分辨率设置。过高的分辨率不仅会增加文件体积与处理难度，还可能造成资源浪费与不必要的负担。因此，在数字绘画的创作过程中，合理把握分辨率的平衡点显得尤为重要。

此外，值得注意的是，分辨率与图像尺寸是两个不同的概念。虽然它们之间存在一定的关联，但并非简单的对应关系。图像尺寸决定了图像的物理尺寸大小，而分辨率则决定了图像在给定尺寸下的清晰度和细节表现能力。因此，在调整图像分辨率时，应同时考虑图像尺寸的变化对最终效果的影响。

像素与分辨率作为数字绘画领域的核心概念，对于作品的创作质量与展示效果具有至关重要的影响。艺术家须深入理解并掌握这些概念及其相互关系，以更好地发挥数字技术的优势，创作出更加精美细腻、富有感染力的艺术作品。

二、图像格式与压缩

在数字绘画的创作与分享过程中，图像格式的选择与压缩技术的应用至关重要。它们不仅影响着作品的存储效率、传输速度，还直接关系到图像的质量与视觉效果。

（一）JPEG 格式：平衡质量与压缩的优选

JPEG，全称 Joint Photographic Experts Group，是一种广泛使用的图像压缩格式，尤其适合存储摄影作品和色彩丰富的图像。JPEG 采用有损压缩算法，通过去除图像中的冗余信息和不可见细节来减小文件大小，同时保持较高的图像质量。这种格式的优点在于压缩比高，文件小，便于网络传输和存储；但其缺点在于每次保存时都会进一步损失图像质量，多次编辑后可能导致图像模糊或出现块状效应。因此，在数字绘画中，JPEG 常用于最终作品的展示和分享，但在创作过程中应谨慎使用，避免频繁保存导致质量下降。

（二）PNG 格式：无损压缩的透明之选

PNG，全称 Portable Network Graphics，是一种无损压缩的图像格式，特别适用于需要保持图像边缘清晰和透明度的场景。与 JPEG 不同，PNG 在压缩过程中不会丢失任何图像数据，因此能够完美保留图像的质量。此外，PNG 还支持 alpha 通道，允许图像具有透明或半透明效果，这在数字绘画中尤为重要，尤其是在创作图标、按钮等 UI 元素时。然而，由于 PNG 采用无损压缩，其文件大小通常比相同质量的 JPEG 要大，因此在需要优化加载速度和存储空间的场合需权衡使用。

（三）PSD 格式：专业创作的原生之选

PSD，全称 Photoshop Document，是 Adobe Photoshop 软件的专用文件格式，是数字绘画领域中最为专业的图像格式之一。PSD 文件不仅包含图像数据，还保留了图层、通道、蒙版、路径等丰富的编辑信息，允许艺术家在创作过程中进行复杂的编辑和修改。这种格式的最大优势在于其灵活性和可扩展性，艺术家可以随时回到之前的创作阶段进行调整和优化。然而，PSD 文件通常较大，不适合直接用于网络传输或展示，因此在分享作品时通常需要转换为其他格式。

（四）图像压缩技术：质量与大小的平衡艺术

图像压缩技术是通过减少图像数据中的冗余信息来减小文件大小的技术手段。在数字绘画中，合理的压缩策略能够在保持图像质量的同时，显著减小文件大小，提高存储效率和传输速度。不同的压缩算法和参数设置会对图像质量产生不同程度的影响。例如，提高 JPEG 的压缩率会导致图像质量下降，但文件大小会显著减小；而 PNG 虽然支持无损压缩，但在某些情况下通过调整颜色深度和过滤选项也能实现一定程度的文件大小优化。因此，艺术家在选择压缩技术和设置参数时，需要根据实际需求权衡图像质量与文件大小之间的关系。

图像格式与压缩技术是数字绘画中不可或缺的重要组成部分。通过合理选择图像格式和灵活运用压缩技术，艺术家可以在保证作品质量的同时，实现高效的存储、传输和分享。

三、图像色彩模式

在数字绘画的广阔天地里，色彩模式作为图像表达的核心要素之一，扮演着至关重要的角色。不同的色彩模式基于不同的色彩理论构建，各自拥有独特的色彩呈现方式与适用场景。深入理解 RGB、CMYK 及灰度这三种主要色彩模式的原理及其对图像表现的影响，对于提升数字绘画作品的质量与表现力具有重要意义。

（一）RGB：光与色的交响乐章

RGB 色彩模式，全称红绿蓝色彩模式，是基于光学三原色（红、绿、蓝）加色混合原理构建的色彩系统。在数字绘画中，RGB 色彩模式广泛应用于显示屏等自发光设备的色彩显示上。它通过调节红、绿、蓝三种基色的亮度与强度，混合出千变万化的色彩。RGB 色彩模式具有色彩鲜艳、饱和度高的特点，能够展现出丰富的色彩层次与光影变化，非常适合用于数字艺术创作、网页设计、多媒体展示等领域。

（二）CMYK：印刷色彩的精密调控

与 RGB 色彩模式相对，CMYK 色彩模式则是基于青色、品红、黄色及黑色（黑色虽非三原色，但在 CMYK 中用于增强色彩对比与深度）的减色混合原理构建的色彩系统。CMYK 色彩模式广泛应用于印刷行业，因为印刷品是通过油墨在纸张上吸收光线而非发光来呈现色彩的。CMYK 色彩模式通过精确调控四种油墨的配比与覆盖率，实现色彩的准确还原与稳定输出。虽然 CMYK 色彩模式的色彩范围相对 RGB 较窄，但其色彩稳定性与还原度对于印刷品的质量至关重要。

（三）灰度：简约而不简单的色彩世界

灰度色彩模式，又称黑白色彩模式，是一种仅包含不同亮度级别灰色调的色彩系统。在灰度模式下，图像中的所有色彩信息被转换为灰度信息，即亮度信息，而色相与饱和度则被完全忽略。灰度色彩模式以其简约、质朴的特点，在数字绘画中常用于强调图像的形态结构、光影变化及细节表现。同时，灰度色彩模式也是许多图像处理技术（如边缘检测、纹理分析等）的基础，对于提升图像处理的效率与准确性具有重要意义。

RGB、CMYK 与灰度色彩模式各自拥有独特的色彩呈现方式与适用场景。在数字绘画的创作过程中，艺术家应根据作品的实际需求与展示平台的特点，选择合适的色彩模式进行创作。同时，深入了解不同色彩模式的原理及其对图像表现的影响，将有助于艺术家更好地运用色彩语言，创作出更加精彩纷呈的数字艺术作品。

四、图像尺寸调整与裁剪

在数字绘画的广阔领域中，图像尺寸的调整与裁剪是每位艺术家必须掌握的基本技能。它们不仅关乎作品的展示效果，更是艺术创作过程中不可或缺的一环。

（一）图像尺寸调整的多种方法

图像尺寸调整是数字绘画软件中常见的功能之一，它允许艺术家根据需要调整图像的宽度、高度或分辨率。调整尺寸的方法多种多样，包括但不限于直接输入新的尺寸值、利用预设的尺寸模板，或是通过拖拽界面上的调整滑块来实现。在调整过程中，艺术家应密切关注图像的像素密度（PPI/DPI），以确保图像在不同显示设备或打印介质上都能保持清晰的视觉效果。同时，考虑到图像质量的保护，建议在调整前保存原始文件，以防不测。

（二）等比例缩放与自由缩放的微妙差异

等比例缩放，顾名思义，是在保持图像宽高比不变的前提下进行的尺寸调整。这种缩放方式能够确保图像在放大或缩小时不会因比例失衡而出现扭曲或变形，从而保持原有的构图美感和视觉效果。在数字绘画中，等比例缩放常被用于调整作品的整体大小，以适应不同的展示需求或打印要求。相比之下，自由缩放则允许艺术家在不受宽高比限制的情况下，独立调整图像的宽度和高度。虽然自由缩放提供了更高的灵活性，但如果不加注意，可能会导致图像比例失衡，进而影响整体视觉效果。因此，在大多数情况下，艺术家更倾向于使用等比例缩放来保持图像的原始比例和美感。

（三）裁剪工具的使用技巧与策略

裁剪工具是数字绘画软件中不可或缺的一部分，它赋予了艺术家重新定义图像边界的能力。通过裁剪，艺术家可以去除图像中多余的部分，优化构图，甚至改变作品的视觉焦点。在使用裁剪工具时，艺术家需掌握以下技巧与策略：

1.精准构图

裁剪前，艺术家应对图像进行仔细分析，明确哪些元素是核心或重要的，哪些元素是次要的或可以去除的。通过裁剪，将观众的注意力引导至图像的核心部分，使作品更具视觉冲击力。

2.遵循构图法则

在裁剪过程中，艺术家可运用三分法、对称、平衡等构图法则来指导裁剪框的放置和大小调整。这些法则有助于创造出和谐、美观的构图效果，提升作品的艺术价值。

3.保持比例协调

裁剪时，艺术家应注意保持图像的宽高比协调一致。不合理的宽高比可能会破坏图像的视觉平衡，影响观众的观赏体验。因此，在裁剪前，艺术家应明确目标展示平台的尺寸要求或个人审美偏好，以确保裁剪后的图像在视觉上保持和谐统一。

4.灵活运用旋转与翻转

裁剪工具通常与旋转、翻转等功能相结合使用。艺术家可通过旋转图像来找到最佳的裁剪角度，或利用翻转功能来检查裁剪后的图像是否存在视觉上的不协调之处。这些功能为裁剪提供了更多的灵活性和可能性。

5.实时预览与微调

在裁剪过程中，艺术家应充分利用软件的实时预览功能来查看裁剪效果。通过不断地预览和微调，艺术家可以逐渐完善裁剪方案，直至达到满意的效果为止。

图像尺寸调整与裁剪是数字绘画中至关重要的技能。掌握这些技能不仅有助于艺术家优化作品的展示效果和提升艺术价值，还能在创作过程中提供更大的灵活性和创意空间。因此，每位数字绘画艺术家都应努力学习和掌握这些技能，以创作出更加优秀和令人瞩目的作品。

五、图像去噪与锐化

在数字绘画的创作与后期处理过程中，图像质量的优劣直接关系到作品的最终呈现效果。其中，噪点与模糊是影响图像质量的两大主要因素。

为了消除噪点、增强图像边缘清晰度，进而提升整体图像质量，图像去噪与锐化技术应运而生。这两项技术不仅是数字图像处理领域的重要组成部分，也是数字绘画艺术家优化作品细节、提升视觉效果的得力工具。

（一）图像去噪：纯净画面的守护者

噪点作为图像中随机分布的微小颗粒或斑点，往往由传感器噪声、低光照条件、压缩算法等因素引起。它们不仅破坏了图像的平滑度与细腻感，还可能掩盖重要的细节信息，影响观者的视觉体验。因此，图像去噪技术成为提升图像质量的首要任务。图像去噪技术旨在保留图像重要特征的同时，有效抑制或消除噪点。常见的去噪方法包括空间域去噪与变换域去噪两大类。空间域去噪方法直接对图像像素进行操作，如中值滤波、均值滤波等，通过平滑处理减少噪点；而变换域去噪方法则先将图像转换到频域或小波域等变换空间，再对变换系数进行处理，如小波去噪、维纳滤波等，以实现更精细的噪点抑制。

在数字绘画中，艺术家可根据作品特点与需求选择合适的去噪方法。对于细节丰富、边缘锐利的作品，应选用能够较好保留边缘信息的去噪方法，以避免过度平滑导致的细节丢失；而对于噪点较为严重、细节要求不高的作品，则可适当放宽去噪强度，以换取更好的视觉效果。

（二）图像锐化：边缘清晰的雕琢师

锐化技术则是针对图像边缘模糊问题而设计的。在数字绘画中，由于多种因素的影响（如画布分辨率、笔触大小、色彩混合等），图像边缘往往难以达到理想的清晰度。锐化技术通过增强图像边缘的对比度与亮度差异，使边缘更加鲜明突出，从而提升图像的视觉冲击力与细节表现力。

图像锐化的方法多种多样，包括直接锐化、边缘检测后锐化、高频增强等。直接锐化方法如 USM 锐化（Unsharp Mask）通过增加边缘像素与其周围像素的对比度来实现锐化效果；边缘检测后锐化则先利用边缘检测算法识别出图像中的边缘区域，再对这些区域进行有针对性的锐化处理；高频增强方法则通过增强图像中的高频成分（即边缘、纹理等细节信息）来实现锐化效果。

在数字绘画的后期处理中，艺术家应根据作品的实际需要灵活运用锐化技术。适度的锐化可以显著提升图像的清晰度与细节表现力，但过度锐化则可能导致图像出现伪影、噪点放大等问题，反而降低图像质量。因此，在锐化过程中需保持谨慎与适度原则，以达到最佳的艺术效果。

第二节　色彩管理与色彩校正

一、色彩空间与色彩标准

在数字绘画的广阔天地里，色彩空间是构建视觉盛宴的基石。它定义了色彩如何在数字环境中被表示、处理和存储，是确保作品在不同设备和平台上保持色彩一致性的关键所在。理解色彩空间的概念，对于数字绘画艺术家而言，是掌握色彩运用与管理的第一步。

（一）色彩空间概览

色彩空间，简而言之，是描述色彩的一种方式或模型。它基于不同的颜色理论和数学模型，将颜色划分为一系列可量化的数值，以便于计算机等数字设备进行处理和显示。在数字绘画领域，常见的色彩空间包括sRGB、Adobe RGB 等，它们各自具有不同的色彩范围和特点，适用于不同的应用场景。

sRGB 色彩空间作为互联网上的标准色彩空间，被广泛应用于网页浏览、在线图片分享以及大多数消费级显示设备中。它拥有相对较小的色彩范围，但能够很好地满足一般用户的色彩需求，确保图像在不同设备间的基本一致性。而 Adobe RGB 色彩空间则拥有更广阔的色彩范围，能够展现更加丰富细腻的色彩层次，是专业摄影师、设计师以及数字绘画艺术家所青睐的选择。

（二）色彩标准的重要性

色彩标准在跨平台色彩一致性中扮演着至关重要的角色。由于不同设备和软件可能采用不同的色彩空间或色彩处理技术，导致同一图像在不同环境下可能出现色彩偏差。为了确保作品在不同平台上的色彩表现一致，就需要遵循统一的色彩标准。色彩标准不仅规定了色彩空间的选择，还涉及色彩管理系统的建立与实施。色彩管理系统通过一系列算法和规则，将不同色彩空间中的色彩数据进行转换和匹配，以实现色彩在不同设备和平台间的无缝对接。对于数字绘画艺术家而言，掌握色彩管理系统的基本原理和操作方法，是确保作品色彩准确性的重要手段。

（三）色彩空间与数字绘画的实践

在数字绘画的实践中，艺术家应根据作品的需求和目标展示平台选择合适的色彩空间。对于需要广泛传播和分享的作品，如网络插画、UI 设计等，采用 sRGB 色彩空间可以确保图像在不同设备和浏览器上的色彩一致性。而对于需要展现更加细腻色彩层次的作品，如高端艺术画作、专业摄影作品等，则可以考虑使用 Adobe RGB 等更广阔的色彩空间。此外，艺术家还应关注色彩管理系统的应用。在创作过程中，使用支持色彩管理的软件工具，如 Adobe Photoshop 等，可以快速地进行色彩空间的转换和匹配。同时，通过校准显示器、打印机等输出设备，确保它们能够准确还原图像的色彩信息，也是实现色彩一致性的重要环节。

色彩空间与色彩标准是数字绘画中不可或缺的基础知识。掌握这些知识，不仅有助于艺术家更好地理解和运用色彩，还能确保作品在不同平台上的色彩表现一致，为观众带来更加真实、生动的视觉体验。

二、色彩校正工具与方法

在数字绘画的创作过程中，色彩校正是一个至关重要的环节。它不仅关乎作品的整体色调与氛围营造，还直接影响到画面的视觉层次与细节表现。通过运用一系列专业的调整工具与方法，艺术家可以对作品的色彩进行精细地调控与优化，使其更加符合创作意图与审美标准。

（一）色彩校正的基础认知

色彩校正，简而言之，就是通过调整图像的色彩属性（如亮度、对比度、饱和度、色相等），使图像的色彩表现更加准确、生动且富有感染力。在数字绘画中，这一过程往往伴随着对色彩理论的深入理解与运用，旨在通过科学的方法提升作品的色彩品质。

（二）色阶调整：奠定色彩基础

色阶调整是色彩校正的第一步，它主要关注图像的亮度分布。通过调整色阶，艺术家可以控制图像中最亮（白场）、最暗（黑场）以及中间调（灰阶）的亮度范围，从而优化图像的对比度与细节表现。在色阶调整中，合理的黑场与白场设置尤为关键，它们决定了图像的整体亮度与色彩基调。黑场设置过低会导致图像过暗，细节丢失；白场设置过高则会使图像过曝，色彩失真。因此，艺术家需根据作品的实际需求与视觉效果进行精细调整。

（三）曲线调整：精细控制色彩层次

曲线调整是色彩校正中的高级工具，它允许艺术家对图像的亮度与色彩进行更为精细的调控。与色阶调整不同，曲线调整提供了更为灵活的调整方式，艺术家可以通过拖动曲线上的点来改变不同区域的亮度与对比度。此外，曲线调整还支持对红、绿、蓝三个颜色通道的独立调整，使得艺术家能够针对特定颜色进行精细的色彩校正。通过曲线调整，艺术家可以进一步丰富图像的色彩层次与细节表现，使画面更加生动。

（四）色彩平衡调整：优化色彩分布

色彩平衡调整是色彩校正中用于调整图像色彩分布的重要工具。它允许艺术家通过增加或减少图像中红、黄、绿、青、蓝、洋红等颜色的比例来改变图像的色调与色彩平衡。色彩平衡调整对于校正图像偏色、营造特定氛围以及增强图像的色彩表现力具有重要作用。艺术家需根据作品的主题与情感表达需求合理运用色彩平衡调整工具，以达到理想的色彩效果。

（五）白场与黑场设置的重要性

在色彩校正过程中，白场与黑场的设置直接关系到图像的整体亮度与色彩基调。白场是图像中最亮的区域，它决定了图像的最高亮度水平；而黑场则是图像中最暗的区域，它决定了图像的最低亮度水平。合理的白场与黑场设置能够使图像的亮度分布更加均匀自然，避免出现过曝或欠曝的现象。同时，白场与黑场的设置还会影响到图像的对比度与色彩饱和度等属性，从而进一步影响画面的视觉效果。因此，在色彩校正过程中，艺术家需高度重视白场与黑场的设置工作，确保它们能够准确反映作品的色彩意图与视觉风格。

三、色彩心理学与色彩搭配

色彩，作为视觉艺术的核心要素之一，在数字绘画中扮演着至关重要的角色。它不仅赋予作品生动的视觉表现力，还深刻地影响着观者的情绪、感受乃至心理状态。因此，探讨色彩在心理学中的意义，并学习如何根据创作需求进行色彩搭配，是每位数字绘画艺术家必修的课题。

（一）色彩心理学的奥秘

色彩心理学是研究色彩与人类心理活动之间关系的学科。它揭示了色彩如何影响人的感知、情绪、行为乃至生理反应。在数字绘画中，色彩心理学为艺术家提供了一种深入理解观者心理、引导观者情感的工具。例如，红色常被视为热烈、激情的象征，能够唤起观者的活力与热忱；蓝色则给人以宁静、深远的感觉，有助于营造平和、沉思的氛围。艺术家通过巧妙地运用色彩，可以引导观者进入特定的情感状态，深化作品的主题表达。

（二）色彩搭配的原则与技巧

色彩搭配是数字绘画中展现色彩魅力的关键环节。有效的色彩搭配不仅能够提升作品的视觉美感，还能强化作品的情感表达。在进行色彩搭配时，艺术家需遵循一定的原则与技巧：

1.色彩对比与和谐

对比与和谐是色彩搭配中的两大基本原则。对比色彩能够产生强烈的视觉冲击，吸引观者的注意力；而和谐色彩则能营造出温馨、舒适的视觉感受。艺术家应根据作品的主题和情感需求，灵活运用对比与和谐手法，创造出富有层次感和节奏感的色彩效果。

2.色彩比例与分布

色彩在画面中的比例与分布也是影响色彩搭配效果的重要因素。合理的色彩比例与分布能够使画面看起来更加平衡、稳定；而不合理的比例与分布则可能导致画面显得杂乱无章、缺乏重点。艺术家需根据构图原理和审美法则，精心安排色彩在画面中的位置与面积，使色彩之间形成有机的联系和呼应。

3.色彩的情感表达

色彩具有独特的情感表达能力。不同的色彩能够引发观者不同的情感反应。艺术家应根据作品的情感需求，选择合适的色彩来营造特定的氛围和情感。例如，通过运用暖色调来表现温馨、欢乐的场景；通过运用冷色调来传达冷静、沉思的情感。

（三）色彩搭配在数字绘画中的应用

在数字绘画中，色彩搭配的应用无处不在。无论是人物画、风景画还是抽象画等不同类型的作品，都离不开色彩搭配的精心策划。艺术家需根据作品的创作目的和风格特点，灵活运用色彩心理学原理和色彩搭配技巧，创造出既符合审美要求又富有情感深度的作品。同时，随着数字绘画技术的不断发展，艺术家还可以借助各种色彩调整工具和滤镜效果，进一步丰富和拓展色彩的表现力，使作品更加丰富多彩、引人入胜。

色彩心理学与色彩搭配是数字绘画中不可或缺的重要元素。它们不仅为艺术家提供了深入理解观者心理、引导观者情感的工具，还为作品的视觉美感和情感表达提供了有力的支持。因此，掌握色彩心理学原理和色彩搭配技巧，对于每位数字绘画艺术家而言都是至关重要的。

四、显示器校准

在数字绘画的广阔领域中，显示器作为艺术家与作品之间的桥梁，其色彩表现能力直接影响着创作过程的精准度与最终作品的呈现效果。因此，显示器校准成为确保色彩准确性、维护创作环境色彩一致性的关键环节。

（一）显示器校准的必要性

显示器在长时间使用过程中，由于环境因素（如光照、温度）、设备老化以及用户设置不当等原因，往往会出现色彩偏移、亮度不均、对比度失衡等问题。这些问题不仅会导致画面色彩失真，影响艺术家的创作判断，还可能在不同显示器之间造成色彩差异，使得作品在不同环境下呈现截然不同的面貌。因此，定期对显示器进行校准，恢复其原有的色彩表现能力，对于保障色彩准确性、提升作品质量具有重要意义。

（二）校准工具的选择

进行显示器校准，首先需要选择合适的校准工具。市面上存在多种专业的显示器校准设备，如色彩校准仪、校色软件等。色彩校准仪通过测量显示器实际发出的光线，并与标准色彩值进行对比，从而生成校准报告并指导用户完成校准过程。而校色软件则通过一系列预设的测试图案与算法，帮助用户调整显示器的色彩设置，以达到预期的色彩效果。在选择校准工具时，艺术家应根据自身需求、预算以及显示器类型等因素进行综合考虑。

（三）校准流程概览

显示器校准的流程大致包括以下几个步骤：首先，确保显示器处于稳定的工作状态，关闭可能影响色彩表现的自动亮度调节、节能模式等功能；其次，使用校准工具对显示器进行色彩测量与分析，获取当前色彩表现的数据；接着，根据校准工具提供的指导或建议，调整显示器的亮度、对比度、色温等参数；最后，完成校准后，再次使用校准工具进行验证，确保显示器的色彩表现已达到预期标准。

（四）环境光控制的重要性

除了显示器本身的校准外，环境光对色彩表现的影响也不容忽视。过强或过弱的光线都可能干扰艺术家的视觉判断，导致色彩偏差。因此，在进行显示器校准时，应确保工作环境中的光线适中且均匀分布，避免直射阳光或强烈反射光对显示器造成干扰。此外，使用遮光罩等辅助工具也有助于减少环境光对显示器色彩表现的影响。

（五）定期校准与维护

显示器校准并非一劳永逸的过程。随着时间的推移和设备的老化，显示器的色彩表现能力会逐渐下降。因此，艺术家应养成定期校准显示器的习惯，以确保创作环境的色彩一致性。同时，定期对显示器进行清洁与维护也是保持其良好工作状态的重要措施之一。通过这些努力，艺术家可以为自己营造一个更加精准、可靠的创作环境，为创作出更加优秀的数字绘画作品奠定坚实的基础。

五、打印色彩管理

在数字绘画的创作流程中，打印色彩管理是一个至关重要的环节。它确保了艺术家精心创作的作品在打印输出时能够保持色彩的准确与一致，从而完美呈现其艺术构想。

（一）色彩配置文件：精准色彩的基石

色彩配置文件是数字绘画与打印设备之间沟通的桥梁，它记录了特定设备或色彩空间下色彩数据的转换规则。在打印色彩管理中，色彩配置文件起着至关重要的作用。通过为打印机配置正确的色彩配置文件，可以确保打印机能够准确识别并还原数字绘画中的色彩信息。常见的色彩配置文件包括 ICC（国际色彩联盟）配置文件，它们为不同品牌和型号的打印机提供了标准化的色彩转换方案。

（二）打印预览：色彩调整的视觉参考

在打印之前，进行打印预览是不可或缺的一步。打印预览功能能够让艺术家在屏幕上预览作品的打印效果，包括色彩、布局、分辨率等关键要素。通过打印预览，艺术家可以直观地评估作品的色彩表现是否符合预期，并及时发现可能存在的问题。在预览过程中，艺术家还可以利用软件提供的色彩调整工具对作品进行微调，以进一步优化打印效果。

（三）色彩调整：精细把控的艺术

色彩调整是打印色彩管理中的关键环节。它要求艺术家具备敏锐的色彩感知能力和丰富的色彩调整经验。在调整过程中，艺术家需要根据打印预览的结果和打印设备的特性，对作品的色彩进行精细的把控。这包括调整色彩的亮度、对比度、饱和度等参数，以及校正可能存在的色彩偏差和失真现象。通过色彩调整，艺术家可以确保作品在打印输出时能够呈现出最佳的色彩效果。

（四）设备校准：确保一致性的基础

除了色彩配置文件和色彩调整外，设备校准也是打印色彩管理中不可忽视的一环。设备校准是指对打印机等输出设备进行定期的检查和调整，以确保其能够稳定地输出准确的色彩。设备校准包括打印头清洗、墨水系统维护、色彩传感器校准等多个方面。通过设备校准，可以消除设备老化、磨损等因素对色彩输出的影响，确保打印作品的一致性和稳定性。

（五）材质与工艺选择：影响色彩表现的要素

在打印色彩管理中，材质与工艺的选择同样重要。不同的打印材质和工艺会对色彩的表现产生明显的影响。例如，哑光纸和光泽纸在色彩反射和饱和度方面就存在明显的差异；而喷墨打印和激光打印在色彩细腻度和色彩深度上也各有千秋。因此，在选择打印材质和工艺时，艺术家需要根据作品的风格、用途以及个人偏好进行综合考虑，以确保作品在打印输出时能够呈现出最佳的色彩效果。

打印色彩管理是数字绘画创作流程中不可或缺的一环。通过合理的色彩配置文件选择、打印预览与调整、设备校准以及材质与工艺的选择，艺术家可以确保作品在打印输出时能够保持色彩的准确与一致，从而完美呈现其艺术构想。在这个过程中，艺术家需要不断学习和实践，提升自己的色彩感知能力和色彩调整技巧，以创作出更加优秀的数字绘画作品。

第三节　数字绘画软件的选择与操作

一、主流绘画软件概览

在数字化时代，数字绘画以其独特的魅力和无限的可能性，吸引了众多艺术家、设计师和绘画爱好者的关注。市场上涌现出众多优秀的数字绘画软件，其中 Photoshop、Procreate、Clip Studio Paint 等软件以其卓越的性能和丰富的功能，成为了主流选择。

（一）Photoshop：全能型图像处理与绘画大师

Adobe Photoshop 作为图像处理领域的邻衔产品，自问世以来便以其强大的功能和广泛的适用性赢得了全球用户的青睐。在数字绘画领域，Photoshop 同样展现出了其无与伦比的优势。它提供了丰富的绘画工具和特效，如画笔、橡皮擦、渐变工具、滤镜等，能够满足艺术家对色彩、光影、纹理等各方面的需求。此外，Photoshop 还支持多层绘制、色彩管理、图像合成等功能，使得艺术家能够轻松实现复杂的创作构想。对于专业设计师、摄影师以及需要高度定制化创作的艺术家而言，Photoshop 无疑是不可或缺的工具。

（二）Procreate：iPad 上的专业绘画神器

Procreate 是一款专为 iPad 设计的数字绘画软件，以其直观的操作界面、丰富的画笔库和强大的性能表现，赢得了众多移动设备用户的喜爱。它提供了超过 130 种自定义画笔，涵盖了铅笔、马克笔、水彩、油画等多种绘画媒介的效果，使得艺术家能够在 iPad 上实现传统绘画的质感与氛围。此外，Procreate 还支持多层绘制、色彩调整、图层混合模式等功能，为艺术家提供了丰富的创作手段。对于喜欢在移动设备上进行创作的艺术家、插画师以及设计师而言，Procreate 无疑是理想的选择。

（三）Clip Studio Paint：漫画与插画创作的专业平台

Clip Studio Paint（简称 CSP）是一款专为漫画家和插画师设计的数字绘画软件，以其强大的漫画创作功能和丰富的插画工具而闻名。它提供了丰富的画笔种类和高度自定义的画笔设置，使得艺术家能够轻松绘制出细腻的线条，展现出丰富的色彩效果。同时，CSP 还内置了丰富的素材库和辅助工具，如透视辅助、对称辅助、网点纸等，帮助艺术家更好地完成漫画和插画的创作。此外，CSP 还支持导出多种格式的图像和动画，方便艺术家在不同平台和应用之间共享和编辑作品。对于专业漫画家和插画师而言，CSP 无疑是不可或缺的创作工具。

Photoshop、Procreate 和 Clip Studio Paint 作为市场上主流的数字绘画软件，各自具有独特的特点和优势。Photoshop 凭借其全能型的图像处理能力和丰富的绘画工具，成为专业设计师和艺术家的首选软件；Procreate 则凭借其直观的操作界面和强大的性能表现成为 iPad 上专业绘画的佼佼者；而 Clip Studio Paint 则以其专业的漫画创作功能和丰富的插画工具赢得了众多漫画家和插画师的青睐。艺术家们可以根据自己的需求和偏好选择合适的软件进行创作。

二、软件界面与基础操作

在数字绘画的世界里，熟悉并掌握绘图软件的界面布局及基础操作，是每位艺术家高效创作的基石。这不仅关乎到工具使用的便捷性，更直接影响到创作过程的流畅度与作品质量的提升。

（一）软件界面布局概览

数字绘画软件的界面设计往往遵循直观、易用的原则，主要由工具栏、菜单栏、画布区域、面板等几个核心部分组成。工具栏汇集了常用的绘图工具，如画笔、橡皮擦、选区工具等，便于艺术家快速选择和使用；菜单栏则提供了更全面的命令选项，包括文件操作、编辑、图像调整等高级功能；画布区域是艺术家挥洒创意的舞台，所有绘图操作都将在这里直观展现；而面板则作为辅助工具，如颜色选择器、图层管理器、历史记录等，帮助艺术家更好地规划和管理创作过程。

（二）工具栏的灵活运用

工具栏是数字绘画软件中最常用的部分之一。艺术家需要熟悉并掌握各种绘图工具的基本用法，如画笔工具的笔触大小、硬度调整，橡皮擦工具的不同擦除模式，以及选区工具的精确选取技巧等。通过灵活运用工具栏中的工具，艺术家可以更加高效地绘制出细腻的线条、丰富的色彩和复杂的图案，为作品增添无限可能。

（三）菜单栏的深度探索

菜单栏是数字绘画软件的"大脑"，它包含了众多高级功能和设置选项。艺术家应当逐步深入探索菜单栏中的各项命令，了解它们的作用和用法。例如，文件菜单中的新建、打开、保存、导出等功能是日常创作的基础；编辑菜单中的撤销、重做、复制、粘贴等操作则是调整和优化作品的重要手段；图像调整菜单中的亮度、对比度、色彩平衡等选项则可以帮助艺术家对作品进行精细的色彩和色调处理。通过熟练掌握菜单栏中的各项命令，艺术家可以更加灵活地控制创作过程，实现更高的创作自由度。

（四）面板的巧妙运用

面板作为数字绘画软件的辅助工具，虽然不直接参与绘图操作，但却在作品的组织和管理中发挥着至关重要的作用。颜色选择器面板允许艺术家快速选择和调整颜色，确保作品色彩的一致性和协调性；图层管理器面板则帮助艺术家将复杂的创作过程分解为多个独立的图层，便于修改和整理；历史记录面板则记录了艺术家的每一步操作，让撤销和重做变得轻而易举。通过巧妙运用这些面板工具，艺术家可以更加有序地进行创作，提高创作效率和质量。

（五）基础操作的优化策略

除了熟悉软件界面的各个部分外，艺术家还可以通过一些基础操作的优化策略来进一步提升创作效率。例如，利用快捷键来替代鼠标操作，可以大大加快绘图速度；设置合理的画布尺寸和分辨率，可以确保作品在不同平台和设备上的显示效果；定期保存作品副本，可以避免因意外情况导致的创作成果丢失。这些基础操作的优化策略虽然看似简单，但却能在潜移默化中提升艺术家的创作效率和作品质量。

熟悉并掌握数字绘画软件的界面布局及基础操作是数字绘画创作的第一步。通过深入了解工具栏、菜单栏、画布区域和面板等关键组成部分的功能和用法，艺术家可以更加高效地进行创作。同时，通过不断优化基础操作策略和提高自己的技能水平，艺术家可以不断提升自己的创作效率和作品质量，在数字绘画的广阔天地中自由翱翔。

三、快捷键与自定义设置

在数字绘画的广阔领域中，操作效率是衡量艺术家专业度与创作流畅性的重要标尺。熟练掌握并自定义常用快捷键，不仅能够显著提升工作效率，还能让艺术家在创作过程中更加得心应手。同时，个性化设置软件界面，使之贴合个人习惯，也是提升创作体验的关键一环。

（一）快捷键的学习与应用

快捷键，作为软件操作的快捷方式，能够大幅度减少鼠标点击次数，使艺术家能够更专注于创作本身。对于数字绘画软件而言，常见的快捷键包括但不限于画笔选择、颜色调整、图层管理、撤销重做等基本操作。学习这些快捷键，首先需要查阅软件的官方文档或在线教程，了解各个快捷键的功能与用法。随后，通过不断的实践与应用，将这些快捷键内化为自己的操作习惯。在此过程中，建议艺术家们将最常用的快捷键打印出来贴在工作室显眼的位置，以便随时查阅与记忆。

（二）自定义快捷键的灵活运用

除了学习并使用软件内置的快捷键外，许多数字绘画软件还支持用户自定义快捷键。这一功能为艺术家提供了极大的便利，允许他们根据自己的操作习惯和需求，将常用的功能绑定到更易于记忆的键位上。自定义快捷键的设置过程通常较为直观，用户只需在软件的偏好设置或快捷键设置中找到相应的选项，然后按照提示进行操作即可。

（三）软件界面的个性化设置

除了快捷键的自定义外，软件界面的个性化设置也是提升创作体验的重要一环。不同的艺术家有着不同的审美偏好和工作习惯，因此，将软件界面调整至最适合自己的状态，对于提高工作效率和创作质量具有重要意义。在大多数数字绘画软件中，用户都可以自定义工作区的布局、颜色主题、工具栏的显示与隐藏等选项。通过调整这些设置，艺术家可以打造一个既美观又实用的工作环境，让自己在创作过程中更加舒适与自在。

（四）持续优化与适应

值得注意的是，快捷键与软件界面的自定义设置并非一劳永逸的过程。随着创作经验的积累和技术的进步，艺术家的操作习惯和需求也会发生变化。因此，建议艺术家们定期回顾并优化自己的快捷键设置和软件界面布局，以适应新的创作需求和工作环境。同时，也要关注软件版本的更新与迭代，及时学习并掌握新版本中新增的功能，以保持自己在数字绘画领域的竞争力与创造力。

四、插件与扩展功能

在数字绘画的广阔领域中，软件插件与扩展功能如同一把把钥匙，为艺术家们打开了通往无限创意与独特效果的大门。这些工具不仅丰富了软件的基础功能，更在色彩处理、笔触模拟、纹理添加、特效制作等方面提供了前所未有的可能性，极大地拓展了艺术家的创作能力和作品的表现力。

（一）插件与扩展功能概述

插件与扩展功能通常是由第三方开发者为特定绘画软件编写的额外模块或工具包。它们可以无缝集成到原有软件中，为艺术家提供额外的功能选项或改进现有功能。插件的种类繁多，涵盖了从基础的色彩管理工具到复杂的图像合成与特效制作等多个方面。通过安装和使用这些插件，艺术家可以轻松地实现传统绘画难以达到的效果，为自己的作品增添独特的魅力。

（二）色彩处理插件：色彩艺术的魔法棒

色彩处理插件是数字绘画中不可或缺的一部分。它们通过提供丰富的色彩调整选项和高级的色彩管理工具，帮助艺术家更加精准地控制作品的色彩表现。这些插件可能包括色彩校正、色彩分级、色彩渐变等多种功能，使艺术家能够轻松实现色彩的细腻过渡、对比度的强化以及特殊色彩效果的创造。通过使用色彩处理插件，艺术家可以更加自由地表达自己的色彩情感，让作品在视觉上更加引人入胜。

（三）笔触模拟插件：传统与数字的桥梁

笔触模拟插件是数字绘画中模拟传统绘画笔触效果的重要工具。它们通过模拟不同绘画工具（如铅笔、毛笔、油画笔等）的笔触特点和质感，使数字绘画作品能够呈现出更加真实和自然的绘画效果。这些插件不仅可以帮助艺术家实现传统绘画中的笔触变化和层次感，还可以提供多种自定义笔触选项，让艺术家能够根据自己的创作需求自由调整笔触效果。笔触模拟插件的使用，不仅丰富了数字绘画的表现手法，也为艺术家们提供了一种在传统与现代之间自由穿梭的创作体验。

（四）纹理与材质插件：增强作品质感的利器

纹理与材质插件是数字绘画中增强作品质感和真实感的重要工具。它们通过提供丰富的纹理素材和材质模拟功能，帮助艺术家为作品添加各种自然或人造的纹理效果，如木纹、石纹、金属质感等。这些插件的使用，可以使作品在视觉上更加逼真和立体，增强作品的感染力和表现力。同时，纹理与材质插件还提供了丰富的自定义选项，让艺术家能够根据自己的创作需求自由调整纹理的样式、大小、透明度等参数，以达到最佳的视觉效果。

（五）特效制作插件：探索无限创意的宝藏

特效制作插件是数字绘画中探索无限创意和表现力的宝藏。它们通过提供丰富的特效制作工具和算法，帮助艺术家创造出各种令人惊叹的视觉效果，如光晕、模糊、扭曲、动态模糊等。这些特效不仅可以用于增强作品的视觉冲击力和艺术感染力，还可以用于表达特定的情感或主题。特效制作插件的使用，需要艺术家具备一定的想象力和创造力，但同时也为艺术家们提供了一个展示自己独特创意和才华的舞台。

（六）插件与扩展功能的选择与使用建议

在选择和使用插件与扩展功能时，艺术家们需要注意以下几点：首先，要明确自己的创作需求和目标，选择与自己创作风格和主题相符的插件；其次，要仔细阅读插件的说明文档和用户评价，了解其功能和特点以及可能存在的限制和兼容性问题；最后，要尝试将插件与扩展功能融入到自己的创作流程中，通过实践和探索发现其更多的用途和可能性。同时，艺术家们也应该保持对新插件和扩展功能的关注和了解，以便及时获取最新的创意工具和表现手法。

插件与扩展功能为数字绘画艺术家们提供了丰富的创作资源和无限的可能性。通过了解和尝试使用这些工具，艺术家们可以不断拓展自己的创作能力和效果表现，为自己的作品增添独特的魅力和价值。

五、软件版本更新与兼容性

在数字绘画的快速发展中，软件版本的更新迭代如同潮水般不断涌来，每一次更新都伴随着新功能的加入、性能的优化以及用户体验的改进。对于数字绘画艺术家而言，关注软件版本更新信息，及时了解并掌握新增功能和改进点，不仅是保持创作工具先进性的关键，也是确保作品在不同版本软件中兼容性的重要一环。

（一）版本更新的重要性

软件版本更新是软件开发团队根据用户反馈、市场需求以及技术发展趋势，对现有软件进行改进和升级的过程。这些更新往往包含了修复已知错误、提升软件性能、增加新功能等多个方面的内容。对于数字绘画艺术家而言，及时获取并应用这些更新，不仅可以享受到更加流畅、高效的创作体验，还能通过新功能的应用，探索出更多元化的创作手法和表现方式。

（二）新增功能与改进点的探索

每当软件版本更新时，软件开发团队通常会发布详细的更新日志，介绍本次更新所包含的新增功能和改进点。数字绘画艺术家应当仔细阅读这些日志，了解每一项更新背后的意义和价值。例如，某些更新可能引入了全新的画笔工具或色彩调整算法，这些工具或算法的应用可能会为艺术创作带来全新的灵感和可能性。同时，艺术家还应关注软件性能方面的改进，如渲染速度的提升、内存占用的降低等，这些改进将直接影响创作过程的流畅度和效率。

（三）作品兼容性的保障

在享受软件版本更新带来的诸多便利时，数字绘画艺术家还需特别注意作品兼容性的问题。由于不同版本的软件在文件格式、功能实现等方面可能存在差异，因此，艺术家在更新软件版本前，应确保自己的作品能够在新版本中正常打开和编辑。为了保障作品的兼容性，艺术家可以采取以下措施：首先，在更新软件版本前，备份好当前版本的作品文件；其次，查阅官方文档或社区论坛，了解新版本对旧版本作品的兼容情况；最后，在条件允许的情况下，可以在新版本的软件环境中测试打开和编辑旧版本的作品，以验证其兼容性。

（四）适应变化，持续学习

随着技术的不断进步和市场的快速发展，数字绘画软件的版本更新也将日益频繁。因此，数字绘画艺术家需要保持对新技术、新功能的敏锐感知和学习能力，以适应这种快速变化的环境。艺术家可以通过关注软件开发团队的官方渠道、参与在线社区讨论、阅读专业书籍和教程等方式，不断拓宽自己的知识视野和技能边界。同时，艺术家还应保持开放的心态和创新的思维，勇于尝试和探索新的创作手法和表现方式，以在数字绘画领域不断取得新的突破和成就。

第四节 数字画笔与材质模拟技术

一、画笔类型与特性

在数字绘画的广阔世界里，画笔作为创作的基本工具，其类型与特性直接影响着作品的风格与表现力。从模拟传统绘画媒介的铅笔、毛笔，到现代感十足的马克笔等，每一种画笔都承载着独特的笔触特性和适用场景，为艺术家们提供了丰富多样的创作选择。

（一）铅笔画笔：细腻与真实的起点

铅笔画笔是数字绘画中最基础且常用的工具之一，它模拟了传统铅笔的绘制效果，以细腻的线条和可调的灰度层次著称。铅笔画笔的笔触特性在于其柔和的过渡和易于修改的特点，这使得它在草图绘制、细节描绘以及初步构思阶段发挥着不可替代的作用。艺术家们可以利用铅笔画笔轻松勾勒出作品的轮廓和形态，同时，通过调整画笔的硬度和压力敏感度，还能实现线条粗细、深浅的自然变化，为作品增添一份真实感和细腻感。

（二）毛笔画笔：传统与艺术的融合

毛笔画笔则是对中国传统水墨画技法的数字化再现，它模拟了毛笔在宣纸上运笔时的独特韵味和笔触效果。毛笔画笔的笔触特性在于其丰富的墨色变化和笔触的干湿浓淡，这使得艺术家们能够在数字画布上挥洒自如，创作出具有中国传统美学特色的作品。无论是山水画的云雾缭绕，还是花鸟画的生动传神，毛笔画笔都能以其独特的笔触特性，将艺术家的情感与意境完美融合于作品之中。

（三）马克笔画笔：现代与活力的展现

马克笔作为一种现代绘画工具，其数字版也在数字绘画领域占据了一席之地。马克笔画笔以其鲜艳的色彩、粗犷的笔触和快速的上色能力而著称，适用于绘制具有现代感和活力的作品。艺术家们可以利用马克笔画笔的宽幅笔触和流畅的线条，快速填充色彩并塑造出鲜明的形体和光影效果。同时，马克笔画笔的色彩饱和度高且不易混色，这使得它在绘制海报、插画等需要强烈视觉冲击力的作品中表现出色。

（四）特殊效果画笔：创意与想象的延伸

除了上述几种常见的画笔类型外，数字绘画软件还提供了众多特殊效果画笔，如喷溅画笔、纹理画笔、水彩画笔等。这些画笔以其独特的笔触特性和视觉效果，为艺术家们的创作提供了更多的可能性和想象空间。喷溅画笔能够模拟出颜料喷溅的效果，为作品增添一份动感和活力；纹理画笔则可以将各种自然或人造的纹理应用于画面上，增强作品的质感和真实感；水彩画笔则以其柔和的色彩过渡和湿润的笔触效果，让作品呈现出一种清新脱俗的艺术美感。

不同类型的数字画笔各具特色，其笔触特性和适用场景也各不相同。艺术家们在创作过程中应根据作品的需求和自身的创作风格选择合适的画笔类型，并灵活运用其特性来展现自己的创意和想象力。通过不断探索和实践，艺术家们将能够掌握更多画笔的使用技巧和方法，从而在数字绘画领域中创造出更加丰富多彩的作品。

二、画笔自定义与调整

在数字绘画的世界里，画笔不仅是创作的工具，更是表达艺术风格与情感的媒介。熟练掌握画笔的自定义与调整技巧，不仅能够丰富作品的表现力，还能让艺术家在创作过程中更加自由与灵活。

（一）基础画笔参数的掌握

每个数字绘画软件都提供了丰富的画笔参数供艺术家调整，这些参数包括但不限于画笔大小、硬度、透明度、流量、间距等。掌握这些基础参数的含义与调整方法，是自定义画笔的第一步。画笔大小决定了笔触的粗细，硬度则影响笔触边缘的锐利程度；透明度与流量则共同决定了颜色的深浅与叠加效果；而间距则决定了笔触之间的密集程度。艺术家可以通过调整这些参数，实现不同风格与效果的笔触表现。

（二）高级画笔特性的探索

除了基础参数外，许多数字绘画软件还提供了高级画笔特性，如纹理、动态形状、压力感应等。这些特性为艺术家提供了更多的创作可能性和自由度。纹理特性允许艺术家将图片或图案作为画笔的纹理，使笔触呈现出独特的质感与效果；动态形状特性则能根据笔压、速度等参数实时改变笔触的形状与大小，模拟出真实的绘画手感；而压力感应特性则通过与绘图板等设备的配合，实现笔触的轻重变化，增强作品的层次感与表现力。

（三）个性化画笔的创建

掌握了基础画笔参数与高级画笔特性后，艺术家便可以开始尝试创建个性化画笔了。个性化画笔的创建通常包括以下几个步骤：首先，根据创作需求选择或设计基础画笔形状；其次，调整画笔的各项参数，包括大小、硬度、透明度等，以及可能的高级特性如纹理、动态形状等；最后，通过实际绘制测试画笔效果，并根据需要进行微调。在创建过程中，艺术家可以充分发挥自己的想象力与创造力，将个人风格与情感融入画笔之中，使其成为表达自己独特艺术语言的工具。

（四）画笔库的管理与优化

随着创作过程的深入，艺术家会积累大量自定义画笔。为了方便管理与使用这些画笔，建立有效的画笔库显得尤为重要。艺术家可以根据不同的创作主题或风格对画笔进行分类整理，并为其命名以便快速查找。同时，定期对画笔库进行清理与优化也是必要的，删除不再使用的画笔或合并相似的画笔可以减少不必要的混乱与干扰。此外，一些高级的数字绘画软件还支持画笔的导出与导入功能，允许艺术家在不同的软件之间共享与迁移自己的画笔库。

（五）持续学习与实践

画笔的自定义与调整是一个不断学习与实践的过程。随着技术的不断进步和市场的快速发展，新的画笔特性与工具不断涌现，为艺术家带来了更多的创作可能性。因此，艺术家应保持对新技术、新工具的敏锐感知力，持续探索与尝试新的画笔自定义方法。同时，通过不断地实践与应用，艺术家可以更加熟练地掌握画笔的各项参数与特性，实现更加精准与个性化的笔触表现。

三、材质模拟技术

在数字绘画的艺术殿堂里，材质模拟技术如同一把钥匙，解锁了作品与现实世界之间的质感桥梁。通过精细调整画笔设置与巧妙运用图层效果，艺术家们能够在虚拟的画布上创造出令人信服的纸张纹理、水彩晕染等真实材质效果，使作品更加生动且富有层次感。

（一）画笔设置的精妙调整

画笔作为材质模拟的基础工具，其设置的调整直接关系到最终效果的呈现。为了模拟纸张纹理，艺术家可以选用具有粗糙边缘或不规则笔触的画笔，并调整其硬度、间距、形状动态等参数，以模拟纸张表面的凹凸感与纤维质感。同时，通过增加画笔的纹理选项，并导入相应的纸张纹理图片，可以进一步增强模拟效果的真实性。在水彩晕染的模拟中，可选用具有扩散特性的画笔，如水彩笔或湿边笔，并适当调整其流量、混合模式等参数，以实现色彩的自然过渡与融合。

（二）图层效果的巧妙运用

图层效果是数字绘画中材质模拟的关键所在。通过叠加、混合与调整不同的图层效果，艺术家们能够创造出丰富的材质表现。例如，在模拟纸张纹理时，可以在底层图层上应用纸张纹理图片，并设置其混合模式为"叠加"或"柔光"，使其与上层色彩自然融合。同时，利用"滤镜"菜单中的"纹理化"功能，如"颗粒""纹理填充"等，也能为作品增添纸张的质感与细节。在水彩晕染的模拟中，则可以利用"模糊"工具或"滤镜"中的"高斯模糊"效果，对色彩边缘进行柔化处理，模拟水彩颜料在纸张上的自然扩散现象。此外，通过调整图层的透明度与混合模式，还能实现水彩色彩的叠加与交融效果，使画面更加生动且富有变化。

（三）色彩与光影的细腻处理

色彩与光影是材质模拟中不可或缺的元素。为了增强材质的真实感与立体感，艺术家们需要仔细观察并理解不同材质在光照下的色彩变化与光影效果。在模拟纸张纹理时，可以运用冷暖色调的对比与过渡来模拟纸张的阴影与高光部分，从而增强纸张的立体感与质感。在水彩晕染的模拟中，则需注重色彩的透明度与层次感的表现，通过调整色彩的饱和度与明度来模拟水彩颜料的深浅变化与晕染效果。同时，利用光影效果来强化画面的空间感也是材质模拟中的重要一环。通过添加适当的阴影与高光效果，可以使作品更加逼真且富有表现力。

（四）实践与创新的结合

材质模拟技术虽然有着一定的规律与技巧可循，但真正的艺术创造往往源自于实践与创新的结合。艺术家们在掌握基本技巧的同时，应勇于尝试新的方法与思路，不断探索新的材质模拟效果。通过实践与经验积累，艺术家们将能够更加熟练地运用材质模拟技术来丰富自己的创作手段与表现力。同时，他们也将能够根据自己的创作需求与审美偏好来灵活调整材质模拟效果的呈现方式，从而创作出具有独特风格与魅力的数字绘画作品。

四、笔触叠加与混合

在数字绘画的广阔天地里，笔触的叠加与混合技术如同一把钥匙，解锁了创造丰富层次感和质感的大门。这一技术不仅要求艺术家对色彩、光影有深刻的理解，还需掌握画笔的灵活运用与软件功能的深度挖掘。

（一）理解笔触叠加的基本原理

笔触叠加，顾名思义，即是将多个笔触相互叠加在一起，形成新的视觉效果。这一过程中，不同笔触的颜色、透明度、纹理等属性会相互作用，产生复杂的色彩变化和层次效果。艺术家需要理解这些基本原理，掌握如何通过调整笔触的参数来控制叠加后的效果，如通过改变透明度来控制色彩的深浅，利用纹理的叠加来增强质感的表达等。

（二）探索笔触混合的无限可能

笔触混合则是将多个笔触在软件中进行混合运算，生成全新的色彩与纹理效果。这一过程类似于传统绘画中的调色与融合，但数字绘画软件提供了更为丰富和精确的混合模式，如叠加、柔光、正片叠底等。艺术家可以根据创作需求选择合适的混合模式，通过调整不同笔触的混合比例和顺序，创造出丰富多彩的视觉效果。例如，利用叠加模式可以增强色彩的饱和度与对比度，而柔光模式则能营造出柔和且细腻的光影效果。

（三）掌握笔触叠加与混合的技巧

要实现笔触叠加与混合的最佳效果，艺术家需要掌握一系列技巧。首先，要合理规划笔触的布局与排列，确保叠加与混合后的画面既和谐统一又富有变化。其次，要善于运用软件的图层功能，将不同的笔触放置在不同的图层上，通过调整图层的顺序、透明度等参数来控制叠加与混合的效果。此外，还可以利用软件的蒙版、选区等工具来精确控制笔触的叠加范围与混合区域，实现更加精细的视觉效果。

（四）注重笔触叠加与混合的节奏感与韵律感

笔触叠加与混合不仅仅是技术层面的操作，更是艺术层面的表达。艺术家在运用这一技术时，应注重笔触之间的节奏感与韵律感。通过控制笔触的疏密、大小、方向等变化，使画面呈现出一种动态的美感与节奏感。同时，还要关注笔触与画面整体氛围的协调与呼应，确保笔触叠加与混合后的效果能够增强画面的表现力与感染力。

（五）持续实践与创新

笔触叠加与混合技术的掌握并非一蹴而就，而是需要艺术家通过不断地实践与创新来逐步提升的。在创作过程中，艺术家应勇于尝试新的笔触叠加与混合方式，探索出适合自己的独特风格与表现手法。同时，也要关注行业动态与技术发展，及时学习并掌握新的笔触叠加与混合技术，以保持自己在数字绘画领域的竞争力与创造力。

五、压力感应与动态画笔

在数字绘画的演进历程中，压力感应与动态画笔的融合无疑是一场革命性的变革。这一技术不仅让艺术家们能够以前所未有的方式感知并表达笔触的微妙变化，更极大地提升了作品的真实感与表现力。

（一）压力感应技术的奥秘

压力感应技术，简而言之，是一种能够检测并响应施加于其表面压力变化的电子系统。在数字绘画领域，这一技术通常被集成于高端数位板或触控笔之中。当用户以不同力度绘制时，数位板或触控笔内部的传感器会捕捉到这些细微的压力变化，并将其转化为数字信号传输给绘画软件。软件随后根据这些信号调整画笔的粗细、深浅、透明度等属性，从而模拟出传统绘画中笔触的丰富变化。

（二）动态画笔的无限可能

动态画笔，顾名思义，是指那些能够根据用户绘制时的压力、速度、倾斜角度等参数实时调整自身特性的画笔。在压力感应技术的支持下，动态画笔不再局限于固定的线条形态与颜色变化，而是能够随着用户的每一次笔触而展现出独特的生命力。艺术家们可以轻松地实现线条的粗细渐变、色彩的深浅过渡以及笔触的虚实相间等效果，这些在传统绘画中需要一定技巧与经验才能实现的效果，在数字绘画中变得触手可及。

（三）提升绘画表现力的策略

1. 探索笔触的多样性

利用动态画笔的特性，尝试不同的笔触组合与变化。通过调整压力、速度和倾斜角度等参数，创造出丰富多样的笔触效果，如轻盈飘逸的细线、厚重有力的粗线，以及富有层次感的渐变线条等。这些笔触不仅能够增强画面的表现力，还能使作品更具个性与辨识度。

2. 模拟传统绘画技法

动态画笔技术为模拟传统绘画技法提供了强有力的支持。艺术家们可以通过调整画笔设置来模拟铅笔的素描效果、毛笔的水墨韵味以及油画的厚重质感等。这种跨媒介的技法融合不仅拓宽了数字绘画的创作边界，也为艺术家们提供了更多元化的表达方式。

3. 增强画面的情感传达

笔触作为绘画语言的基本元素之一，承载着艺术家的情感与思想。通过精准地控制动态画笔的每一个细节变化，艺术家们能够更加细腻地传达自己的情感与意图。无论是欢快明亮的色彩跳跃还是深沉忧郁的笔触交织，都能让观者在视觉与心灵的双重震撼下感受到作品的独特魅力。

4. 促进创作过程的流畅性

动态画笔与压力感应技术的结合还极大地提升了创作过程的流畅性。艺术家们无须再担心笔触的失误与修改困难，只需专注于创作本身即可。

这种无忧无虑的创作状态不仅有助于激发灵感与创造力，还能让作品更加自然流畅地展现出艺术家的真实想法与情感。

压力感应与动态画笔的融合为数字绘画带来了前所未有的创作自由与表现力。艺术家们可以充分利用这一技术的优势来探索笔触的无限可能、模拟传统绘画技法、增强画面的情感传达以及促进创作过程的流畅性。在未来的数字绘画领域中，我们有理由相信这一技术将继续发挥着举足轻重的作用并引领着艺术的不断创新与发展。

第五节　图层与蒙版的应用技巧

一、图层基础概念

在数字绘画的浩瀚宇宙中，图层如同一座座桥梁，连接着创意与实现，为艺术家提供了无限可能。理解图层的基本概念，并掌握其创建、删除、重命名等基本操作，是数字绘画旅程中的第一步，也是至关重要的一步。

（一）图层的概念与重要性

图层，是数字绘画软件中用于组织和管理图像元素的一种技术。它能够让艺术家将复杂的图像拆分为多个独立的、可编辑的层次，每一层包含图像的一部分内容。这种分层结构不仅简化了图像的编辑过程，还使得艺术家能够轻松地对图像进行修改、调整而不影响其他部分。因此，图层是数字绘画中不可或缺的基础概念，对于提高创作效率、实现复杂效果具有重要意义。

（二）图层的创建

在大多数数字绘画软件中，创建图层通常是一个简单直观的过程。艺术家可以通过软件界面上的"新建图层"按钮或菜单命令来创建一个新的空白图层。此外，许多软件还支持从现有图像中分离出特定部分并创建为新图层的功能，如使用选区工具选择图像区域后，通过复制并粘贴到新图层的方式来实现。掌握这些创建图层的方法，有助于艺术家更好地组织和构建自己的作品。

（三）图层的删除

与创建图层相对应，删除图层也是数字绘画中常见的操作之一。当某个图层不再需要时，艺术家可以轻松地将其删除，以清理画布并减少文件大小。在大多数软件中，删除图层通常可以通过选中该图层后，点击"删除图层"按钮或执行相应的菜单命令来完成。但值得注意的是，在删除图层之前，艺术家应确保该图层上的内容已被妥善保存或转移到其他图层上，以避免意外丢失重要数据。

（四）图层的重命名

为了方便管理和查找图层，艺术家通常会为它们赋予有意义的名称。在数字绘画软件中，重命名图层是一个简单而实用的功能。艺术家可以通过双击图层名称区域，然后输入新的名称来完成重命名操作。重命名图层有助于艺术家在复杂的作品中快速定位到所需的图层，从而提高工作效率和创作质量。

（五）图层的基本操作进阶

除了上述基本的创建、删除和重命名操作外，图层还支持许多其他高级功能，如调整图层顺序、合并图层、应用图层样式等。调整图层顺序可以改变图像中各元素的堆叠关系，从而改变视觉效果；合并图层则可以将多个图层合并为一个图层，简化图像结构并减少文件大小；应用图层样式则可以为图层添加各种视觉效果，如阴影、发光、浮雕等，进一步增强作品的表现力。掌握这些图层的基本操作及进阶技巧，对于提升数字绘画技能、实现更加丰富的视觉效果具有重要意义。

二、图层混合模式

在数字绘画的广阔舞台上，图层混合模式如同一系列精心设计的滤镜，它们不仅能够影响图层的颜色与亮度，还能在图层之间创造出复杂而微妙的相互作用，从而极大地丰富了作品的视觉效果与表现力。通过深入学习并巧妙应用这些混合模式，艺术家们能够实现对图像合成的精细控制，创作出超越传统媒介限制的艺术作品。

（一）基础混合模式：构建色彩与光影的基石

在探讨复杂的混合模式之前，了解并掌握基础混合模式至关重要。这些模式包括"正常""溶解""变暗""变亮"等，它们构成了图像合成的基础框架。例如，"正常"模式是最基本的混合方式，它直接显示上层图层的像素，不进行任何颜色或亮度的调整；"溶解"模式则通过随机替换部分像素来创建一种类似颗粒感的视觉效果；"变暗"与"变亮"模式则分别取上下图层中较暗或较亮的像素进行显示，常用于调整图像的明暗对比。

（二）进阶混合模式：探索色彩与光影的无限可能

当艺术家们跨越了基础混合模式的门槛，便踏入了进阶混合模式的广阔天地。这些模式如"叠加""柔光""强光"等，通过更加复杂的算法来混合图层颜色与亮度，创造出令人惊叹的视觉效果。

"叠加"模式是一种非常实用的混合模式，它根据底层图层的亮度来决定上层图层颜色的混合方式。在亮色区域，上层图层会变得更亮，而在暗色区域则变得更暗，这种特性使得"叠加"模式非常适合用于增强图像的对比度和色彩饱和度。"柔光"模式则以其柔和的混合效果而著称。它通过将上层图层的颜色与底层图层的颜色进行混合，并依据混合颜色的亮度来调整呈现结果的亮度，从而创造出一种类似于软焦效果的视觉效果。在"柔光"模式下，图像的色彩过渡会更加平滑自然，给人以温馨舒适的视觉感受。

（三）高级混合模式：解锁图像合成的终极奥义

对于追求极致视觉效果的艺术家们而言，高级混合模式无疑是他们手中的一把利剑。这些模式如"颜色减淡""颜色加深""差值"等，通过更加复杂和精细的算法来混合图层颜色与亮度，创造出令人叹为观止的图像合成效果。"颜色减淡"与"颜色加深"模式分别通过增加或减少底层图层的亮度来影响上层图层的颜色显示效果。这两种模式在调整图像色彩平衡和增强特定色彩效果方面表现出色。而"差值"模式则通过计算上下图层像素值的差异来显示结果图像，它常用于创建具有鲜明对比和独特纹理效果的图像。

（四）实践与应用：将理论转化为视觉盛宴

掌握了图层混合模式的基本原理与操作方法后，艺术家们便可以在实践中灵活运用这些技巧来创作出具有独特风格的数字绘画作品。无论是进行简单的图像调整还是复杂的图像合成，图层混合模式都能为艺术家们提供强大的支持。通过不断尝试与探索，艺术家们将能够解锁图像合成的终极奥义，将自己的创意与想象转化为令人震撼的视觉盛宴。

三、图层样式与效果

在数字绘画的广阔舞台上，图层样式作为增强图像视觉效果的重要工具，扮演着举足轻重的角色。通过巧妙地添加与调整图层样式，如投影、发光、描边等，艺术家能够为作品赋予丰富的层次感、立体感和艺术感。

（一）投影效果的营造

投影是模拟物体在光线下产生的阴影效果，是增强图像立体感和空间感的有效手段。在数字绘画软件中，添加投影样式通常涉及调整多个参数，包括颜色、不透明度、大小、角度和距离等。艺术家可以根据需要，灵活调整这些参数，以创造出逼真或富有创意的投影效果。例如，通过调整投影的颜色和角度，可以模拟不同光源下的阴影变化；而调整投影的大小和距离，则可以控制阴影的扩散范围和强度，进一步丰富图像的视觉效果。

（二）发光效果的探索

发光效果是一种能够吸引观者注意、增强图像亮点的特效。在数字绘画中，发光样式常被用于突出主体、营造氛围或增添神秘感。发光效果可以通过调整颜色、模式（如内发光、外发光）、不透明度、大小等参数来实现。艺术家可以根据创作需求，选择合适的发光模式和颜色，通过精细调整参数，使发光效果与图像整体风格相协调，达到画龙点睛的效果。

（三）描边效果的运用

描边是围绕图像边缘添加的一种线条效果，它能够增强图像的轮廓感和辨识度。在数字绘画中，描边样式不仅可以用于强调图像的边界，还可以作为创意元素，为作品增添独特的视觉效果。描边效果的调整通常涉及颜色、大小、位置（如内部、外部或居中）等参数。艺术家可以根据图像的特点和创作意图，选择合适的描边颜色和大小，通过调整位置参数，使描边效果与图像内容完美融合，提升作品的整体美感。

（四）其他图层样式的创新应用

除了上述常见的投影、发光和描边样式外，数字绘画软件还提供了众多其他图层样式供艺术家选择和使用。例如，浮雕效果可以模拟物体表面的凹凸质感，增强图像的立体感和真实感；渐变叠加则可以为图层添加丰富的色彩渐变效果，使图像更加生动有趣；而斜面和浮雕样式则结合了多种效果，能够创造出更加复杂和逼真的立体效果。艺术家在创作过程中，应勇于尝试这些不同的图层样式，通过创新应用，为自己的作品增添独特的视觉魅力。

（五）图层样式的综合调整与优化

在添加和调整图层样式时，艺术家还须注意图层样式的综合效果与整体协调性。一方面，要确保各个图层样式之间的参数设置相互呼应、和谐统一；另一方面，还要关注图层样式对图像整体风格的影响，避免过度使用或不当搭配导致的效果突兀或杂乱无章。因此，在创作过程中，艺术家应不断审视和调整图层样式的效果，通过反复试验和优化，使作品达到最佳的视觉效果和艺术表现力。

四、蒙版原理与应用

在数字绘画的世界里，蒙版作为一项强大的工具，为艺术家们赋予了对图像进行局部调整与合成的无限可能。通过深入理解蒙版的原理，并熟练掌握其创建与使用方法，艺术家们能够在不破坏原图层内容的前提下，对图像的特定区域进行精细的编辑与控制，从而实现更加复杂与精妙的视觉效果。

（一）蒙版的基本原理

蒙版，简而言之，是一种用于控制图层内容显示与隐藏的技术。它像一块透明的布，覆盖在图层之上，但不同的是，这块布上可以有不同的透明度或颜色信息，这些信息决定了下方图层内容的可见程度。在数字绘画软件中，蒙版通常以灰度图像的形式存在，其中白色表示完全显示，黑色表示完全隐藏，而灰色则表示不同程度的半透明效果。

（二）图层蒙版的灵活运用

图层蒙版是数字绘画中最常用的蒙版类型之一。通过为图层添加蒙版，艺术家们可以轻松地实现图像的局部调整，如色彩校正、亮度调节等。创建图层蒙版的方法通常很简单，只需在图层面板中点击"添加图层蒙版"按钮即可。随后，艺术家们可以使用各种绘画工具（如画笔、渐变工具等）在蒙版上绘制黑白灰图案，以控制图层的显示区域。这种非破坏性的编辑方式，使得艺术家们可以做出反复调整而不必担心对原图造成不可逆的损害。

（三）剪贴蒙版的创意应用

剪贴蒙版是另一种强大的蒙版技术，它允许艺术家们将一个图层的内容作为另一个图层的蒙版来使用。就 Photoshop 来说，就是将一个图层放置在另一个图层的上方，并通过特定的操作（如按住 Alt 键点击两图层之间的分界线）来创建剪贴蒙版关系。此时，上方图层的内容会根据下方图层的形状和位置进行裁剪与显示，从而实现复杂的图像合成效果。剪贴蒙版在创建复杂图案、纹理叠加以及实现特定视觉效果方面发挥着重要作用。

（四）蒙版的高级技巧与创意拓展

除了基本的图层蒙版和剪贴蒙版外，数字绘画软件还提供了许多高级蒙版技巧与功能，如快速蒙版、矢量蒙版等。快速蒙版允许艺术家们以临时蒙版的形式快速选择图像区域，并通过画笔等工具进行精细调整；而矢量蒙版则利用矢量图形的特性，为艺术家们提供了更加灵活和精确的蒙版控制手段。此外，艺术家们还可以结合使用多种蒙版技术，通过叠加、混合等方式创造出更加丰富多彩的视觉效果。

（五）实践中的蒙版策略

在实际的数字绘画创作中，蒙版的应用策略往往取决于具体的创作需求与目的。艺术家们需要根据图像的特点与风格，灵活选择合适的蒙版类型与技巧，并通过反复试验与调整来找到最佳的视觉效果。同时，他们还需要关注蒙版对整体画面氛围与情感表达的影响，确保蒙版的应用能够增强作品的艺术感染力与表现力。通过不断地学习与实践，艺术家们将能够熟练掌握蒙版的原理与应用技巧，从而在数字绘画的广阔天地中自由驰骋、挥洒创意。

五、图层管理与优化

在数字绘画的复杂创作过程中，图层管理不仅是组织图像元素的基石，更是提升创作效率与保持作品清晰度的关键。通过合理的图层分组、锁定、合并等技巧，以及优化图层结构的方法，艺术家能够更加高效地操作图像，确保每一步创作都井然有序。

（一）图层分组的智慧

图层分组是将多个相关联的图层组织在一起的功能，它有助于艺术家快速定位和管理图像中的各个部分。通过创建图层组，可以将具有共同属性或功能的图层归类到一起，如将所有与背景相关的图层放入一个组，将所有与人物细节相关的图层放入另一个组。这样，当需要调整或修改某一类图层时，只需展开对应的图层组即可，大大节省了时间和精力。此外，图层组还可以嵌套使用，即在一个图层组内再创建子组，以实现更精细化的管理。

（二）锁定图层的策略

锁定图层是防止图层内容被意外修改的一种保护措施。在数字绘画中，有些图层可能已经完成或暂时不需要修改，此时可以使用锁定功能来固定这些图层。锁定的图层仍然可见，但无法进行编辑操作，如绘画、删除或移动等。艺术家可以根据需要选择锁定图层的全部内容（包括像素和透明度）、位置或透明度等属性。通过锁定不必要的图层，可以避免在创作过程中误操作导致的数据丢失或损坏，同时保持工作区域的整洁有序。

（三）合并图层的艺术

合并图层是将多个图层合并为一个图层的过程。在创作过程中，随着图层数量的增加，图像可能会变得难以管理。此时，通过合并一些已经完成或不再需要单独编辑的图层，可以简化图层结构，提高创作效率。然而，合并图层也需谨慎操作，因为一旦合并，原始图层将无法再单独编辑。因此，在合并前，艺术家应仔细考虑哪些图层可以合并，以及合并后的图层如何命名和组织。此外，有些软件还支持合并可见图层或选定图层的功能，为艺术家的创作提供了更多的灵活性和选择性。

（四）优化图层结构的实践

优化图层结构是提高创作效率的关键。一个合理的图层结构应该清晰、有序且易于管理。艺术家在创作过程中应不断审视和调整图层结构，确保创建每个图层都有其明确的目的。同时，还可以利用图层名称、颜色标记和图层顺序等工具来辅助管理图层。例如，为图层命名时可以采用简洁明了的命名规则；使用不同的颜色标记来区分不同类型的图层；通过调整图层顺序来改变图像中各元素的堆叠关系等。这些实践方法都有助于艺术家更好地掌握图层管理的技巧，提升创作效率和质量。

（五）持续学习与适应

随着数字绘画软件的不断更新和发展，图层管理的功能和技巧也在不断变化和完善。因此，艺术家应保持学习的热情和开放的心态，及时关注软件的更新信息，不断尝试和探索新的图层管理方法。同时，也要根据自己的创作需求和习惯来调整和优化图层结构，形成一套适合自己的图层管理策略。只有这样，才能在数字绘画的广阔天地中自由翱翔，创作出更加精彩和富有创意的作品。

第三章　数字绘画的构图与透视

第一节　构图的基本原则

一、平衡感

在数字绘画的艺术创作中，平衡感是构成画面美感与稳定不可或缺的关键因素。它关乎于画面中各元素分布的智慧与巧思，确保观者在审视作品时，能够感受到一种稳定而舒适的视觉体验，而非被突兀或失衡的布局所干扰。

（一）理解平衡感的基本概念

平衡感，简而言之，是指画面中各元素分布所呈现出的一种稳定状态。在数字绘画中，这不仅仅是指物理上的重量均衡，更涵盖了视觉心理上的平衡感受。艺术家需要巧妙安排画面的各个组成部分，如主体、背景、色彩、纹理等，使它们之间形成一种相互制约、相互衬托的关系，从而达到整体上的和谐统一。

（二）遵循视觉重量的原则

视觉重量是影响画面平衡感的重要因素。在数字绘画中，不同的元素因其大小、形状、色彩、明暗等属性的不同，会给人带来不同的视觉重量感。一般而言，大尺寸、深色系、高饱和度的元素会显得更重，而小巧、浅色、低饱和度的元素则相对较轻。艺术家在构图时，应充分考虑这些元素的视觉重量，通过合理布局来避免头重脚轻等现象，使画面呈现出稳定且均衡的视觉效果。

（三）运用对称与不对称的平衡策略

对称与不对称是两种常见的平衡手法。对称平衡通过以某个中心点或轴线为基准，使画面左右或上下两侧的元素在形状、大小、排列等方面一一对应，呈现出一种镜像效果。这种平衡方式能够给人一种稳定、和谐的感觉，但同时也可能显得单调乏味。相比之下，不对称平衡则更加灵活多变，它允许艺术家在保持整体稳定的前提下，自由发挥创意，通过元素之间的呼应、对比、引导等手法，营造出一种动态而富有张力的视觉效果。

（四）关注色彩与明暗的平衡

色彩与明暗也是影响画面平衡感的重要因素。在数字绘画中，色彩的冷暖、对比、饱和度等属性以及明暗的分配与过渡，都会直接影响到观者的视觉感受。艺术家需要运用色彩心理学的原理，合理搭配色彩，使画面既丰富多彩又和谐统一。同时，通过控制明暗对比，营造出层次感与空间感，使画面更加立体生动。在平衡色彩与明暗时，艺术家应注意避免过于突兀或混乱的视觉效果，确保画面整体上的和谐与稳定。

（五）利用构图法则增强平衡感

构图是数字绘画中至关重要的环节。通过运用三分法、黄金分割等构图法则，艺术家可以更加科学地规划画面布局，使各元素之间形成有序而富有变化的排列组合。这些构图法则不仅有助于增强画面的平衡感，还能引导观者的视线流动，提升作品的艺术感染力。此外，艺术家还可以根据具体创作需求，灵活运用留白、重叠、透视等手法，进一步丰富画面的层次与内涵，实现视觉上的平衡与和谐。

平衡感是数字绘画中不可或缺的美学要素。艺术家们需要深入理解平衡感的内涵与原理，掌握相关技巧与策略，通过精心布局与巧妙构思，创作出既具有视觉冲击力又不失和谐之美的艺术作品。

二、对比与和谐

在数字绘画的创作世界里，对比与和谐是构建视觉张力与美感不可或缺的两大原则。艺术家通过巧妙地运用大小、明暗、色彩等对比手法，能够有效突出画面主体，吸引观者的视线；同时，保持整体画面的和谐统一，能让作品在视觉上达到平衡与舒适，给人以深刻的艺术感受。

（一）大小对比：构建视觉层次

大小对比是数字绘画中最为直观的对比手法之一。通过改变画面中元素的大小比例，艺术家可以清晰地划分出前景、中景与后景，构建出丰富的视觉层次。在创作中，艺术家往往将主体物放大置于画面中心或显眼位置，以此来强调其重要性；而次要元素则适当缩小，作为陪衬或背景存在。这种大小对比不仅增强了画面的空间感，还引导观者的视线按照艺术家的意图进行流动，使作品更具吸引力。

（二）明暗对比：塑造立体感与光影效果

明暗对比是数字绘画中表现立体感与光影效果的重要手段。艺术家通过调整画面中不同区域的亮度与暗度，营造出丰富的光影变化，使物体看起来更加立体、真实。在创作中，艺术家会特别注意光源的位置与强度，以及物体表面的材质与反光特性，以此来确定明暗分布。明亮的部分往往能够吸引观者的注意，而暗部则起到衬托与平衡的作用。通过明暗对比，艺术家能够创造出强烈的视觉冲击力，同时又不失整体的和谐与统一。

（三）色彩对比：激发情感共鸣

色彩是数字绘画中最具表现力的元素之一。通过运用色彩对比，艺术家可以传达出丰富的情感与氛围，引起观者的情感共鸣。色彩对比包括色相、明度与纯度的对比。在创作中，艺术家会根据画面的主题与氛围选择合适的色彩组合，通过对比与协调来营造出独特的视觉效果。例如，冷暖色调的对比可以营造出强烈的情感对比；而相近色调的和谐搭配则能营造出温馨、宁静的氛围。色彩对比的运用需要艺术家具备敏锐的色彩感知力与丰富的色彩搭配经验，以确保画面既富有表现力又不失和谐之美。

（四）和谐统一：追求视觉平衡与美感

在数字绘画中，对比与和谐是相辅相成的两个方面。对比手法用于突出主体、增强视觉效果；而和谐统一则追求视觉平衡与美感，使画面整体呈现出一种和谐、舒适的状态。艺术家在创作中需要不断权衡对比与和谐的关系，通过调整各个元素的大小、明暗、色彩等属性，使画面在对比中不失和谐，在和谐中又不失生动与活力。这种平衡与统一的追求不仅考验着艺术家的技艺与审美能力，更是数字绘画艺术魅力的重要体现。

三、简洁性

在数字绘画的广阔领域中，简洁性不仅是一种艺术追求，更是提升作品视觉冲击力与传达效率的关键。通过去除冗余元素，保持画面的简洁明了，艺术家能够引导观者的视线聚焦于核心，让作品在瞬间抓住人心。

（一）明确主题，精简内容

每幅数字绘画作品都应有一个明确的主题或中心思想。艺术家在创作之初，就应清晰地界定自己想要表达的内容，并围绕这一主题进行构思与布局。在创作过程中，要勇于割舍与主题无关或关联度不高的元素，避免画面因内容繁杂而显得杂乱无章。通过精简内容，使画面更加纯粹，有助于观者迅速理解并感受作品的核心价值。

（二）精练线条，强化形态

线条是数字绘画中最基本的元素之一。精练的线条不仅能够准确地勾勒出物体的形态与结构，还能赋予画面以独特的韵律与节奏感。艺术家在绘制线条时，应注重其质量与表现力，避免过多的琐碎与冗余。通过运用流畅、有力的线条，强化物体的形态特征与空间关系，使画面更加简洁而富有力量感。

（三）色彩搭配，注重对比与和谐

色彩是数字绘画中不可或缺的元素之一。在追求简洁的过程中，艺术家应精心搭配色彩，注重对比与和谐的统一。避免使用过多复杂或相互冲突的色彩组合，以免使画面显得杂乱无章。相反，应通过巧妙的色彩搭配，营造出一种清新、明快或深邃、宁静的视觉效果。同时，利用色彩的对比与过渡，强化画面的层次感与空间感，使观者能够更加清晰地感受到作品的意境与氛围。

（四）简化构图，突出主体

构图是数字绘画中至关重要的环节。一个简洁而有力的构图能够瞬间吸引观者的注意力，使作品的主题得以凸显。艺术家在构图时，应注重画面的平衡与稳定，避免过多的元素堆砌与交叉。通过简化构图，将观者的视线引导至画面的主体部分，使其成为视觉的焦点与中心。同时，利用留白、虚实对比等手法，营造出一种空灵、深邃的视觉效果，增强画面的艺术感染力。

（五）注重细节，但不堆砌

虽然简洁性要求去除冗余元素，但这并不意味着忽视细节。相反，艺术家在创作过程中应注重细节的表现与刻画，使画面更加生动、真实。然而，这种注重细节并不意味着要堆砌细节。艺术家应根据画面的整体风格与主题需求，有选择地呈现关键细节，避免过多细节干扰观者的视线与理解。通过恰到好处的细节表现，使画面在简洁中不失丰富与细腻。

简洁性是数字绘画中一种重要的美学追求。艺术家们需要明确主题、精练线条、巧妙搭配色彩、简化构图并注重细节地表现与刻画，以创造出既简洁明了又富有内涵与感染力的艺术作品。在这个过程中，艺术家们不仅需要具备扎实的绘画功底与敏锐的审美眼光，更需要不断探索与实践，以实现对简洁性这一美学理念的深刻理解与把握。

四、主题明确

在数字绘画的浩瀚宇宙中，每一幅作品都如同星辰般璀璨，而它们之所以能够熠熠生辉，关键在于其内部蕴含着一个明确而深刻的主题或中心思想。这一主题如同作品的灵魂，引领着所有元素有序地排列组合，共同编织出一幅幅动人心魄的画面。

（一）主题的孕育与确立

一幅优秀的数字绘画作品，其主题的孕育往往源自于艺术家的内心世界与生活体验。艺术家通过敏锐的观察力捕捉生活中的点滴细节，经过深刻的思考与感悟，逐渐在心中孕育出一个独特的主题。这个主题可能是对自然的赞美，对社会现象的反思，对人性深度的探索，或是对未来世界的憧憬。无论何种主题，一旦确立，便成为作品创作的核心与动力源泉。

（二）元素的选择与围绕

在确立了主题之后，艺术家需要精心挑选并安排画面中的每一个元素。这些元素包括色彩、线条、形状、构图等视觉语言，以及通过它们所传达的情感、氛围与意境。艺术家会确保每一个元素都紧密围绕主题展开，共同服务于主题的表达。例如，在表现自然之美的主题中，艺术家可能会选择清新明亮的色彩、流畅的线条和富有生机的形状来营造一种宁静和谐的氛围；而在反映社会现象的作品中，则可能运用对比强烈的色彩、尖锐的的形状来传达一种紧张的情绪。

（三）构图的精心布局

构图是数字绘画中表现主题的重要手段之一。艺术家通过巧妙的构图布局，将画面中的各个元素有机地结合在一起，形成一个完整而富有张力的视觉整体。在构图过程中，艺术家会特别注意画面的平衡感、节奏感与空间感，以确保观者的视线能够按照艺术家的意图进行流动，从而更加深刻地理解并感受到作品的主题。同时，艺术家还会利用前景、中景与后景的层次关系来增强画面的空间深度，使主题更加突出且富有立体感。

（四）情感的深度挖掘

数字绘画不仅仅是一种视觉艺术的表现形式，更是一种情感与思想的传递方式。在创作过程中，艺术家会深入挖掘并表达自己对主题的情感体验与思想感悟。这种情感的深度挖掘不仅让作品更加生动感人，也让观者在欣赏作品的过程中产生共鸣与感悟。艺术家通过色彩的运用、线条的勾勒以及形状的组合等方式来传达自己的情感与思想，使作品成为一座连接艺术家与观者心灵的桥梁。

（五）主题的升华与超越

一个明确的主题在数字绘画作品中不仅要得到充分的展现与表达，更要实现一种升华与超越。这种升华与超越体现在作品所传达的深刻内涵与广泛意义上。艺术家通过精湛的技艺与独特的视角将主题推向一个新的高度，使其超越了具体的画面与形式限制，成为一种具有普遍价值与深远影响的艺术作品。这样的作品不仅能够触动观者的心灵深处，更能够引发人们对生活、社会与世界的深刻思考与反思。

五、创意与新颖

在数字绘画的浩瀚宇宙中，创意与新颖是推动艺术边界不断拓展的重要动力。艺术家们通过打破常规、挑战传统，以独特的构图方式、色彩运用及表现手法，为观者带来前所未有的视觉盛宴。

（一）勇于突破，挑战传统构图

构图是绘画作品的骨架，决定了画面的整体布局与视觉流向。在追求创意与新颖的过程中，艺术家们应勇于突破传统的构图模式，尝试非对称、不规则、多视角等新颖的构图方式。这些独特的构图不仅能够打破观者的视觉惯性，还能激发其探索与想象的欲望。例如，通过运用透视变形、重叠交错等手法，营造出一种超现实或梦幻般的视觉效果，使画面更加引人入胜。

（二）色彩创新，探索未知领域

色彩是绘画中极具表现力的元素之一。艺术家们可以通过创新色彩搭配与运用方式，探索出独特的色彩语言与视觉风格。这包括尝试非传统的色彩组合、运用高饱和度或低饱和度的色彩对比，以及创造独特的色彩渐变效果等。这些色彩创新不仅能够增强画面的视觉冲击力，还能传达出艺术家独特的情感与观念。同时，艺术家们还可以借助数字绘画软件的强大功能，实现更为丰富与细腻的色彩变化与过渡，使画面更加生动立体。

（三）技法革新，拓展表现边界

数字绘画技术的发展为艺术家们提供了更为广阔的表现空间与可能性。艺术家们可以通过学习掌握新的绘画技法与软件功能，不断拓展自己的表现边界。例如，利用数字画笔的多样性与灵活性，创造出难以实现的细腻纹理与光影效果；通过图层叠加、滤镜应用等手法，实现更为复杂与丰富的画面层次与质感；甚至可以通过编程与算法生成独特的艺术作品，展现出数字绘画独特的魅力与潜力。

（四）主题创新，挖掘深层内涵

除了形式与技法上的创新外，艺术家们还应注重主题与内容的创新。通过深入挖掘社会现实、人性探索、自然之美等深层次主题，以独特的视角与观点进行创作与表达。这些具有深度与广度的主题不仅能够引发观者的共鸣与思考，还能提升作品的艺术价值与社会意义。艺术家们可以通过观察生活、阅读书籍、交流讨论等方式，不断积累素材，为自己的创作注入新的活力与创意。

（五）跨界融合，激发无限可能

在追求创意与新颖的过程中，跨界融合也是一个不可忽视的方面。艺术家们可以尝试将数字绘画与其他艺术形式进行融合与碰撞，如与摄影、雕塑、音乐、电影等相结合，创造出跨界融合的艺术作品。这种跨界融合不仅能够为数字绘画带来新的表现手法与视觉体验，还能激发艺术家们的创新思维与想象力，推动艺术创作的多元化与多样性发展。

创意与新颖是数字绘画中不可或缺的重要元素。艺术家们应勇于突破传统、挑战常规，以独特的视角与观点进行创作与表达。通过不断学习与探索新的技法、色彩、构图与主题等方式，为自己的艺术创作注入新的活力与创意。同时，跨界融合也是推动数字绘画创新发展的重要途径之一。在这个过程中，艺术家们将不断拓展自己的艺术边界与视野，为观者带来更加丰富多彩的艺术体验与启示。

第二节　构图的基本要素

一、点、线、面

在数字绘画的广阔天地里，点、线、面作为最基本的构成元素，不仅承载着形态与空间的塑造任务，更是构建画面框架、营造视觉节奏与情感氛围的关键所在。它们相互作用，相互依存，共同编织出一幅幅生动而富有表现力的艺术作品。

（一）点的灵动与聚焦

在数字绘画中，点是最小的视觉单位，却拥有不容忽视的力量。它可以是画面中任何细小的元素，如一个色点、一个光斑或是一个符号的起点。点的运用，首先在于其灵动性。艺术家可以通过调整点的大小、形状、排列与分布，创造出丰富多变的视觉效果。同时，点还具有强烈的聚焦作用。当画面中出现一个或多个明显的点时，观者的视线往往会不由自主地被吸引过去，形成视觉中心。因此，在构图时，艺术家常常利用点来引导观者的视线流动，突出画面的重点或主题。

（二）线的韵律与分割

线，作为点的延长与连接，是数字绘画中表达形态与运动的重要手段。线的种类繁多，有直线、曲线、折线等，每一种线条都蕴含着独特的韵律与情感。直线给人以稳定、刚劲之感，曲线则显得柔和、流畅；折线则带有一种跳跃、变化的动感。艺术家通过运用不同种类的线条，可以创造出丰富的形态与空间变化。此外，线还具有分割画面的功能。通过线条的穿插与交织，艺术家可以将画面划分为不同的区域或层次，使画面结构更加清晰明了。同时，线条的疏密、长短、粗细等变化，也能为画面带来不同的节奏感与韵律美。

（三）面的扩张与融合

面，作为点与线的集合体，是数字绘画中构建空间与形体的基础。面具有扩张性，能够占据一定的视觉面积，形成画面的主体或背景。艺术家通过调整面的形状、大小、位置与色彩等属性，可以创造出丰富多样的视觉效果。同时，面还具有融合性。在画面中，不同的面可以通过色彩、纹理等元素的过渡与融合，形成统一而和谐的视觉效果。这种融合不仅增强了画面的整体感与统一性，还使画面中的各个元素相互关联、相互呼应，共同构成一个有机的整体。

（四）点线面的和谐共生

在数字绘画的构图中，点、线、面并非孤立存在，而是相互依存、和谐共生的。艺术家通过巧妙地运用点、线、面的组合与排列，可以构建出富有节奏与韵律的画面框架。在这个过程中，艺术家需要充分考虑点、线、面之间的比例关系、对比关系与呼应关系，使画面在视觉上达到平衡与和谐。同时，艺术家还需要根据画面的主题与情感表达需求，灵活调整点、线、面的运用方式，使画面呈现出独特的艺术风格与表现力。

点、线、面作为数字绘画构图的基石，其重要性不言而喻。艺术家在创作过程中应充分认识到它们的独特魅力与潜在价值，并善于运用它们来构建画面的基本框架与节奏。只有这样，才能创作出既具有视觉冲击力又富有情感深度的优秀数字绘画作品。

二、形状与形态

在数字绘画的广阔天地里，形状与形态作为构图的基石，不仅构成了画面的基本元素，还深刻影响着作品的视觉效果与情感传达。它们以各自独特的方式，引导观者的视线流动，塑造画面的空间感与层次感，从而赋予作品以生命力和表现力。

（一）形状的力量：塑造视觉焦点与平衡

形状，作为视觉感知的基本单位，在数字绘画中扮演着举足轻重的角色。不同的形状具有不同的视觉特性与情感倾向，能够直接影响观者的心理感受与视觉体验。

圆形，以其完满、和谐之态，常被视为温柔、包容的象征。在构图中，圆形元素能够自然地吸引观者的注意力，成为视觉的焦点。同时，圆形的运用还能有效平衡画面，避免给人以生硬或尖锐之感。艺术家们可以巧妙地利用圆形来营造温馨、宁静的氛围，或是表达团结、和谐的主题。

方形，则以其稳定、坚实的形象，展现出一种力量与秩序之美。在构图中，方形元素往往被用作画面的支撑点或背景，为其他元素提供稳定的依托。同时，方形的直线条也赋予画面以清晰、明确的边界感，使整体构图显得更加紧凑有力。艺术家们可以通过方形的排列组合，创造出富有节奏与韵律感的视觉效果，或是利用方形与圆形的对比，强化画面的层次感与空间感。

三角形，则以其独特的稳定性与动态感，成为构图中不可或缺的元素之一。无论是正三角形还是倒三角形，都能为画面带来强烈的视觉冲击力与方向感。正三角形给人以稳固、安定的印象，而倒三角形则透露出一种不稳定与张力。艺术家们可以根据创作需求，灵活运用三角形来构建画面的稳定结构或营造紧张氛围，使作品更加生动有力。

（二）形态的韵律：曲线与直线的对话

形态，作为形状在空间中的延伸与变化，同样对数字绘画的构图有着深远的影响。曲线与直线作为形态的基本表现形式，各自承载着不同的情感与表现力。

曲线，以其流畅、柔美的姿态，赋予画面生命力与动感。在构图中，曲线元素能够引导观者的视线沿着其轨迹流动，营造出一种轻盈、飘逸的视觉效果。同时，曲线的运用还能增强画面的节奏感与韵律感，使整体构图显得更加和谐统一。艺术家们可以通过曲线的变化与组合，创造出丰富多彩的图案与纹理，为作品增添一抹独特的艺术魅力。

直线，则以其简洁、明了的特点，展现出一种清晰、理性的美感。在构图中，直线元素能够明确划分画面的空间结构，使各元素之间形成有序而明确的布局关系。同时，直线的稳定与坚定也赋予画面以力量与权威感。艺术家们可以利用直线的平行、交叉或斜向排列，营造出不同的视觉效果与情感氛围，使作品更加富有表现力与感染力。

形状与形态作为数字绘画构图的基石，以其独特的视觉特性与情感倾向，深刻影响着作品的视觉效果与情感传达。艺术家们应深入研究不同形状与形态的特点与运用规律，通过巧妙地组合与布局，创造出既符合审美要求又富有内涵与表现力的艺术作品。

三、色彩布局

在数字绘画的世界里，色彩不仅是视觉艺术的基本语言，更是情感表达与视觉引导的重要工具。色彩布局，即色彩在画面中的分布与搭配方式，直接影响着观者的视觉体验与情感共鸣。艺术家通过精心设计的色彩布局，不仅能够创造出令人赏心悦目的视觉效果，还能引导观者的视线流动，传达出深刻的情感与主题。

（一）色彩的情感表达

色彩本身具有强烈的情感属性，不同的色彩能够激发观者不同的心理反应与情感共鸣。例如，红色常常与热情、活力、危险等意象相关联；蓝色则给人以宁静、深远、冷静的感觉。艺术家在数字绘画中，会根据画面的主题与情感需求，选择合适的色彩进行表达。通过色彩的冷暖、明暗、纯度等属性的变化，艺术家能够营造出不同的情感氛围，使观者在欣赏作品的过程中产生相应的情感体验。

（二）色彩布局的视觉引导

色彩布局在视觉引导方面发挥着至关重要的作用。艺术家通过色彩的对比与协调、面积与位置的变化等手法，可以引导观者的视线按照一定的轨迹流动。例如，在画面中设置鲜明的色彩对比点，可以吸引观者的注意力，使其视线自然而然地跟随色彩的变化而移动；还可以利用色彩的冷暖对比或明暗对比来营造视觉深度感，使画面空间层次更加丰富。此外，通过色彩面积的大小与分布位置的调整，艺术家可以创造出不同的视觉焦点与视觉重量感，进一步引导观者的视线流动与停留。

（三）色彩布局的和谐统一

在追求色彩布局的视觉引导与情感表达的同时，艺术家还须注意色彩的和谐统一。一个优秀的色彩布局不仅要有鲜明的对比与变化，更要有内在的和谐与统一。艺术家需要充分考虑色彩之间的相互作用关系，通过色彩搭配来营造出一种整体的视觉效果。这种和谐统一不仅体现在色彩之间的互补与协调上，还体现在色彩与画面主题、情感氛围的契合度上。只有当色彩布局与画面整体相得益彰时，才能产生出令人满意的视觉效果与情感共鸣。

（四）色彩布局的创新与探索

随着数字绘画技术的不断发展与成熟，色彩布局的创新与探索也变得更加重要。艺术家在遵循传统色彩布局原则的基础上，应勇于尝试新的色彩组合与搭配方式，以创造出更具个性与表现力的艺术作品。同时，艺术家还须关注审美趋势的变化，及时调整自己的色彩布局理念与创作手法，以适应不同观众群体的需求与期待。

色彩布局在数字绘画中占据着举足轻重的地位。艺术家通过巧妙的色彩布局设计，不仅能够吸引观者的视线，而且引起情感共鸣，还能创造出独特而富有表现力的艺术作品。在未来的数字绘画创作中，我们期待看到更多富有创意与个性的色彩布局方式的出现，为数字绘画艺术的发展注入新的活力与灵感。

四、光影效果

光影，作为数字绘画中不可或缺的视觉元素，其运用之精妙，足以让画面在屏上栩栩如生地呈现，生动再现现实世界的复杂多变与微妙情感。在构图中，光影不仅是表现物体形态与质感的重要手段，更是增强画面立体感与层次感的关键所在。以下，我们将从光影的基本原理出发，探讨其在数字绘画中的塑造作用及运用策略。

（一）光影的基本原理与视觉效应

光影，顾名思义，即光线照射物体后产生的阴影与亮部。在自然界中，光线受到物体的形状、材质、表面粗糙度等因素的影响，会产生丰富的光影变化。这些变化不仅揭示了物体的三维形态，还赋予了画面以深度与层次感。在数字绘画中，艺术家们通过模拟这些光影效果，可以创造出逼真或超现实的视觉效果，引导观者的视线在画面中游走，感受空间的延伸与情感的波动。

（二）光影对立体感的塑造

立体感，是画面给人以物体真实存在于三维空间中的视觉感受。光影在塑造立体感方面发挥着至关重要的作用。通过巧妙地布置光源位置、调整光线的强弱与色彩，以及精细刻画物体表面的光影变化，艺术家们可以使画面中的物体呈现出鲜明的体积感与空间感。例如，在表现一个球体时，艺术家会在球体的一侧绘制明亮的受光区域，而在另一侧则绘制出逐渐加深的阴影区域。这样的处理不仅突出了球体的圆润形态，还暗示了光线的来源与方向，使画面具有了强烈的立体感。

（三）光影对层次感的营造

层次感，是指画面中各元素之间因距离、大小、明暗等因素而产生的视觉深度感。光影的运用同样可以极大地丰富画面的层次感。通过精心设计光源的投射角度与强度，艺术家们可以在画面中创造出多个明暗层次，使各元素之间形成清晰的视觉距离与空间关系。同时，光影的渐变与过渡也能引导观者的视线按照特定的路径流动，从而进一步增强画面的层次感。例如，在绘制一幅风景画时，艺术家可以利用远处山峦的柔和阴影与近处树木的强烈明暗对比，营造出深远而丰富的空间层次。

（四）光影的情感表达与氛围营造

除了塑造立体感与层次感外，光影还具有重要的情感表达与氛围营造功能。不同的光影效果能够传达出不同的情感色彩与氛围基调。例如，温暖而柔和的光线可以营造出温馨、舒适的氛围；而冷峻刺眼的光线则可能带来紧张、压抑的感受。艺术家们可以根据创作需求与主题表达的需要，灵活运用光影效果来达到特定的情感与氛围。这种情感与氛围的营造不仅加深了作品的艺术感染力，也使观者在欣赏作品时能够产生共鸣与联想。

光影在数字绘画构图中的塑造作用不可忽视。艺术家们应深入研究光影的基本原理与运用技巧，通过巧妙的布局与精细的刻画来增强画面的立体感与层次感；同时，也应注重光影的情感表达与氛围营造功能，使作品在视觉上更加生动有力，在情感上更加饱满丰富。

五、留白与负空间

在数字绘画的浩瀚艺术领域中，留白与负空间作为构图的重要组成部分，不仅承载着平衡画面、引导视线的功能，更是营造意境、深化主题的关键手段。它们以无形之姿，赋予画面以无限的想象空间与深远的艺术韵味。

（一）留白：静默中的力量

留白，即在画面中故意留下的空白区域，是艺术家对空间的一种主动控制与利用。在数字绘画中，留白并非简单的空缺，而是经过深思熟虑后的一种艺术处理手法。它通过对画面元素的精简与提炼，使观者的视线得以在有限的空间内自由穿梭，进而激发其对于画面之外世界的联想与想象。

留白在构图中的作用主要体现在以下几个方面：首先，留白能够平衡画面，避免元素堆砌造成的视觉压迫感；其次，留白能够引导观者的视线，使其按照艺术家的意图进行流动；最后，留白能够营造出一种静谧、深邃的氛围，使画面更具意境美。

（二）负空间：主体的隐形伴侣

负空间，又称"图外之形"，是指画面中未被主体占据的区域。与留白不同，负空间更多地关注于与主体之间的相互作用关系。在数字绘画中，负空间并非孤立存在，而是与主体相辅相成，共同构成画面的整体美感。

负空间与主体的对比关系，是营造画面意境的重要手段之一。艺术家通过巧妙地安排负空间的位置、形状与大小，使其与主体形成鲜明的对比，从而突出主体的形态特征与情感表达。同时，负空间还能为画面带来一种呼吸感与通透感，使画面更加生动自然。

（三）留白与负空间的融合共生

在数字绘画的构图中，留白与负空间并非孤立的设计元素，而是相互融合、共同作用的。艺术家在运用留白时，往往也会考虑到负空间的布局与安排；同样，在处理负空间时，也会兼顾到留白的效果与影响。这种融合共生的关系，使得画面中的每一个元素都能够在相互的映衬下发挥出最大的艺术效果。具体而言，艺术家可以通过调整留白与负空间的面积比例、形状变化以及色彩对比等手段，来实现对画面意境的营造与深化。例如，在表现宁静、悠远的意境时，可以加大留白的面积，同时利用柔和的色彩与简约的线条来勾勒负空间的形态；而在表达紧张、激烈的情感时，则可以缩小留白的范围，通过强烈的色彩对比与复杂的线条变化来强化负空间与主体之间的对比关系。

（四）留白与负空间的艺术价值

留白与负空间在数字绘画中的艺术价值不可小觑。它们不仅丰富了画面的视觉层次与情感内涵，还使作品具有更加深远的意境与更加丰富的解读空间。对于艺术家而言，掌握留白与负空间的运用技巧，不仅能够提升作品的艺术品质与审美价值，还能够更好地传达自己的创作理念与情感表达。

留白与负空间是数字绘画中不可或缺的重要元素。它们以独特的艺术语言与表现手法，为画面注入了无限的生机与活力。在未来的数字绘画创作中，我们期待看到更多艺术家能够巧妙地运用留白与负空间来营造意境、深化主题、传达情感，为观众带来更加震撼与感动的艺术体验。

第三节　透视原理在数字绘画中的应用

一、一点透视

在数字绘画的广阔领域中，透视作为构建画面空间感与深度的重要法则，扮演着不可或缺的角色。其中，一点透视，又称平行透视，以其独特的视觉效果和简洁的构图方式，在描绘直线延伸场景（如街道、走廊）时被广泛运用。

（一）一点透视的基本原理

一点透视，其核心在于画面中存在一个明确的消失点，所有与画面平面呈一定角度的平行线，都将向这个消失点汇聚。这种透视方式模拟了人眼观察远处物体时，因视线汇聚而产生的视觉现象。具体来说，当物体面向观者的一侧与画面平面形成一定夹角时，该物体两侧的边线便会以一定的角度向画面深处延伸，并最终交会于画面上的一点，即消失点。

（二）构建直线延伸场景的框架

在数字绘画中，运用一点透视来表现直线延伸的场景，首先须明确场景的基本框架。艺术家需确定画面的主要视角、消失点的位置以及场景中的主要直线元素（如街道的中轴线、走廊的两侧墙壁等）。通过精心布局，使这些直线元素按照透视规律向消失点汇聚，从而营造出稳定而富有层次感的画面结构。

（三）细节刻画与氛围营造

在确立了基本的透视框架后，艺术家需进一步关注场景中的细节刻画与氛围营造。通过调整线条的粗细、明暗对比以及色彩搭配，增强画面的立体感和空间感。例如，在绘制街道时，可通过加深远处街道的阴影、减弱色彩饱和度等方式，营造出街道向远处延伸的深远感。同时，利用光影效果强化建筑物的体积感，使画面更加生动逼真。

（四）运用一点透视的创意拓展

一点透视不仅限于表现传统的直线延伸场景，艺术家还可通过创意拓展，将其应用于更广泛的创作领域。例如，在描绘未来城市的科幻场景中，利用一点透视构建出高耸入云的建筑群落和错综复杂的交通网络，塑造出一种超现实的视觉体验。此外，艺术家还可结合其他透视方法（如两点透视、三点透视）和构图技巧，创造出更加丰富多变、富有张力的画面效果。

（五）数字绘画中的技术实现

在数字绘画中，一点透视的实现得益于绘图软件的强大功能。艺术家可利用绘图软件中的透视辅助工具（如透视网格、消失点工具等），轻松绘制出符合透视规律的线条和形状。同时，通过调整图层、滤镜等效果，进一步优化画面的细节和整体氛围。这些技术手段的运用，不仅提高了绘画的效率和准确性，也为艺术家提供了更广阔的创作空间。

一点透视作为数字绘画中表现直线延伸场景的重要手法，其原理清晰、应用广泛。艺术家通过深入理解并掌握一点透视的原理与技巧，结合创意拓展和技术实现，能够创作出既符合透视规律又富有艺术感染力的优秀作品。

二、两点透视

在数字绘画的广阔领域中，透视作为一种构建画面空间感与深度感的重要技法，扮演着不可或缺的角色。其中，两点透视，又称成角透视，以其独特的视角与构图方式，在表现具有两个消失点的广阔场景时展现出非凡的优势。

（一）两点透视的概念解析

两点透视，顾名思义，是指在画面中设置两个消失点（或称灭点）的透视方法。这种透视方式基于人眼观察世界时，当视线从一个固定点出发，向远处延伸并交会于地平线上的两点时所产生的视觉效果。在数字绘画中，艺术家通过模拟这种视觉原理，将三维空间中的物体按照一定比例缩小并投射到二维画面上，从而创造出具有强烈空间感和深度感的画面效果。

（二）两点透视的构图特性

两点透视在构图上展现出鲜明的特性。首先，它强调了画面的横向延伸感。由于设置了两个消失点，画面中的平行线将不再保持平行，而是分别向两个方向汇聚，形成强烈的视觉张力，使画面看起来更加宽广、深远。其次，两点透视能够自然地表现出物体的体积感与立体感。通过准确绘制物体的透视变形，艺术家可以使物体在画面中呈现出符合人眼视觉习惯的三维形态，增强画面的真实性与可信度。

（三）两点透视在广阔场景表现中的优势

在表现建筑、城市等具有两个消失点的广阔场景时，两点透视展现出无可比拟的优势。首先，它能够准确捕捉并再现这些场景的空间结构与布局特点。通过合理的透视安排，艺术家可以清晰地表现出建筑之间的前后关系、高低错落以及街道的延伸方向等关键信息，使画面内容更加丰富、饱满。其次，两点透视能够营造出强烈的视觉冲击力与震撼力。通过强化画面的横向延伸感与深度感，艺术家可以引导观者的视线在画面中自由穿梭，感受场景的广阔与壮丽，从而产生强烈的共鸣与情感体验。

（四）两点透视在数字绘画中的应用技巧

在数字绘画中运用两点透视时，艺术家需要掌握一系列应用技巧。首先，要确定画面消失点的位置。消失点的位置直接决定了画面的透视方向与空间布局，因此必须根据画面的具体内容与构图需求进行精确设定。其次，要注重线条的透视变形处理。在绘制物体的轮廓线时，要根据透视原理对线条进行适当的缩短与倾斜处理，以表现出物体的透视变形效果。同时，还要注意线条之间的平行关系与汇聚关系，确保画面的透视关系准确无误。最后，要善于运用色彩与光影来增强画面的空间感与立体感。通过合理的色彩搭配与光影处理，可以进一步突出画面的透视效果与空间深度感，使画面更加生动逼真。

两点透视作为数字绘画中一种重要的透视技法，在表现具有两个消失点的广阔场景时具有独特的优势与魅力。艺术家在创作过程中应充分掌握其概念、特性及应用技巧，并灵活运用于实践之中，以创造出更加精彩纷呈的数字绘画作品。

三、三点透视

在数字绘画的广阔舞台上，三点透视以其独特的复杂性和强大的表现力，成为描绘高层建筑或仰视、俯视角度下场景时不可或缺的技巧。这种透视方法不仅挑战着艺术家的视觉感知与空间想象能力，更为作品赋予了前所未有的深度与广度。

（一）三点透视的复杂性解析

相较于一点透视和两点透视，三点透视因其引入了第三个消失点而显得尤为复杂。当物体（尤其是高层建筑）与观察者的视线形成较大角度的倾斜，或观察者处于仰视、俯视的极端视角时，画面中的平行线将不再仅仅向画面两侧的消失点汇聚，而是会同时向天顶或地面的第三个消失点延伸。这种透视现象极大地增加了画面的空间层次与视觉冲击力，但同时也要求艺术家具备更为精准的空间判断与构图能力。

（二）高层建筑的立体呈现

在表现高层建筑时，三点透视的运用显得尤为重要。高层建筑以其高耸入云的姿态，本身就蕴含着强烈的透视效果。通过三点透视的处理，艺术家能够准确地表现出建筑物在不同高度上的体积变化与形态差异，使观者仿佛置身于建筑之下，感受到其宏伟壮观的气势。同时，三点透视还能有效地展现建筑物与周围环境之间的空间关系，增强画面的整体协调性与和谐感。

（三）仰视与俯视视角的独特魅力

除了高层建筑外，三点透视还广泛应用于仰视与俯视角度下的场景描绘。在仰视视角中，画面中的物体（如树木、山峰等）向上延伸，直至触及天顶的消失点，营造出一种崇高、庄严的氛围。而在俯视视角中，物体则向下汇聚于地面的消失点，展现出一种广袤无垠、辽阔壮观的景象。这两种视角下的三点透视，不仅丰富了画面的视觉语言，还赋予了作品以独特的情感色彩与审美价值。

（四）数字绘画中的技术挑战与机遇

在数字绘画中，实现三点透视的精准绘制无疑是一项技术挑战。艺术家需要熟练掌握绘图软件的各项功能，如透视网格、消失点工具等，以辅助完成复杂的透视构图。同时，他们还需要具备敏锐的空间感知能力与丰富的想象力，以在二维的画面上构建出三维的空间效果。然而，正是这些挑战，为艺术家提供了无限的创作机遇。他们可以通过不断调整视角、改变消失点的位置以及运用光影、色彩等手法，创造出丰富多样、富有表现力的作品。

（五）三点透视的艺术价值与展望

三点透视作为数字绘画中一种高难度的透视技巧，其艺术价值不言而喻。它不仅能够提升作品的视觉冲击力与空间感，还能激发观者的想象力与情感共鸣。随着数字绘画技术的不断发展与普及，三点透视的应用范围也将越来越广泛。未来，我们有理由相信，在艺术家们的不断探索与创新下，三点透视将展现出更加丰富多彩的艺术魅力与表现力。

四、空气透视

在数字绘画的广阔舞台上，空气透视作为一种自然法则的艺术再现，为画面赋予了深邃而丰富的空间感。这一原理不仅模拟了人眼观察世界时，远处物体因大气层影响而出现的色彩、细节及对比度变化，还成为了艺术家构建画面层次、增强视觉深度的重要工具。

（一）空气透视的基本原理

空气透视，又称大气透视，是一种基于光学与大气物理学原理的视觉现象。随着物体与观察者之间距离的增加，大气中的微粒、水蒸气等介质会对光线进行散射与吸收，导致远处物体的色彩变得更为柔和、饱和度降低，同时细节逐渐模糊，对比度减弱。这种自然发生的变化，在艺术家眼中，成为表达空间深度的独特语言。

（二）色彩变化与空间深度

在数字绘画中，艺术家巧妙地利用色彩变化来体现空气透视效果。一般而言，近处物体的色彩较为鲜艳、饱和度高，而随着距离的增加，色彩逐渐偏向冷色调或灰色调，饱和度也随之降低。这种色彩上的渐变，不仅模拟了大气对光线的吸收与散射作用，还引导观者的视线从前景向后景延伸，从而感受到画面的深度与广度。

（三）细节与对比度的递减

除了色彩变化外，空气透视还体现在细节与对比度的递减上。近处物体因距离近，其轮廓清晰、纹理可见，对比度较高；而远处物体则因受到大气影响，细节逐渐模糊，轮廓变得柔和，对比度也相应降低。这种细节与对比度的变化，不仅增强了画面的空间感，还使得整个画面看起来更加和谐统一，仿佛每一部分都融入在周围的环境之中。

（四）空气透视在数字绘画中的应用策略

在数字绘画中运用空气透视时，艺术家需掌握一系列策略以实现最佳效果。首先，要深入理解空气透视的基本原理，明确色彩、细节与对比度随距离变化的一般规律。其次，在创作过程中，要仔细观察并感受自然界中的空气透视现象，从中汲取灵感并运用到自己的作品中。此外，艺术家还需学会运用数字绘画软件中的色彩调整、模糊滤镜等工具来模拟空气透视效果，使画面更加逼真生动。

（五）空气透视的艺术魅力

空气透视不仅增强了画面的空间深度感，还赋予了作品独特的艺术魅力。它让画面中的物体不再是孤立的存在，而是融入一个广阔而深邃的空间之中，相互关联、相互呼应。同时，空气透视还引导观者的视线在画面中自由穿梭，感受从近及远、从清晰到模糊的视觉效果，从而体验到一种超越现实的审美享受。

空气透视是数字绘画中不可或缺的一部分，它以其独特的原理与表现方式，为画面增添了无限的空间深度与艺术魅力。艺术家在创作过程中应充分掌握并灵活运用这一技法，以创造出更加精彩纷呈的数字绘画作品。

五、透视在数字绘画中的实践技巧

在数字绘画的世界里，透视不仅是构建画面空间感的核心要素，也是衡量艺术家技艺水平的重要标尺。为了准确绘制出令人信服的透视效果，艺术家们需要熟练掌握一系列实践技巧，并灵活运用透视工具、参考线等辅助手段。

（一）透视工具的巧妙利用

现代绘图软件为艺术家提供了丰富的透视工具，如透视网格、消失点工具等，这些工具极大地简化了透视绘制的难度。艺术家可以根据需要选择合适的透视类型（如一点透视、两点透视、三点透视），并调整网格的倾斜度、消失点的位置等参数，以匹配画面的具体需求。在绘制过程中，透视网格可以作为背景图层存在，帮助艺术家把握线条的延伸方向与汇聚点，确保透视效果的准确性。

（二）参考线的精准设置

除了透视工具外，参考线也是绘制透视效果的重要辅助手段。艺术家可以在画布上设置水平、垂直或倾斜的参考线，以指导线条的绘制与布局。例如，在绘制街道或走廊时，可以设置一条水平的参考线作为地面线，再根据透视规律设置两条向消失点汇聚的倾斜参考线作为两侧墙壁的引导线。这样，即使在没有透视网格的情况下，艺术家也能根据参考线的指示准确绘制出透视效果。

（三）层次感的营造

透视不仅关乎线条的延伸与汇聚，更关乎画面层次感的营造。艺术家在绘制时，应注意通过线条的粗细、明暗对比以及色彩变化等手段，强化画面的空间深度与层次感。例如，在表现远处的物体时，可以适当减弱线条的粗细与色彩饱和度，同时加深阴影部分的颜色，使其看起来更加遥远与模糊。相反，在表现近处的物体时，则应加强线条的刻画与色彩的鲜艳度，以突出其体积感与存在感。

（四）动态视角的把握

在数字绘画中，艺术家还可以尝试从不同的视角出发，运用透视原理来创造独特的视觉效果。例如，通过仰视或俯视的角度来描绘高层建筑或广阔的自然景观，可以营造出强烈的视觉冲击力与空间感。此时，艺术家需要更加细致地观察与理解透视规律的变化，灵活调整透视工具与参考线的设置，以确保画面在动态视角下的真实性与合理性。

（五）实践与反思的结合

透视技巧的掌握并非一蹴而就，而是需要艺术家在长期的实践中不断摸索与总结。在绘制过程中，艺术家应保持敏锐的观察力与判断力，及时发现并纠正透视错误。同时，还应定期进行自我反思与总结，分析自己在透视运用上的优点与不足，以便在后续的创作中不断改进与提升。此外，与其他艺术家交流学习也是提升透视技巧的有效途径之一。通过分享经验、探讨问题，艺术家们可以相互启发、共同进步。

透视在数字绘画中的实践技巧涵盖了透视工具的利用、参考线的设置、层次感的营造、动态视角的把握以及实践与反思的结合等多个方面。只有全面掌握这些技巧并灵活运用，艺术家才能在数字画布上绘制出准确且富有表现力的透视效果，为观者带来震撼人心的视觉盛宴。

第四节　动态构图与视觉引导

一、动态线条与方向

在数字绘画的广阔天地里，动态线条不仅是构图的基石，更是情感与生命力的直接表达。它们如同无形的指挥棒，巧妙地引导着观者的视线在画布上穿梭，营造出一种流动不息、充满活力的视觉体验。

（一）线条的韵律与节奏

动态线条首先体现在其独特的韵律与节奏上。在数字绘画中，艺术家通过控制线条的粗细、曲直变化，创造出如同音乐般的旋律感。这种韵律不仅让画面更加生动，还能引发观者内心深处的共鸣。例如，一条流畅而富有弹性的曲线，能够引领视线轻盈跳跃，仿佛漫步于春日的花海；而一条急促而有力的直线，则能瞬间凝聚视线，传递出坚定与力量。

（二）方向性的视觉引导

方向性元素是数字绘画中不可或缺的视觉向导。艺术家巧妙地运用线条的指向性，构建出明确的视觉路径，引导观者按照既定的方向探索画面。这种引导可以是显性的，如一条从画面一角延伸至另一角的对角线，直接而强烈地吸引着观者的目光；也可以是隐性的，通过一系列相互呼应的线条和形状，形成微妙的视觉流动，让观者在不知不觉中跟随画面的节奏前行。

（三）动态平衡与视觉张力

动态线条与方向性元素的运用，还体现在对画面动态平衡的掌控上。艺术家通过精心布局，使画面中的各个元素在保持和谐统一的同时，又充满张力与冲突。这种张力不仅来源于线条自身的运动感，更在于它们之间相互作用的结果。例如，在一幅描绘风驰电掣场景的数字绘画中，艺术家可能运用倾斜的线条和旋转的形状，营造出一种强烈的动感，同时通过巧妙的构图安排，确保画面在视觉上达到平衡，避免给观者带来不适感。

（四）情感与氛围的营造

动态线条与方向性元素不仅仅是技术层面的运用，更是艺术家情感与思想的载体。它们能够跨越语言的界限，直接触动观者的心灵。在数字绘画中，艺术家通过线条的舞动和方向的引导，营造出或宁静致远、或激昂澎湃、或神秘莫测的情感氛围。这种氛围的营造，使得画面不仅仅是视觉上的享受，更是心灵上的慰藉与启迪。

动态线条与方向性元素在数字绘画中扮演着至关重要的角色。它们不仅丰富了画面的表现形式，增强了画面的动感和活力，更是艺术家情感与思想的直接表达。通过熟练运用这些元素，艺术家能够创造出令人叹为观止的视觉盛宴，引领观者进入一个又一个充满想象与惊喜的艺术世界。

二、不平衡的平衡

（一）不平衡中的动态美学

在数字绘画的广阔天地里，平衡与不平衡的巧妙融合，是创造视觉张力与动态美感的关键所在。不同于传统绘画中静态平衡的直观追求，数字绘画以其独特的技术手段，让艺术家得以在保持画面整体和谐的同时，巧妙地引入局部不平衡元素，激发观者的视觉探索欲，营造出一种生动而富有层次的动态平衡。

（二）构图的动态布局

构图是数字绘画的骨架，它决定了画面的基本形态与视觉走向。为了实现不平衡中的平衡，艺术家需精心布局，利用线条、形状和色彩等元素的不对称分布，引导观者的视线在画面中流动。例如，将主体置于画面的一侧，通过色彩对比、光影效果或细节刻画，使这一侧成为视觉焦点，而另一侧则相对简洁或留白，形成视觉上的"重量"差异。这种布局不仅打破了传统对称构图的单调，还赋予画面以动态感和方向性，引导观者按照艺术家的意图感受画面的深度与广度。

（三）色彩与光影的巧妙运用

色彩与光影是营造不平衡平衡感的重要工具。在数字绘画中，艺术家可以通过调整色彩饱和度、明度及对比度，创造出强烈的视觉冲击力。将鲜艳或对比强烈的色彩集中于画面的一侧，另一侧则采用较为柔和或暗淡的色彩，形成鲜明的色彩对比，从而强化不平衡感。同时，光影的巧妙运用也能在画面中创造出虚拟的"重量"感，如利用侧光或逆光强调物体的轮廓与质感，使画面中的元素在光影交错中展现出立体感和动感。

（四）细节与纹理的层次构建

细节与纹理的丰富性对于增强画面的不平衡平衡感同样至关重要。在数字绘画中，艺术家可以运用多种笔触、滤镜和纹理效果，为画面中的每个元素赋予独特的个性与生命力。通过在局部区域增加复杂的细节和丰富的纹理，而在其他区域保持简洁或留白，可以形成视觉上的"繁简对比"，这种对比不仅增强了画面的层次感，还使得不平衡的元素在整体中找到了和谐共存的方式。

（五）动态元素与静态背景的融合

在创造不平衡的平衡时，动态元素与静态背景的融合是一种有效的策略。艺术家可以在静态的背景中引入流动的云朵、飘动的发丝、飞溅的水滴等动态元素，这些元素以其自身的运动状态打破了背景的宁静，为画面注入了生机与活力。同时，这些动态元素又须与静态背景保持某种联系或呼应，如色彩、形状或主题的关联，以确保画面在动态与静态之间达到一种微妙的平衡。

（六）情感与意境的传达

不平衡平衡的核心在于情感与意境的传达。数字绘画不仅仅是视觉上的呈现，更是艺术家情感与思想的载体。通过不平衡元素的运用，艺术家能够传达出特定的情感氛围或哲学思考，引导观者超越画面本身，进入更深层次的情感共鸣与意境体验。这种超越物质层面的精神交流，正是数字绘画中不平衡平衡美学的最高境界。

在数字绘画中，通过构图的动态布局、色彩与光影的巧妙运用、细节与纹理的层次构建、动态元素与静态背景的融合，以及情感与意境的传达，艺术家能够在保持画面整体平衡的前提下，创造出富有动态效果的局部不平衡元素，从而赋予作品以独特的视觉魅力和深刻的艺术内涵。

三、视觉焦点与路径

在数字绘画的浩瀚领域里，视觉焦点与视线移动路径的精心设置，是引导观者深入探索画面、感受作品深层意蕴的关键。这一过程，如同精心布局的舞台剧，每一幕、每一场景都旨在吸引并留住观众的目光。

（一）视觉焦点的确立

视觉焦点，作为画面中最具吸引力的部分，往往是艺术家想要传达的核心信息所在。在数字绘画中，艺术家通过色彩对比、光影效果、细节刻画等多种手段，将观者的视线自然而然地引向这一焦点。例如，利用高饱和度的色彩或强烈的明暗对比，可以迅速吸引观者的注意力；而精细入微的细节描绘，则能让焦点区域显得更加生动且富有层次。此外，视觉焦点的位置也至关重要，它通常位于画面的黄金分割点或其附近，这样的布局既符合人类的视觉习惯，又能最大限度地提升画面的美感。

（二）视线移动路径的构建

一旦视觉焦点确立，接下来便是构建观者视线移动的路径。这一过程，需要艺术家对画面元素进行巧妙地安排与组合，使它们之间形成一条或多条流畅的视觉通道。这些通道可以是显性的，如通过线条的引导、形状的排列或色彩的渐变等方式，直接指示观者视线移动的方向；也可以是隐性的，利用元素之间的内在联系与呼应，引导观者在无意识中完成视线的转移。在构建视线移动路径时，艺术家还需注意保持路径的连贯性与多样性，避免观者感到单调乏味或迷失方向。

（三）构图元素的协同作用

视觉焦点与视线移动路径的构建，离不开构图元素的协同作用。在数字绘画中，无论是点、线、面的组合，还是色彩、光影的运用，都是构成画面、引导视线的重要元素。艺术家需要深入理解这些元素之间的相互作用关系，将它们有机地融合在一起，共同服务于画面的整体效果。例如，通过合理的层次安排，使画面中的元素呈现出远近、虚实、主次之分，从而引导观者的视线按照预定的路径进行探索；或者利用色彩的心理效应，营造出特定的氛围与情感，进一步加深观者对画面的理解与感受。

（四）情感与叙事的引导

除了技术层面的构建外，视觉焦点与视线移动路径还承载着情感与叙事的引导功能。在数字绘画中，艺术家通过精心设计的视觉焦点与路径，不仅能够传达出作品的视觉美感，更能够引导观者深入体验作品所蕴含的情感与故事。这种引导，往往超越了单纯的视觉感受，触及观者的心灵深处，引发共鸣与思考。因此，在创作过程中，艺术家需要充分考虑作品的主题与情感表达需求，将视觉焦点与视线移动路径作为传递情感与叙事的重要手段之一。

视觉焦点与视线移动路径在数字绘画中扮演着至关重要的角色。它们不仅是引导观者探索画面的关键所在，更是艺术家表达情感、讲述故事的重要工具。通过精心设计与构建，艺术家能够创造出既具视觉冲击力又富含深层意蕴的数字绘画作品，让观者在欣赏的过程中获得独特的审美体验与心灵触动。

四、节奏与韵律

（一）节奏感的构建基础

在数字绘画中，节奏感是动态构图不可或缺的灵魂。它如同音乐的节拍，引导观者的视线在画面中跳跃、停留，体验一种视觉上的流动与起伏。节奏感的构建基于元素的有序排列与变化，这些元素包括但不限于形状、色彩、线条以及光影等。艺术家通过对这些元素的精心布局与组合，创造出一种视觉上的节奏模式，使画面呈现出一种内在的律动。

（二）元素的重复与变异

重复与变异是营造节奏感的重要手段。在数字绘画中，艺术家可以通过相同或相似元素的重复出现，形成一种视觉上的稳定与统一。这种重复可以是形状、色彩或纹理的重复，它们作为画面的基本单位，构成了节奏感的基础框架。然而，单纯的重复往往会显得单调乏味，因此艺术家还需在重复中引入变异元素，打破原有的平衡，使画面产生变化与动感。这些变异可以是形状大小的调整、色彩明度的变化、线条方向的转折等，它们作为节奏感的调节器，使画面在统一中不失变化，在稳定中蕴含动态。

（三）层次与深度的营造

层次与深度的营造对于增强节奏感的立体感至关重要。在数字绘画中，艺术家可以通过色彩的冷暖对比、光影的明暗变化，以及透视原理的运用，来创造画面的空间感与层次感。这些层次不仅丰富了画面的视觉效果，还为节奏感的展现提供了广阔的舞台。随着观者视线的深入，不同层次的元素依次呈现，形成了一种视觉上的推进与回缩，仿佛音乐的旋律般起伏跌宕，营造出一种动态的节奏感。

（四）韵律感的和谐统一

韵律感是节奏感的升华，它追求的是画面内部元素之间的和谐统一与相互呼应。在数字绘画中，艺术家需要关注元素之间的内在联系与逻辑关系，通过巧妙的布局与组合，使画面中的每一个元素都成为整体节奏的一部分。这种韵律感不仅体现在元素之间的视觉联系上，还体现在它们所传达的情感与意境的共鸣上。当观者沉浸于画面之中时，能够感受到一种内在的和谐与统一，仿佛置身于一个充满韵律与节奏的世界之中。

（五）动态构图与节奏感的互动

动态构图是节奏感得以展现的舞台。在数字绘画中，艺术家通过运用倾斜的线条、跳跃的色彩，以及具有动感的形状等元素，构建出一种动态的画面结构。这种动态构图不仅为节奏感提供了丰富的表现空间，还促使节奏感在画面中自由流淌与变化。同时，节奏感又反过来作用于动态构图，使画面在动态中保持一种内在的平衡与稳定。这种互相作用的关系使得数字绘画中的节奏感更加生动而富有感染力。

（六）情感与节奏的共鸣

数字绘画中的节奏感与韵律感不仅仅是视觉上的呈现，更是情感与思想的载体。艺术家通过精心设计的节奏模式与韵律结构，传达出特定的情感氛围与哲学思考。当观者沉浸于画面之中时，能够感受到艺术家所传递的情感与思想，与画面中的节奏感与韵律感产生共鸣。这种共鸣不仅加深了观者对作品的理解与感受，还使作品具有了更加深远的意义与价值。

数字绘画中的节奏感与韵律感是动态构图不可或缺的重要元素。它们通过元素的重复与变异、层次与深度的营造、韵律感的和谐统一、动态构图与节奏感的互动以及情感与节奏的共鸣等多种方式相互交织、相互作用共同构建出一个充满动感与魅力的视觉世界。

五、情感的传达与氛围的营造

在数字绘画的广阔艺术殿堂中，动态构图以其独特的魅力，成为传达情感、营造氛围的强有力手段。它超越了静态画面的局限，通过元素的动态布局与视觉流线的巧妙引导，激发观者内心深处的情感共鸣，营造出令人难以忘怀的艺术氛围。

（一）情感的流动与共鸣

动态构图在数字绘画中，首先体现在情感的流动上。艺术家通过线条的舞动、色彩的变化以及元素间的相互作用，构建出一幅幅充满生命力的画面。这些画面不仅展示了外在的景致或人物，更重要的是，它们传递了艺术家内心的情感波动。当观者的视线随着构图的动态变化而移动时，仿佛能够穿越画面，与艺术家进行一场无声的情感交流。这种交流超越了时间与空间的限制，让观者在欣赏作品的同时，也体验到了情感的共鸣与释放。

（二）氛围的营造与沉浸

动态构图还擅长于营造特定的氛围，使观者仿佛置身于作品所描绘的世界之中。艺术家通过精心设计的构图，巧妙地运用光影、色彩、空间等元素，创造出一种独特的视觉环境。这种环境不仅具有高度的真实感，还蕴含着丰富的情感色彩和象征意义。观者在这样的环境中游走，会逐渐被氛围所感染，产生强烈的沉浸感。他们可能会感受到作品的温馨、宁静、悲壮或神秘，进而与作品产生深刻的情感联系。

（三）构图的节奏与情感表达

动态构图在数字绘画中往往具有鲜明的节奏感。这种节奏感不仅体现在线条的流畅与变化上，还蕴含在元素间的排列组合与视觉流线的引导中。

艺术家通过调整构图的节奏，可以表达出不同的情感强度与变化。例如，在描绘欢快场景时，构图可能呈现出轻松明快、跳跃活泼的节奏；而在表达沉重或悲伤情感时，则可能采用缓慢沉重、压抑凝重的节奏。这种节奏的变化不仅增强了画面的表现力，还使观者能够更加深刻地感受到作品所传达的情感内涵。

（四）视觉引导与情感深化

动态构图在数字绘画中还具有强大的视觉引导功能。艺术家通过巧妙的构图设计，可以引导观者的视线按照特定的路径移动，从而逐步深入作品的核心区域。在这个过程中，观者的情感也会随着视线的移动而逐渐深化。他们可能会从最初的好奇与探索，逐渐转变为对作品主题的深入思考与感悟。这种视觉引导与情感深化的过程，不仅丰富了观者的审美体验，还使作品具有了更加深远的艺术价值。

动态构图在数字绘画中对于情感与氛围的传达具有不可替代的作用。它通过情感的流动与共鸣、氛围的营造与沉浸、构图的节奏与情感表达以及视觉引导与情感深化等多个方面，共同构建了一个充满生命力与感染力的艺术世界。在这个世界里，观者可以尽情地感受艺术的魅力与力量，与艺术家共同经历一场心灵的洗礼与升华。

第五节　空间感的营造与表现

一、前后层次与深度

（一）色彩对比与层次构建

在数字绘画中，色彩是构建画面层次与深度感的首要元素。艺术家巧妙地运用色彩的冷暖对比、饱和度差异以及色相变化，可以引导观者的视线在画面中穿梭,从而感知到前后层次的存在。冷色调往往给人以远离感,常被用来表现画面的后景或深远空间;而暖色调则因其亲近感强,常被置于前景以吸引注意。通过调整色彩的饱和度,艺术家可以强化或弱化某一区域的视觉冲击力,进一步区分画面的前后层次。此外,色相的变化也能在视觉上创造出连续或跳跃的层次效果,使得画面更加生动有趣。

(二)明暗对比与深度营造

明暗对比是增强画面深度感的另一关键手法。在数字绘画中,艺术家通过控制光源的位置、强度以及光线的投射方向,营造出丰富的明暗变化。明亮的区域往往被视为前景,因为它们直接接收光源的照射,显得更为突出和立体;而暗部则自然退居后景,形成了一种视觉上的深度感。通过加深暗部的颜色或增加暗部的细节层次,艺术家可以进一步强化这种深度效果,使画面更具立体感。同时,高光与阴影的巧妙运用也是营造深度感的重要手段之一,它们能够突出物体的形态与质感,使画面更加逼真动人。

(三)大小比例与透视法则

大小比例与透视法则是构建画面前后层次与深度感的基石。在数字绘画中,艺术家遵循透视原理,将远处的物体画得相对较小且模糊,而近处的物体则画得较大且清晰。这种大小比例的变化不仅符合人眼的视觉习惯,还能够有效地引导观者的视线从前景向后景延伸。此外,艺术家还可以通过调整物体的倾斜角度、重叠关系以及空间间隔等方式来增强透视效果,使画面呈现出更加真实的空间感。在构图时,巧妙地运用这些透视法则,可以使画面中的元素相互呼应、相互依存,共同构建出一个完整而富有层次的空间结构。

(四)细节刻画与层次丰富

细节刻画是提升画面层次与深度感的重要环节。在数字绘画中,艺术家通过精细的笔触和丰富的细节处理,使画面中的每一个元素都充满生命力与表现力。前景的物体往往被刻画得更加细致入微,以吸引观者的注意力；而后景的物体则相对简洁概括，以营造出一种深远而辽阔的视觉效果。通过在不同层次上添加不同的细节元素，艺术家可以创造出一种视觉上的层次感，使画面更加引人入胜。同时，这些细节元素还能够在一定程度上强化画面的主题与氛围，使作品更具感染力和艺术价值。

（五）整体协调与氛围营造

在构建画面前后层次与深度感的过程中，整体协调与氛围营造同样不可忽视。艺术家需要综合考虑色彩、明暗、大小比例以及细节刻画等各个方面的因素，确保它们之间相互协调、相互补充。只有这样，才能创造出既具有层次感又和谐统一的画面。此外，艺术家还需要根据作品的主题与情感需求来营造相应的氛围。通过运用特定的色彩搭配、光影效果以及构图方式等手法，艺术家可以引导观者进入到一个特定的情感世界之中，与作品产生深刻的共鸣与联系。这种共鸣与联系不仅加深了观者对作品的理解与感受，还使作品具有了更加深远的艺术价值与文化意义。

二、远近对比与空间压缩

在数字绘画的广阔领域里，画家们巧妙地运用远近对比和空间压缩技巧，不仅丰富了画面的视觉层次，更赋予了作品以强烈的空间深度和立体感。这些技术手段，如同魔法般将二维的画布拓展为无限的三维空间，引领观者穿越画面，感受那超越现实的视觉盛宴。

（一）远近对比：视觉层次的巧妙构建

远近对比是数字绘画中增强空间感的基本法则之一。艺术家通过精心布置画面中的元素，使它们在视觉上形成远近距离的差异，从而营造出丰富的层次感。这种对比可以通过多种方式实现，如物体的大小变化、色彩的冷暖对比、细节的清晰与模糊处理等。

在大小变化方面，远处的物体往往被缩小或简化，而近处的物体则保持较大的尺寸和丰富的细节。这种处理方式不仅符合人眼的视觉习惯，还能有效引导观者的视线从前景向后景延伸，感受画面的深度。同时，色彩的冷暖对比也是构建远近关系的重要手段。一般来说，冷色调常被用来表现远景，而暖色调则多用于近景，以此强化空间距离感。此外，细节的清晰与模糊处理也是远近对比的关键。艺术家通过对近景细致入微的刻画和对远景的适度模糊，使画面呈现出一种虚实相间的效果，进一步增强了空间深度。

（二）空间压缩：视觉张力的艺术展现

空间压缩则是一种更为高级的空间表现手法。它打破了传统透视法则的束缚，通过非线性的空间布局和强烈的透视变形，将画面的空间进行压缩或拉伸，创造出一种独特的视觉张力。

在数字绘画中，艺术家可以利用数字技术的优势，自由调整画面的透视关系，实现空间的压缩效果。这种效果往往能够给观者带来强烈的视觉冲击力和心理感受。例如，通过夸大近景物体的尺寸或缩小远景物体的比例，可以营造出一种近大远小的强烈对比，使画面看起来更加紧凑有力。同时，艺术家还可以运用色彩和光影的巧妙搭配，进一步强化这种空间压缩感，使画面呈现出一种独特的艺术魅力。值得注意的是，空间压缩并不是简单的透视变形或尺寸调整，而是一种对画面空间进行重新组织和重构的艺术创造过程。它需要艺术家具备深厚的绘画功底和敏锐的视觉感受力，以及对空间、色彩、光影等元素的深刻理解和运用能力。

远近对比与空间压缩是数字绘画中增强画面空间深度和立体感的重要手段。它们不仅丰富了画面的视觉层次和表现力，还赋予了作品以独特的艺术魅力和视觉冲击力。通过巧妙地运用这些技巧，艺术家们能够在二维的画布上创造出令人惊叹的三维空间效果，引领观者穿越画面，感受那超越现实的视觉盛宴。

三、虚实结合与空气感

（一）虚实的艺术表现

在数字绘画中，虚实结合是一种极具表现力的艺术手法，它能够使画面呈现出更加丰富的层次感和空间深度。所谓"虚"，指的是画面中那些模糊、淡雅的部分，它们往往用来表现远处的景物、背景或是物体的非重点区域，营造出一种朦胧、深远的视觉效果；而"实"则相对清晰、明确，用以强调画面的主体、近景或细节，使观者的目光自然聚焦。

艺术家通过巧妙地控制笔触的轻重缓急、色彩的浓淡变化以及光影的明暗对比，来实现画面中的虚实转换。轻柔的笔触和淡雅的色彩可以营造出"虚"的效果，而有力的笔触和鲜明的色彩则能增强"实"的感受。此外，运用模糊滤镜、透明度调整等数字绘画特有的技术手段，也能更加灵活地控制画面的虚实关系，使作品更加符合艺术家的创作意图。

（二）空气感的营造策略

空气感是画面生动自然的重要体现，它能够让观者感受到画面中空气的流动、光线的穿透以及空间的延展。在数字绘画中，营造空气感的关键在于把握色彩、光影与空间的关系。色彩的运用至关重要。通过调整色彩的饱和度、明度以及冷暖对比，艺术家可以模拟出不同时间段、不同天气条件下光线的变化，进而表现出空气的清新、温暖或寒冷等特质。例如，在晴朗的天空下，使用高饱和度的蓝色和白色可以营造出清新明亮的空气感；而在黄昏时分，则可以通过降低色彩的饱和度并增加暖色调的比例来表现出温暖而柔和的空气氛围。

光影的处理也是营造空气感的重要手段。艺术家需要仔细观察并理解光源的位置、强度以及光线的投射方向对物体形态和色彩的影响。通过精细地刻画光影的变化，如光线的穿透感、阴影的柔和度以及反射光的微妙变化等，可以使画面中的物体更加立体生动，同时增强空气的存在感。

空间感的塑造也是营造空气感不可或缺的一环。艺术家需要运用透视原理、大小比例以及色彩和光影的层次变化来构建出画面的深度感。通过将这些元素有机结合起来，艺术家可以创造出一种既真实又富有想象力的空间环境，使观者仿佛置身于画面之中，感受空气的流动与空间的延展。

（三）虚实结合与空气感的融合

在数字绘画中，虚实结合与空气感的融合是提升画面质量的关键所在。艺术家需要在创作过程中不断探索和实践，找到最适合自己风格的虚实处理方式和空气感营造策略。

一方面，艺术家可以通过控制画面的虚实关系来引导观者的视线流动。在画面的重要部分采用实的手法进行强调和突出，而在非重点区域则采用虚的手法进行弱化和模糊处理。这样不仅可以使画面更加层次分明、主次分明，还能够引导观者的视线按照艺术家的意图进行移动和停留。另一方面，艺术家还需要将虚实结合与空气感的营造紧密结合起来。通过调整色彩、光影和空间关系等要素来营造出符合画面主题和情感需求的空气氛围。例如，在表现宁静祥和的场景时可以利用柔和的色彩、柔和的光影以及深远的空间感来营造出一种清新宁静的空气氛围；而在表现紧张激烈的场景时则可以采用鲜明的色彩、强烈的光影对比以及紧凑的空间布局来营造出一种紧张刺激的空气氛围。

虚实结合与空气感的营造是数字绘画中不可或缺的艺术手法。艺术家需要不断探索和实践，将这两种手法有机地结合起来，以创造出更加生动自然、引人入胜的画面效果。

四、光影与空间塑造

在数字绘画的浩瀚世界中，光影不仅是视觉艺术的基本元素，更是塑造空间感、表现物体体积感与空间关系的灵魂所在。艺术家们通过精妙的光影处理，赋予画面以生命，让二维的图像跃然于屏幕之上，展现出三维乃至多维度的空间效果。

（一）光影：空间感的催化剂

光影在数字绘画中扮演着至关重要的角色，它们如同自然界的魔术师，能够瞬间改变画面的氛围与深度。光源的位置、强度、颜色以及物体的材质和形状，共同决定了光影的分布与变化。当光线照射到物体表面时，产生的明暗对比、阴影与高光，不仅揭示了物体的形态与结构，更在无形中划分了画面的空间层次。

在塑造空间感方面，光影的运用尤为关键。艺术家通过模拟自然光或创造独特的光影效果，引导观者的视线在画面中穿梭，感受由近及远、由浅入深的空间变化。同时，光影的强弱对比也强化了画面的立体感，使物体在二维的画布上呈现出三维的视觉效果。

（二）体积感的呈现：光影的魔力

物体的体积感是数字绘画中不可或缺的表现要素之一。而光影，正是展现物体体积感的最佳工具。当光线照射到物体表面时，会在不同角度产生不同的光影效果。这些光影效果，如明暗交界线、阴影的渐变、高光的闪烁等，共同构成了物体的立体形态。艺术家通过细致的光影处理，可以精确地表现出物体的凹凸起伏、转折与转折之间的过渡关系。他们利用光影的强弱对比和色彩变化，营造出物体表面的质感与纹理，使观者能够清晰地感受到物体的体积与重量。这种体积感的呈现，不仅增强了画面的真实感与可信度，更赋予了作品以强烈的艺术感染力。

（三）空间关系的构建：光影的桥梁

在数字绘画中，光影还是构建空间关系的重要桥梁。艺术家通过光影的变化与分布，可以清晰地表现出物体之间的前后关系、远近关系以及相互之间的遮挡与映衬。他们利用光影的引导与暗示作用，将观者的视线引导至画面的焦点或重要区域，同时营造出一种连贯且有序的视觉流程。此外，光影还能够帮助艺术家创造出特定的空间氛围与情感色彩。例如，柔和而均匀的光线可以营造出温馨、宁静的氛围；而强烈且对比鲜明的光影则可能带来紧张、刺激的感受。艺术家通过光影的巧妙运用，将自己的情感与意图融入画面之中，与观者产生深刻的情感共鸣。

光影在数字绘画中对于空间塑造、体积感表现以及空间关系构建等方面具有不可替代的作用。艺术家们通过精妙的光影处理，不仅赋予了画面以生命与活力，更让观者在欣赏作品的过程中体验到了一种超越现实的视觉享受。在数字绘画的广阔天地里，光影将继续以其独特的魅力与力量，引领我们探索更加深邃与广阔的艺术世界。

五、细节与质感的表现

（一）细节：画面生命力的源泉

在数字绘画中，细节是赋予画面生命力与真实感的关键所在。它不仅关乎物体形态的精准描绘，更在于对物体特征、纹理、光影变化的深入探索与表现。通过精细的刻画，艺术家能够引导观者深入画面，感受每一个微小元素所蕴含的情感与故事，从而增强画面的感染力和吸引力。

细节的刻画需要艺术家具备敏锐的观察力和深厚的绘画功底。在创作过程中，艺术家应仔细观察所绘物体的形态、结构、比例以及表面特征，如纹理的走向、质感的软硬、光影的明暗变化等。通过运用数字绘画的笔触工具、色彩调整以及纹理贴图等技术手段，艺术家可以精准地还原物体的真实面貌，同时融入自己的艺术风格和情感表达。

（二）质感：空间深度的催化剂

质感是物体表面特性的直观反映，也是营造画面空间深度的重要因素。不同的材质具有不同的质感表现，如金属的冰冷光泽、木头的温润纹理、玻璃的透明质感等。通过模拟这些材质的真实质感，艺术家可以使画面中的物体更加立体生动，同时增强画面的空间感和深度感。在数字绘画中，表现质感的方法多种多样。艺术家可以通过调整色彩的饱和度、明度以及对比度来模拟材质的基本色调和反光特性；利用高光和阴影的精细刻画来表现材质的立体感和光泽度；还可以通过添加纹理贴图或运用滤镜效果来增强材质的细节表现。此外，艺术家还需注意不同材质之间的相互影响和对比关系，通过合理的布局和构图来营造出更加丰富的空间层次和深度感。

（三）细节与质感的融合：增强画面真实感的密钥

细节与质感的融合是增强画面真实感和空间深度的关键所在。在数字绘画中，艺术家应将二者紧密结合起来，通过精细的刻画和材质模拟来塑造出真实可信的物体形象和空间环境。

一方面，艺术家应注重细节的刻画和表现。通过仔细观察和深入探索物体的形态特征、纹理结构以及光影变化等细节元素，艺术家可以运用数字绘画的笔触工具和技术手段来精准地还原物体的真实面貌。同时，艺术家还需注重细节之间的内在联系和整体协调性，通过合理的布局和构图来营造出一种统一而和谐的视觉效果。另一方面，艺术家还需注重质感的模拟和表现。通过运用色彩、光影以及纹理贴图等技术手段来模拟不同材质的真实质感，艺术家可以使画面中的物体更加立体生动、富有层次感。在模拟质感的过程中，艺术家应注意保持材质的真实性和可信度，避免过度夸张或失真。同时，艺术家还需注重材质之间的相互影响和对比关系，通过合理地运用和搭配来营造出更加丰富的空间层次和深度感。

细节与质感的表现是数字绘画中不可或缺的重要元素。通过精细的刻画和材质模拟，艺术家可以赋予画面以生命力和真实感，同时增强画面的空间深度和感染力。在创作过程中，艺术家应注重细节与质感的融合与协调，通过不断探索和实践来提升自己的绘画技艺和艺术表现力。

第四章　数字绘画的色彩运用

第一节　色彩心理学与情感表达

一、色彩的基本情感属性

在数字绘画的斑斓世界里，色彩不仅是视觉的盛宴，更是情感的载体与象征。每一种色彩都蕴含着独特的情感倾向与深远的象征意义，它们跨越了语言的界限，直接触动着观者的心灵。

（一）红色：热情与力量的象征

红色作为光谱中波长最长、最醒目的颜色，自古以来便与热烈、激情、活力等积极意象紧密相连。在数字绘画中，红色常被用来表达强烈的情感与张力，如炽热的爱情、汹涌的愤怒或激昂的斗志。它象征着生命的活力与不屈的意志，同时也可能暗示着危险与警告。艺术家通过运用红色，可以营造出一种紧张且充满力量的氛围，使画面充满动感与生命力。

（二）橙色：温暖与活力的体现

橙色位于红色与黄色之间，既继承了红色的热情，又融入了黄色的明媚。它代表着温暖、活泼与快乐，是自然界中日出日落时常见的色彩。在数字绘画中，橙色常被用来描绘温馨的家庭场景、欢快的节日庆典或充满活力的运动画面。它不仅能够唤起人们对美好生活的向往，还能激发人们对未知世界的探索欲与好奇心。

（三）黄色：明亮与警示的并存

黄色以其高明的亮度与明快的色调，成为自然界中阳光、花朵等美好事物的象征。然而，在色彩心理学中，黄色也常被赋予警示、注意的含义。在数字绘画中，黄色既可用于表现明亮、欢快的场景，如金黄的麦田、绚烂的花海；也可用来营造紧张、不安的氛围，如刺眼的灯光、预警的信号灯等。艺术家通过巧妙运用黄色，可以在画面中创造出既明亮又富有张力的视觉效果。

（四）绿色：生长与和平的寓意

绿色是大自然中最常见的色彩之一，它象征着生命、生长与希望。在数字绘画中，绿色常被用来描绘郁郁葱葱的森林、新鲜嫩绿的草地等生机勃勃的植物世界。这些画面不仅展现了自然界的美丽与和谐，还寓意着生命的不息与希望的永恒。同时，绿色也常被赋予和平、环保等积极意义，成为艺术家表达对人类未来美好愿景的重要手段。

（五）蓝色：宁静与深邃的表达

蓝色是天空与海洋的颜色，它代表着广阔、深邃与宁静。在数字绘画中，蓝色常被用来营造一种深远而宁静的氛围，如浩瀚的星空、深邃的海洋以及静谧的夜晚。这些画面不仅让人感受到大自然的壮丽与神秘，还引发了人们对宇宙、生命等深层次问题的思考。同时，蓝色也常被赋予冷静、理智等象征意义，成为艺术家表达内心情感与思想的重要色彩之一。

（六）紫色：高贵与神秘的融合

紫色在自然界中较为罕见，因此自古以来便被赋予了高贵、神秘的象征意义。在数字绘画中，紫色常被用来描绘皇家宫殿、神秘魔法或梦幻般的场景。这些画面不仅展现了紫色的高贵气质与独特魅力，还激发了人们对未知世界的好奇与向往。同时，紫色也常被用来表达内心的复杂情感与深邃思考，成为艺术家探索人性、表达内心世界的重要工具。

红、橙、黄、绿、蓝、紫等基本色彩在数字绘画中各自承载着丰富的情感倾向与象征意义。艺术家们通过巧妙运用这些色彩，不仅丰富了画面的视觉效果与情感表达，还引导观者深入探索作品的内涵与深意。

二、色彩的心理效应

（一）色彩的情绪触发

色彩作为视觉艺术的核心元素之一，在数字绘画中扮演着至关重要的角色。它不仅赋予画面以生动的视觉效果，更深刻地影响着观者的情绪、感知与行为。色彩的情绪触发作用，源自人类对色彩的本能反应与心理联想。

暖色调，如红色、橙色、黄色等，往往能够激发人们的热情与活力，带来温暖、兴奋甚至冲动的感受。在数字绘画中，巧妙地运用暖色调可以营造出热烈、欢快的氛围，吸引观者的注意力并激发其积极向上的情绪。然而，过度使用暖色调也可能导致画面显得过张扬或焦躁，因此需要艺术家在创作过程中进行适度的把控。

相比之下，冷色调，如蓝色、绿色等、紫色，则给人以宁静、冷静的感觉。它们能够营造出一种深远和平静的氛围，使观者感受到内心的平和与放松。在数字绘画中，冷色调常被用于表现宁静的自然风光、深邃的宇宙空间或是沉思的内心世界。然而，冷色调的过度使用也可能导致画面显得单调乏味，缺乏生气。

（二）色彩感知的多样性

色彩对人的感知影响深远，而这种影响又受到多种因素的制约。一方面，色彩的亮度、饱和度以及对比度等物理属性会直接影响观者的视觉体验；另一方面，观者的年龄、性别、文化背景以及心理状态等主观因素也会对色彩感知产生重要影响。

例如，在亮度方面，高明度的色彩往往给人以明亮、轻盈的感觉，而低明度的色彩则显得暗淡、沉重。在饱和度方面，高饱和度的色彩鲜艳夺目，能够迅速吸引观者的注意力；而低饱和度的色彩则显得柔和、内敛，更适合营造温馨舒适的氛围。此外，色彩之间的对比度也是影响感知的重要因素之一。强烈的对比能够突出画面的重点元素，增强视觉冲击力；而柔和的对比则有助于营造和谐统一的画面效果。

（三）文化与心理背景下的色彩差异

色彩的心理效应并非孤立存在，它深受不同文化和心理背景的影响。在不同的文化体系中，色彩往往承载着不同的象征意义和情感价值。例如，在中国传统文化中，红色被视为吉祥、喜庆的象征；而在西方文化中，红色则更多地与爱情、激情或危险等概念相联系。此外，心理背景也会对色彩感知产生重要影响。个人的性格、经历、情感状态等都会使其对色彩产生独特的感受和理解。例如，性格开朗、乐观的人可能更倾向于喜欢明亮鲜艳的色彩；而性格内向、忧郁的人则可能更倾向于选择柔和暗淡的色彩。

在数字绘画中，艺术家需要充分考虑色彩的心理效应及其在不同文化和心理背景下的差异。通过深入研究色彩与情绪、感知和行为之间的关系，艺术家可以更加精准地运用色彩来表达自己的创作意图和情感倾向。同时，艺术家还应尊重并理解观者的文化背景和心理需求，创作出既具有艺术价值又能够引起广泛共鸣的数字绘画作品。

三、色彩与性格特征

在数字绘画的广阔舞台上，色彩不仅是视觉的盛宴，更是塑造角色性格特征的重要语言。艺术家们巧妙地运用色彩的明暗、冷暖、饱和度等属性，赋予角色以独特的性格魅力和情感深度。

（一）色彩的明暗与性格的明暗面

色彩的明暗变化，往往能够映射出角色性格中的光明与阴暗面。明亮的色彩，如高饱和度的黄色、橙色或浅色调的蓝色、绿色，常用来描绘性格开朗、乐观、积极向上的角色。这些色彩传递出一种温暖、阳光的气息，与角色的正面性格特质相得益彰。相反，暗淡的色彩，如深灰、深蓝或暗紫，则常被用来表现性格内向、忧郁、深沉的角色。这些色彩营造出一种沉静、神秘的氛围，与角色的复杂内心世界相呼应。

（二）色彩的冷暖与性格的情感倾向

色彩的冷暖属性，也是表现角色性格特征的关键因素之一。暖色调，如红、橙、黄等，通常与热情、活力、冲动等性格特质相关联。在数字绘画中，艺术家可以通过运用暖色调来强化角色的积极情感，如热情洋溢的笑容、充满活力的动作等。而冷色调，如蓝、绿、紫等，则更多地与冷静、理智、内敛等性格特质相对应。冷色调的运用，能够使角色显得更加沉稳、深邃，从而突出其独特的性格魅力。

（三）色彩的饱和度与性格的强度

色彩的饱和度，即色彩的鲜艳程度，也能在一定程度上反映角色的性格强度。高饱和度的色彩，如鲜艳的红、橙、黄等，往往能够吸引人们的注意力，给人一种强烈、醒目的感觉。在数字绘画中，艺术家可以通过提高色彩的饱和度来强化角色的性格特征，使其更加鲜明、突出。例如，一个性格鲜明、敢爱敢恨的角色，往往会被赋予高饱和度的色彩，以彰显其独特的个性魅力。相反，低饱和度的色彩，如柔和的粉、灰、淡蓝等，则更适合用来表现性格温和、内敛的角色。这些色彩能够营造出一种温馨、和谐的氛围，使角色显得更加平易近人。

（四）色彩搭配与性格的复杂性

在数字绘画中，色彩的搭配也是表现角色性格复杂性的重要手段。单一的色彩往往难以全面展现角色的性格特征，而多种色彩的巧妙搭配则能够更加丰富地呈现角色的内心世界。艺术家们通过对比色、邻近色、互补色等色彩搭配方式，营造出不同的视觉效果和情感氛围，从而更加精准地表现角色的性格特征。例如，一个性格复杂、多面性的角色，可能会同时包含多种色彩元素，这些色彩元素在画面中相互交织、碰撞，共同构成了角色独特的性格画卷。

色彩与人物性格特征之间存在着密切的关联。在数字绘画中，艺术家们通过巧妙运用色彩的明暗、冷暖、饱和度以及色彩搭配等手法，能够精准地表现角色的性格特征，使其更加生动、立体地呈现在观者面前。这种色彩与性格的相互融合，不仅丰富了画面的视觉效果和情感表达，也让数字绘画成为一种独特的性格描绘艺术。

四、色彩的情感共鸣

（一）色彩的情感桥梁

在数字绘画的广阔天地里，色彩不仅是视觉的盛宴，更是情感交流的桥梁。它以其独特的魅力，跨越语言的界限，直接触动人心，引发观者的情感共鸣。色彩的情感共鸣能力，源于人类对色彩共通的情感体验与心理联想，使得艺术作品成为连接创作者与观者情感的纽带。

（二）色彩的情感表达力

色彩在数字绘画中扮演着至关重要的角色，它不仅是画面构成的基本元素，更是作者情感意图的直接体现。艺术家通过精心挑选和搭配色彩，将自己的情感融入画中，使作品充满生命力与感染力。不同的色彩能够传达出不同的情感信息，如红色的热烈、蓝色的宁静、黄色的明媚、绿色的生机等，这些色彩的运用，让观者在欣赏作品的同时，能够感受到作者所传递的情绪。

在数字绘画中，色彩的情感表达力体现在多个方面。首先，色彩的冷暖对比能够营造出不同的氛围与情感倾向。冷色调的运用，如深蓝、翠绿等，往往能引发观者对宁静、深邃或孤独感的共鸣；而暖色调的渲染，如橙红、金黄等，则能激发人们对温暖、热情或希望的情感体验。其次，色彩的饱和度与明度变化也是表达情感的重要手段。高饱和度的色彩鲜艳夺目，能够传达出强烈、直接的情感；而低饱和度的色彩则显得柔和、内敛，更适合表达细腻、温婉的情感。最后，色彩的搭配与组合更是艺术家情感表达的精髓所在。通过巧妙的色彩搭配，艺术家能够创造出丰富多变的情感效果，使作品更加生动、感人。

（三）色彩共鸣的深层机制

色彩之所以能在艺术创作中引发观者情感共鸣，其深层机制在于色彩与人类情感的内在联系。色彩能够触发人类大脑中的情感区域，激活相关的记忆与联想，从而引发强烈的情感体验。例如，红色常常让人联想到火焰、热血等象征性元素，进而产生激情、勇气或愤怒等情感反应；而蓝色则往往让人联想到广阔的天空与深邃的海洋，从而引发对自由、宁静或孤独的思考与感受。

此外，色彩共鸣还受到文化背景、个人经历与心理状态等多种因素的影响。不同文化背景下，人们对色彩的情感认知与联想可能存在一些差异；而个人的成长经历与心理状态也会使其对色彩产生独特的感受与理解。因此，艺术家在运用色彩表达情感时，需要充分考虑这些因素的影响，从而创作出更加贴近观者心灵的艺术作品。

（四）色彩运用的艺术策略

为了在数字绘画中更好地运用色彩以引发观者情感共鸣，艺术家可以采取一系列的艺术策略。首先，艺术家应深入研究色彩与情感的关系，了解不同色彩所传达的情感信息及其在不同情境下的应用效果。其次，艺术家应注重色彩的整体规划与布局，通过巧妙的色彩搭配与组合来营造出和谐统一的画面效果，使作品在视觉上产生强烈的冲击力与感染力。同时，艺术家还应关注色彩的细节处理与微妙变化，通过细腻的色彩运用来传达出更加丰富的情感内涵与思想深度。最后，艺术家应不断尝试与创新，勇于突破传统色彩运用的束缚与限制，以独特的色彩语言来表达自己的情感意图与艺术追求。

五、色彩的心理调节策略

在数字绘画的创作旅程中，色彩不仅是视觉表达的核心元素，更是艺术家心理调节的得力助手。通过运用色彩心理学的原理，艺术家能够有效地调整自身情绪状态，提升创作效率，并赋予作品更深层次的情感共鸣。

（一）色彩选择与情绪同步

色彩具有直接触动人类情绪的力量。在创作初期，艺术家可以根据当前的情绪状态选择与之相匹配的色彩作为基调。例如，当感到兴奋与活力时，可选择明亮鲜艳的暖色调作为画面主色，如橙色、黄色等，以激发创作灵感与热情；而当心情平静或需要深入思考时，则可倾向于使用柔和的冷色调，如蓝色、绿色，帮助自己沉静下来，专注于细节与情感的细腻描绘。通过色彩与情绪的同步，艺术家能够更自然地融入创作状态，提高作品的情感真实度。

（二）色彩变换促进思维转换

在创作过程中，艺术家可能会遇到创作瓶颈或思维僵化的情况。此时，通过调整画面色彩配置，可以有效促进思维的灵活转换。尝试将原本的色彩方案进行大胆变换，如从暖色调转为冷色调，或从高饱和度转为低饱和度，这种色彩上的突变能够刺激大脑产生新的联想与想象，帮助艺术家跳出固有思维模式，发现新的创作路径。色彩变换不仅是对视觉的重新布局，更是对创作思维的深度激活。

（三）色彩和谐营造舒适创作环境

创作环境对艺术家的心理状态有着不可忽视的影响。利用色彩心理学的原理，营造一个和谐舒适的创作空间，对于提升创作效率至关重要。在数字绘画的工作区域，可以选择温暖而不过于刺眼的灯光色调，搭配柔和的背景色彩，如米白、淡灰或浅木色，以减少视觉疲劳，增强创作的专注度。同时，根据个人喜好适当点缀以激发灵感的色彩元素，如一幅色彩丰富的画作或一束色彩鲜艳的花朵，都能为创作环境增添一抹生机与活力。

（四）色彩对比强化创作动力

色彩对比是艺术创作中常用的手法之一，它不仅能够增强画面的视觉冲击力，还能在心理上产生强烈的激励作用。在创作过程中，艺术家可以巧妙地运用色彩对比来强化自己的创作动力。比如，在描绘挑战与突破的场景时，采用鲜明的色彩对比，如黑白、红绿等，能够激发内心的斗志与勇气，使创作过程充满力量与激情。此外，通过色彩对比的巧妙运用，还能引导观者的视线流动，增强作品的叙事性与感染力。

（五）色彩反思深化创作理解

在完成作品后，艺术家不妨进行一番色彩反思，以深化对创作的理解。回顾创作过程中的色彩选择与运用，思考它们如何影响了作品的整体氛围与情感表达。通过色彩反思，艺术家能够更清晰地认识到色彩在创作中的重要作用，以及自己在色彩运用上的优势与不足。这种自我审视与总结，不仅有助于提升创作水平，还能让艺术家在创作道路上走得更远、更稳。

色彩心理学原理在数字绘画的创作过程中具有广泛的应用价值。通过色彩选择与情绪同步、色彩变换促进思维转换、色彩和谐营造舒适创作环境、色彩对比强化创作动力以及色彩反思深化创作理解等策略的运用，艺术家能够更有效地调节自身心理状态，提升创作效率与作品质量，从而在数字绘画的广阔天地中自由翱翔，创作出更多触动人心的艺术作品。

第二节　色彩搭配与对比

一、色彩搭配原则

（一）色彩搭配的基础法则

在数字绘画的浩瀚领域中，色彩搭配是构建视觉和谐与情感表达的关键。掌握色彩搭配的基本原则，对于艺术家而言，是提升作品质量、增强视觉吸引力的必经之路。以下将深入探讨邻近色、对比色、互补色等几种重要的色彩搭配方式。

（二）邻近色搭配：和谐之美

邻近色搭配，顾名思义，是指色轮上相邻或相近颜色的组合。这种搭配方式因色彩间差异较小，给人以柔和、和谐之感，是营造温馨、宁静氛围的优选。在数字绘画中，邻近色搭配能够减少视觉冲突，使画面显得更加统一与协调。艺术家可以通过调整邻近色之间的明度与饱和度变化，来丰富画面的层次感与细节表现，使作品在和谐中不失生动与活力。

（三）对比色搭配：鲜明对比

与邻近色相反，对比色搭配则强调色彩间的鲜明对比与视觉冲击。对比色通常位于色轮的两端，如红与绿、蓝与橙等。这种搭配方式能够迅速吸引观者的注意力，营造出强烈的视觉冲击力与张力。在数字绘画中，艺术家可以利用对比色搭配来突出画面的重点元素，或是表达某种特定的情感与氛围。然而，值得注意的是，对比色搭配若处理不当，也可能导致画面显得杂乱无章，因此艺术家在运用时需谨慎把握色彩间的平衡与协调。

（四）互补色搭配：平衡与互补

互补色搭配是色彩搭配中的经典之作，它指的是色轮上位置相对、呈

180 度角的两种颜色。互补色之间具有最强的对比效果，但同时也能达到一种奇妙的平衡与和谐。在数字绘画中，互补色搭配常被用于增强画面的对比度与层次感，使作品更加鲜明、生动。艺术家可以通过调整互补色之间的比例与分布，来营造出不同的视觉效果与情感氛围。此外，互补色搭配还能激发观者的视觉兴趣，引导他们深入探索画面的细节与内涵。

（五）色彩搭配的高级技巧

色彩搭配涉及许多高级技巧与策略。例如，艺术家可以运用色彩的温度感来营造画面的冷暖对比，通过冷暖色调的巧妙搭配来传达特定的情感与氛围。同时，色彩的明度与饱和度也是影响画面效果的重要因素。高明度、高饱和度的色彩能够带来明亮、活泼的感觉；而低明度、低饱和度的色彩则显得沉稳、内敛。艺术家可以根据画面的需要，灵活运用这些色彩属性来调整画面的整体效果与氛围。

此外，色彩搭配还需考虑画面的整体构图与主题表达。艺术家应根据画面的主题与情感倾向，选择合适的色彩搭配方案，以确保色彩与画面内容的高度契合与统一。在数字绘画中，色彩不仅是视觉的享受，更是情感的传递与思想的表达。因此，艺术家在运用色彩时，应始终保持对色彩的敏感与敬畏之心，不断探索与创新，以创造出更加优秀的艺术作品。

二、色彩对比手法

在数字绘画的艺术创作中，色彩对比是塑造画面视觉张力、丰富情感表达的重要手段。通过巧妙运用明度对比、纯度对比、色相对比等多种手法，艺术家能够创造出层次分明、情感丰富的作品。

（一）明度对比：光影交织的层次之美

明度对比，即色彩明暗程度的对比，是构成画面立体感和空间感的关键因素。在数字绘画中，艺术家通过调整色彩的明度值，使画面中的元素呈现出不同的光影效果，从而营造出丰富的层次感。高明度的色彩给人以轻盈、明亮之感，适合表现光源直接照射的区域；而低明度的色彩则显得沉重、深邃，适合用于描绘阴影部分或背景。明度对比的巧妙运用，能够使画面中的光影变化更加自然流畅，增强视觉冲击力，引导观者的视线在画面中穿梭，感受画面的深度与广度。

（二）纯度对比：色彩强度的碰撞与融合

纯度对比，是指色彩饱和度的对比。高纯度的色彩鲜艳夺目，能够迅速吸引观者的注意力；而低纯度的色彩则显得柔和淡雅，给人以宁静舒适之感。在数字绘画中，艺术家通过控制色彩的纯度，可以实现色彩强度的碰撞与融合，创造出对比强烈或和谐统一的视觉效果。纯度对比的运用，不仅能够突出画面中的重点元素，还能通过色彩强度的变化，传达出不同的情感氛围。例如，在表现热烈、激情的场景时，可采用高纯度的色彩对比，增强画面的活力与动感；而在描绘温馨、宁静的画面时，则可选择低纯度的色彩搭配，营造出柔和舒适的氛围。

（三）色相对比：色彩情感的交织与碰撞

色相对比，即色彩之间的色相差异所形成的对比。在色轮上，相邻的色彩色相相近，对比柔和；而相隔较远的色彩色相差异大，对比强烈。色相对比的运用，能够直接影响画面的情感表达和视觉效果。在数字绘画中，艺术家可以根据创作需求，选择合适的色相对比方式。例如，通过运用互补色（如红绿、蓝橙）的对比，可以产生强烈的视觉冲击力，使画面更加生动鲜明；而邻近色的对比则相对柔和，能够营造出和谐统一的氛围。此外，色相对比还可以与明度、纯度对比相结合，创造出更加复杂多变的色彩效果，使画面更加丰富多彩。

（四）色彩对比的综合运用：构建视觉盛宴

在数字绘画的实际创作中，色彩对比往往不是单一手法的运用，而是多种手法的综合体现。艺术家需要根据画面的主题、情感以及视觉效果的需求，灵活运用明度对比、纯度对比、色相对比等多种手法，使画面中的色彩相互交织、碰撞与融合，构建出一场视觉盛宴。通过色彩对比的综合运用，艺术家能够打破色彩的单一与平淡，赋予画面以生命力和感染力，使观者在欣赏作品的过程中感受到色彩所传达的情感与力量。

色彩对比手法在数字绘画中具有不可替代的作用。通过明度对比、纯度对比、色相对比等多种手法的巧妙运用，艺术家能够使画面呈现出层次分明、情感丰富的效果，能为观者带来深刻的视觉体验，进而引发观者的情感共鸣。

三、色彩和谐与冲突

（一）色彩和谐的构建基础

在数字绘画的世界里，色彩和谐是构成画面美感与视觉舒适度的基石。它源自色彩间的相互协调与平衡，使得整个画面呈现出一种统一而和谐的视觉效果。色彩和谐的构建基础在于对色彩属性（如色相、明度、饱和度等）的深刻理解与巧妙运用。艺术家通过精心挑选与搭配色彩，使它们在画面中相互呼应、相互补充，从而形成一个和谐统一的整体。

色彩和谐可以通过多种方式实现。例如，采用邻近色搭配，利用色轮上相邻或相近的颜色进行组合，能够营造出柔和、温馨的氛围；而运用相似明度与饱和度的色彩进行搭配，则能使画面显得统一而协调。此外，艺术家还可以通过调整色彩间的比例与分布，以及运用色彩渐变等手法，来增强画面的和谐感与层次感。

（二）色彩冲突的视觉张力

与色彩和谐相对的是色彩冲突，它指的是色彩间因差异过大而产生的视觉对立与张力。色彩冲突能够打破画面的平静与单调，为观者带来强烈的视觉冲击与心理感受。在数字绘画中，色彩冲突常被用于创造视觉焦点、突出画面主题或表达特定的情感与氛围。

　　色彩冲突的实现方式多种多样。对比色与互补色的运用是其中最为直接且有效的方式。对比色位于色轮的两端，具有最强的对比效果；而互补色则是色轮上位置相对、呈180度角的两种颜色，它们之间的对比更为鲜明且富有张力。艺术家可以通过巧妙地安排这些色彩在画面中的位置与面积，来创造出强烈的视觉冲突与动态效果。

（三）和谐与冲突的平衡艺术

　　在数字绘画中，色彩和谐与冲突并非孤立存在，而是相互依存、相互制约的。艺术家需要在保持画面整体和谐的同时，巧妙地运用色彩冲突来创造视觉焦点与增强表现力。这种平衡艺术要求艺术家具备深厚的色彩素养与敏锐的视觉感知能力。为了实现和谐与冲突的平衡，艺术家可以采取以下策略：首先，明确画面的主题与情感倾向，以此为基础进行色彩搭配与布局；其次，在保持画面整体和谐的基础上，通过色彩冲突来突出画面的重点元素或营造特定的氛围；最后，注重色彩间的过渡与衔接，避免色彩冲突过于突兀或生硬，使画面在和谐与冲突之间达到一种微妙的平衡状态。

（四）色彩和谐与冲突在数字绘画中的实践

　　在数字绘画的实践中，色彩和谐与冲突的运用是灵活多变的。艺术家可以根据画面的需要与个人风格进行自由创作与探索。无论是追求细腻柔和的和谐之美，还是追求鲜明强烈的冲突效果，都需要艺术家对色彩有深刻的理解与把握。此外，随着数字绘画技术的不断发展与创新，艺术家还可以利用软件中的色彩调整工具与滤镜效果来丰富色彩的表现力与创造力。这些工具不仅能够帮助艺术家更加精准地控制色彩属性与搭配效果，还能够为画面增添独特的艺术魅力与视觉冲击力。

　　色彩和谐与冲突是数字绘画中不可或缺的重要元素。它们相互依存、相互制约，共同构成了画面的视觉美感与情感表达。艺术家需要在实践中不断探索与创新，以实现对色彩和谐与冲突的完美驾驭与运用。

四、色彩搭配与主题表达

在数字绘画的广阔领域中，色彩搭配不仅是视觉艺术的基本构成，更是作品主题与情感传达的桥梁。通过精心设计的色彩搭配，艺术家能够巧妙地强化作品的主题，深化情感表达，使观者在色彩的引领下，深刻体会作品的内涵与意境。

（一）色彩搭配与主题的一致性

色彩搭配的首要原则是与作品主题保持一致性。艺术家在选择色彩时，需深入理解作品的主题，选取能够准确反映主题特性的色彩进行搭配。例如，若作品主题为温暖的家庭生活，则可选用柔和的暖色调，如米白、浅黄、淡粉等，营造出温馨和谐的氛围；若主题为冷峻的自然风光，则可采用冷色调的蓝、绿、灰等，展现大自然的辽阔与深邃。色彩搭配与主题的一致性，能够使作品在视觉上形成统一的整体，增强主题的表现力。

（二）色彩对比与主题冲突的展现

在表达具有冲突性或复杂情感的作品主题时，色彩对比成为一种强有力的手段。艺术家可以通过色彩之间的鲜明对比，如冷暖对比、明暗对比、纯度对比等，来展现作品内部的矛盾与张力。这种色彩对比不仅能够吸引观者的注意力，还能激发其情感共鸣，使观者更加深入地理解作品的主题。例如，在表现战争与和平的主题时，艺术家可以运用强烈的色彩对比，如血红与洁白、黑暗与光明，来展现战争带来的残酷与和平的珍贵。

（三）色彩象征与主题深意的挖掘

色彩在文化中往往承载着丰富的象征意义，这些象征意义为色彩搭配在表达作品主题时提供了更为广阔的空间。艺术家可以运用色彩的象征性，深入挖掘作品主题的深层含义，使作品具有更加丰富的文化内涵。例如，红色在许多文化中象征着热情、力量与危险，艺术家在表现激情四溢或警示意味的作品时，可以大量运用红色来强化这一主题；而绿色则常被视为生命、希望与和平的象征，在描绘自然生态或呼吁和平的作品中，绿色往往成为不可或缺的色彩元素。

（四）色彩渐变与主题情感的递进

色彩渐变是一种细腻而富有表现力的色彩搭配方式。通过色彩的逐渐变化，艺术家能够引导观者的视线流动，同时传递出情感的递进与变化。在表达具有情感层次或时间流逝的作品主题时，色彩渐变显得尤为重要。艺术家可以根据作品情感的起伏变化，设计相应的色彩渐变方案，使观者在欣赏作品的过程中，能够随着色彩的变化而感受到情感的波动与升华。例如，在描绘一段从忧伤到希望的心路历程时，艺术家可以从冷色调的蓝、灰逐渐过渡到暖色调的黄、橙，以此展现主人公情感的转变与成长。

（五）色彩和谐与主题氛围的营造

色彩和谐是色彩搭配中追求的一种理想状态。通过合理搭配色彩，使画面中的色彩相互协调、相互映衬，从而营造出特定的氛围与情绪。在表达特定主题时，艺术家需要精心设计色彩搭配方案，使色彩之间形成和谐统一的整体效果，从而更好地烘托主题氛围。例如，在描绘宁静的乡村风光时，艺术家可以选用柔和的色调和相近的色彩进行搭配，营造出一种宁静、安详的氛围；而在表现都市的繁华与喧嚣时，则可采用对比强烈的色彩和丰富的色彩层次来展现都市的活力与动感。

色彩搭配在数字绘画中扮演着至关重要的角色。通过色彩搭配与主题的一致性、色彩对比与主题冲突的展现、色彩象征与主题深意的挖掘、色彩渐变与主题情感的递进以及色彩和谐与主题氛围的营造等多种方式，艺术家能够巧妙地运用色彩语言来强化作品主题、深化情感表达，使作品在视觉上更加引人入胜、在情感上更加触动人心。

五、色彩搭配的实践技巧

（一）色彩轮：创作的指南针

在数字绘画的广阔领域中，色彩轮是每位艺术家不可或缺的创作工具。它如同一座色彩的宝库，为艺术家提供了丰富的色彩选择与搭配灵感。色彩轮不仅展示了色彩之间的基本关系，如邻近色、对比色、互补色等，还揭示了色彩混合与变化的规律。通过熟练掌握色彩轮，艺术家能够更加精准地把握色彩间的和谐与冲突，为作品增添无限魅力。在实践中，艺术家可以利用色彩轮进行初步的色彩构思与选择。首先，明确画面的主题与情感倾向，然后根据需要选择相应的色彩范围。例如，若想要营造温馨和谐的氛围，可选择邻近色进行搭配；若想要创造强烈的视觉冲击力，则可考虑使用对比色或互补色。此外，色彩轮还能帮助艺术家发现色彩间的微妙差异与联系，从而在细节处理上更加得心应手。

（二）色彩比例的控制艺术

色彩比例的控制是色彩搭配中的关键环节。它关乎到画面整体的视觉效果与情感表达。在数字绘画中，艺术家需要精心安排各种色彩在画面中的分布与比例，以实现色彩间的和谐统一与视觉平衡。

一般来说，色彩比例的控制应遵循"少即是多"的原则。即不要在画面中堆砌过多的色彩种类，而应通过巧妙的色彩搭配与比例调整来突出画面的重点与主题。同时，艺术家还需注意色彩间的对比与呼应关系，确保画面在视觉上既有层次感又不失整体性。具体来说，艺术家可以运用色彩的比例关系来创造不同的视觉效果。例如，通过增加或减少某种色彩在画面中的面积比例，可以调整画面的冷暖感与明暗度；通过改变色彩间的对比强度与分布位置，可以营造出不同的视觉焦点与动态效果。此外，艺术家还需注意色彩与画面内容、构图形式之间的协调关系，确保色彩搭配与画面整体风格相一致。

（三）色彩层次与渐变的应用

色彩层次与渐变是增强画面表现力与立体感的重要手段。在数字绘画中，艺术家可以通过色彩的明暗变化、饱和度调整以及色彩间的过渡与融合来创造丰富的色彩层次与渐变效果。色彩层次的应用能够使画面更加生动、立体。艺术家可以通过调整不同色彩区域的明度与饱和度差异来形成明暗对比与色彩层次变化。例如，在描绘远山时可使用较淡的色彩并降低饱和度以营造距离感；而在表现近景时则可使用较鲜艳且饱和度高的色彩以增强视觉冲击力。

色彩渐变则能够为画面带来流畅的视觉体验与柔和的过渡效果。艺术家可以通过色彩渐变来表现物体的光影变化、空间深度或是情感氛围的转换。在数字绘画软件中，艺术家可以利用渐变工具来轻松实现色彩渐变效果，并通过调整渐变的方向、形状与色彩分布来创造独特的视觉效果。

（四）色彩的情感表达与氛围营造

色彩不仅仅是视觉的呈现方式，更是情感的载体与氛围的营造者。在数字绘画中艺术家可以通过色彩的选择与搭配来传达特定的情感与营造独特的氛围。不同的色彩具有不同的情感象征与心理暗示作用。例如红色常常代表热情、活力与危险；蓝色则象征宁静、深远与冷漠。艺术家可以根据画面的主题与情感倾向来选择合适的色彩组合以传达出相应的情感信息。同时艺术家还需注意色彩间的情感对比与和谐关系以确保画面在情感表达上的统一与协调。

此外色彩还能够营造出不同的氛围效果。例如暖色调能够营造出温暖、舒适与亲切的氛围；而冷色调则能够营造出清新、宁静与神秘的感觉。艺术家可以通过调整色彩的整体倾向与分布来营造出符合画面主题与情感表达的氛围效果。

色彩搭配的实践技巧是数字绘画中不可或缺的重要组成部分。通过熟练掌握色彩轮的使用、色彩比例的控制以及色彩层次与渐变的应用等技巧使艺术家能够更好地运用色彩来创作出生动、立体且富有情感表达力的艺术作品。

第三节　色彩渐变与过渡

一、色彩渐变的类型

在数字绘画的广阔天地里，色彩渐变作为一种极具表现力的艺术手法，为作品赋予了丰富的视觉层次与情感深度。通过不同类型的色彩渐变，艺术家能够创造出从柔和过渡到强烈对比的多样效果，使画面更加生动、立体。

（一）线性渐变：流畅的色彩轨迹

线性渐变，顾名思义，是指色彩沿着一条直线方向逐渐变化的过程。在数字绘画中，艺术家可以利用绘图软件等工具，轻松实现色彩的线性渐变效果。这种渐变方式以其流畅、自然的色彩过渡而著称，常用于表现光线照射、色彩过渡或背景渲染等场景。通过调整渐变的起始颜色、结束颜色及渐变方向，艺术家能够创造出多样化的视觉效果，使画面中的元素更加和谐统一，增强画面的整体感。

（二）径向渐变：从中心向四周扩散的色彩盛宴

径向渐变则是以某一点为中心，向四周呈辐射状逐渐变化色彩的方式。这种渐变类型在数字绘画中常用于表现光源、球体、气泡等具有中心发散特性的场景或物体。通过调整渐变的中心点位置、渐变半径以及色彩分布，艺术家能够创造出丰富多变的视觉效果，使画面中的光源更加真实自然，物体更具立体感。此外，径向渐变还常被用于营造梦幻、浪漫的氛围，为作品增添一抹神秘与梦幻的色彩。

（三）角度渐变：环绕中心的色彩旋转

角度渐变是一种较为特殊的渐变类型，它沿着一个固定的圆心角进行色彩变化，形成类似扇形或螺旋状的色彩分布。在数字绘画中，角度渐变常用于表现旋转、漩涡或特殊的光影效果。通过调整渐变的起始角度、结束角度及色彩分布密度，艺术家能够创造出独特的视觉效果，使画面中的元素呈现出动态感与节奏感。角度渐变的应用不仅丰富了画面的色彩层次，还增强了画面的视觉冲击力，使观者在欣赏作品时能够感受到强烈的视觉震撼。

（四）混合渐变：多元色彩的交织与碰撞

除了上述三种基本的渐变类型外，数字绘画还允许艺术家将多种渐变方式混合使用，创造出更加复杂多变的色彩效果。混合渐变可以是线性与径向的结合，也可以是径向与角度的叠加，甚至是多种渐变类型的交织与碰撞。通过混合渐变，艺术家能够打破单一的色彩过渡模式，使画面中的色彩变化更加丰富多彩，增强作品的艺术表现力与感染力。混合渐变的应用需要艺术家具备较高的色彩感知能力与创作技巧，通过不断的实践与探索，才能创作出令人瞩目的作品。

色彩渐变作为数字绘画中一种重要的艺术手法，其类型多样、应用广泛。通过灵活运用不同类型的色彩渐变，艺术家能够创造出层次分明、情感丰富的画面效果，为作品增添无限魅力。在未来的数字绘画创作中，色彩渐变将继续发挥其独特的艺术价值，引领艺术家们探索更加广阔的视觉艺术世界。

二、色彩渐变在画面中的作用

（一）色彩渐变与画面层次感的提升

在数字绘画中，色彩渐变作为一种细腻且富有表现力的手法，对于增强画面的层次感具有显著作用。通过色彩的逐渐过渡与变化，艺术家能够营造出一种视觉上的深度感，使画面不再局限于二维平面的限制，而是展现出丰富的空间层次与立体效果。

色彩渐变在层次感提升上的具体表现，首先体现在色彩明度的变化上。当艺术家在画面中运用从亮到暗或从暗到亮的色彩渐变时，观者的视线会自然地随着色彩的变化而移动，从而感知到画面中的主次关系与深度信息。这种明度渐变不仅增强了画面的立体感，还使得画面元素之间的关系更加明确，引导观者的视觉焦点。

此外，色彩饱和度的渐变也是提升画面层次感的重要手段。通过调整色彩饱和度的高低变化，艺术家可以创造出一种色彩由鲜艳到柔和或由柔和到鲜艳的过渡效果。这种渐变不仅丰富了画面的色彩层次，还使得画面更加生动、富有变化。当色彩饱和度逐渐降低时，画面会呈现出一种淡雅、宁静的氛围；而当色彩饱和度逐渐升高时，画面则会显得更加鲜艳、充满活力。

（二）色彩渐变与空间感的营造

色彩渐变在数字绘画中还是营造空间感的重要工具。通过巧妙地运用色彩渐变，艺术家能够模拟出自然界中的光影变化与空间深度，使画面呈现出更加真实、立体的空间效果。

在空间感的营造上，色彩渐变主要体现在色彩冷暖的对比与过渡上。冷色调通常给人以远离、深邃的感觉，而暖色调则给人以亲近、温暖的感觉。艺术家可以通过在画面中设置冷暖色彩的渐变过渡，来模拟出光线的照射方向与空间距离的远近。例如，在描绘一个阳光照射下的场景时，艺术家可以在受光区域使用暖色调，并逐渐向背光区域过渡为冷色调，从而营造出一种光线的照射感与空间的深度感。同时，色彩渐变还可以与画面的构图形式相结合，进一步强化空间感的表达。例如，在采用透视构图法的画面中，艺术家可以利用色彩渐变来加强画面的透视效果。通过调整色彩渐变的方向与强度，艺术家可以引导观者的视线沿着特定的路径移动，从而感受到画面中的空间深度与广阔感。

（三）色彩渐变与动态感的强化

除了提升层次感和营造空间感外，色彩渐变还能够强化画面的动态感。在数字绘画中，动态感是表现画面活力与生命力的关键因素之一。通过运用色彩渐变，艺术家可以创造出一种色彩流动与变化的视觉效果，使画面呈现出更加生动、活泼的动态感。

色彩渐变在动态感强化上的具体表现，主要体现在色彩方向与节奏的变化上。艺术家可以通过调整色彩渐变的方向与角度，来模拟出物体运动的方向与轨迹。例如，在描绘一个快速移动的物体时，艺术家可以在物体周围设置一系列快速变化的色彩渐变，以表现出物体运动的速度与力量感。同时，色彩渐变的节奏变化也能够增强画面的动态效果。当色彩渐变节奏较快时，画面会呈现出一种急促、紧张的氛围；而当色彩渐变节奏较慢时，画面则会显得更加平稳、柔和。

色彩渐变在数字绘画中具有重要作用。它不仅能够提升画面的层次感与空间感，还能够强化画面的动态感与表现力。艺术家应当熟练掌握色彩渐变的运用技巧，以创作出更加生动、立体且富有感染力的艺术作品。

三、色彩过渡的自然与和谐

在数字绘画的艺术殿堂中，色彩过渡的自然与和谐是成就一幅佳作不可或缺的要素。它不仅关乎画面视觉上的舒适度，更是情感传达与意境营造的桥梁。一个成功的色彩过渡，能够使画面中的色彩流畅地相互融合，形成统一且富有层次感的视觉效果，引领观者沉浸于作品所营造的世界之中。

（一）色彩过渡的自然性：无缝衔接的视觉体验

自然的色彩过渡，是指色彩之间没有明显的界线或突兀的跳跃，而是以一种平滑、渐变的方式相互融合。这种过渡方式能够赋予画面以生命力和动感，使色彩之间的转换如同自然界中的光影变化一般自然流畅。在数字绘画中，实现自然的色彩过渡需要艺术家具备敏锐的色彩感知能力和精湛的技术手法。通过合理调整色彩间的明度、纯度及色相差异，艺术家可以创造出细腻而微妙的色彩过渡效果，使画面中的色彩变化如同呼吸般自然而和谐。

（二）色彩过渡的和谐性：统一与对比的微妙平衡

和谐的色彩过渡，不仅要求色彩之间的自然衔接，还需要在统一与对比之间找到微妙的平衡。一方面，画面中的色彩应当相互协调、相互呼应，形成一个和谐统一的整体；另一方面，适当的色彩对比也是必不可少的，它能够增强画面的视觉冲击力，使画面更加生动有趣。艺术家在处理色彩过渡时，需要灵活运用色彩理论知识，掌握色彩之间的搭配规律，通过调整色彩的比例、分布及排列方式，实现色彩之间的和谐共生。

（三）平滑色彩过渡的技巧与实践

要实现平滑的色彩过渡，艺术家可以采用多种技巧与方法。首先，利用绘图软件的渐变工具是最直接有效的方式之一。通过设定起始颜色、结束颜色及渐变方式，艺术家可以轻松实现色彩之间的平滑过渡。此外，利用色彩混合原理，通过叠加不同色彩层并调整其透明度，也能够达到类似的效果。其次，艺术家还需注意色彩过渡的节奏感与韵律感。通过控制色彩变化的快慢、强弱及方向，使色彩过渡呈现出一种有节奏、有韵律的美感。最后，实践是提升色彩过渡能力的关键。艺术家应不断尝试新的色彩搭配与过渡方式，通过反复练习与探索，逐渐掌握色彩过渡的精髓与技巧。

（四）色彩过渡对画面整体效果的影响

色彩过渡的自然与和谐对于画面整体效果具有深远的影响。一个成功的色彩过渡能够增强画面的层次感与立体感，使画面更加生动逼真。同时，它还能够提升画面的情感表达力，使观者在欣赏作品时能够感受到艺术家所传达的情感与意境。此外，色彩过渡的协调性还能够增强画面的整体性与连贯性，使画面中的各个元素相互融合、彼此映衬，形成一个和谐统一的整体。因此，在数字绘画的创作过程中，艺术家应高度重视色彩过渡的自然与协调问题，通过精心的设计与实践，使画面呈现出最佳的视觉效果与情感表达力。

四、色彩渐变与材质表现

（一）色彩渐变与金属质感的塑造

在数字绘画中，色彩渐变是模拟金属质感不可或缺的技法之一。金属以其独特的光泽、反射和色彩变化而闻名，这些特征在画面中往往通过色彩渐变来得以生动展现。金属的光泽感来源于其表面的反光特性，这要求艺术家在绘制时须细致考虑光源的方向和强度，以及金属表面对光线的吸收、反射和散射效果。色彩渐变在这里扮演了关键角色，通过模拟光线在金属表面滑动时产生的色彩过渡，可以创造出逼真的金属光泽。例如，在表现银色金属时，艺术家可以从高光区域开始，使用明亮的银白色，并逐渐向阴影区域过渡为深灰色或蓝色调，以模拟光线在金属表面的流动与反射。

金属表面往往还带有细腻的纹理和质感，这些也可以通过色彩渐变来增强表现。通过调整色彩渐变的细腻程度与方向，艺术家可以模拟出金属表面的磨砂、抛光或拉丝等不同质感，使画面中的金属元素更加真实可信。

（二）色彩渐变与玻璃透明度的表现

玻璃作为一种透明或半透明的材质，其独特之处在于能够透过光线并产生折射、反射和色彩变化。在数字绘画中，色彩渐变是表现玻璃透明度的有效手段。通过色彩渐变，艺术家可以模拟出光线穿过玻璃时产生的色彩层次与变化。一般来说，玻璃的高光部分会呈现出较为纯净的明亮色彩，而随着光线透过玻璃并逐渐减弱，色彩会逐渐变得柔和、暗淡。艺术家可以利用色彩渐变来表现这种色彩过渡，从而营塑出玻璃的透明质感。

玻璃表面的反射特性也是表现其质感的重要因素。艺术家可以在玻璃表面运用一系列色彩渐变来模拟反射光线的变化，这些渐变可以随着光源位置、角度以及玻璃形状的不同而灵活调整，使画面中的玻璃元素更加生动逼真。

（三）色彩渐变与布料柔软度的呈现

布料作为一种柔软且多变的材质，在数字绘画中往往需要通过色彩渐变来展现其独特的质感和纹理。色彩渐变能够帮助艺术家模拟出布料在不同光线和角度下的色彩变化与光影效果，从而增强画面的真实感与立体感。在表现布料的柔软度时，艺术家可以运用色彩渐变来模拟布料的褶皱、折叠和堆叠效果。通过调整色彩渐变的方向、形状和强度，艺术家可以表现出布料在不同形态下的光影变化与色彩过渡。例如，在描绘一块褶皱的布料时，艺术家可以在褶皱的凸起部分使用明亮的色彩，并逐渐向凹陷部分过渡为暗淡的色彩，以模拟光线在布料表面的起伏变化。

布料还常常带有各种图案和纹理，这些也可以通过色彩渐变来增强表现。艺术家可以利用色彩渐变来模拟布料图案的色彩过渡与层次感，使画面中的布料元素更加细腻、丰富和逼真。

色彩渐变在模拟不同材质时具有广泛的应用价值。通过巧妙运用色彩渐变技法，艺术家可以更加生动地展现出金属的光泽感、玻璃的透明度以及布料的柔软度等材质特性，从而增强画面的真实感与表现力。

五、色彩渐变在情感表达中的创新运用

在数字绘画的广阔舞台上，色彩渐变不仅是视觉艺术的装饰性元素，更是情感表达的深刻载体。艺术家们通过创新性地运用色彩渐变，能够打破传统色彩运用的界限，创造出既独特又富有感染力的视觉效果与情感氛围。

（一）情感色彩的细腻渐变：捕捉微妙情感波动

在情感表达中，色彩渐变能够细腻地捕捉并呈现人物内心的微妙情感波动。艺术家可以通过精心设计的色彩渐变方案，将人物内心的喜悦、忧伤、平静或激动等复杂情感以色彩的形式展现出来。例如，在表现人物内心由平静逐渐转向激动的过程中，艺术家可以采用从冷色调向暖色调过渡的色彩渐变，通过色彩的逐渐升温来映射人物情感的升温。这种细腻的色彩渐变不仅丰富了画面的色彩层次，更使观者能够深刻感受到人物内心的情感变化。

（二）情感氛围的营造与强化：色彩渐变的力量

色彩渐变在营造与强化情感氛围方面同样具有不可小觑的力量。艺术家可以通过运用大面积的色彩渐变作为背景或环境元素，为画面营造出特定的情感氛围。例如，在表现孤独与寂寞的主题时，艺术家可以采用冷色调的蓝色或紫色渐变作为背景，通过色彩的逐渐加深来强化孤独与寂寞的氛围；而在表现希望与光明的主题时，则可以采用暖色调的黄色或橙色渐变，以明亮的色彩渐变引领观者走向心灵的阳光地带。色彩渐变的这种力量使得画面不仅仅是视觉的呈现，更是情感的传递与共鸣。

（三）色彩渐变与光影效果的融合：创造梦幻般的视觉体验

在数字绘画中，将色彩渐变与光影效果相融合，能够创造出梦幻般的视觉效果。艺术家可以通过模拟自然界中的光影变化，运用色彩渐变来表现光线的流动与变化。例如，在表现日出或日落时分的景色时，艺术家可以采用从深蓝到金黄再到橙红的色彩渐变来模拟天空色彩的变化过程；而在表现室内光影交错的场景时，则可以通过色彩渐变来表现光线在物体表面的反射与折射效果。这种色彩渐变与光影效果的融合不仅增强了画面的立体感和空间感，更使观者仿佛置身于一个充满魔力的梦幻世界之中。

（四）色彩渐变与情感符号的结合：深化情感表达

色彩渐变还可以与特定的情感符号相结合，以深化情感表达的效果。艺术家可以通过将色彩渐变与人物表情、动作或场景元素等情感符号相融合，使色彩渐变成为情感表达的有力工具。例如，在表现人物悲伤情绪时，艺术家可以将冷色调的色彩渐变与人物低垂的眼帘、紧锁的眉头等表情符号相结合；而在表现人物欢乐情绪时，则可以将暖色调的色彩渐变与人物张开的双臂、灿烂的笑容等动作符号相融合。这种色彩渐变与情感符号的结合使得情感表达更加直观、生动且富有感染力。

（五）色彩渐变与创意构思的碰撞：开启无限可能

色彩渐变与创意构思的碰撞更是为数字绘画艺术开启了无限可能。艺术家们可以大胆尝试将色彩渐变与各种创意构思相结合，创造出前所未有的视觉效果与情感氛围。无论是将色彩渐变融入抽象艺术之中以探索色彩与形式的新边界；或是将色彩渐变应用于具象绘画中以增强画面的表现力和感染力；抑或是将色彩渐变与数字技术的结合以创造出超越现实的视觉奇观……这些创新性的尝试都将为数字绘画艺术注入新的活力与灵感，推动其不断向前发展。

第四节 色彩氛围的营造

一、色彩氛围的定义与特点

（一）色彩氛围的概念解析

在数字绘画的广阔天地中，色彩氛围作为画面情感与意境的载体，扮演着至关重要的角色。它不仅仅是对自然界色彩的再现，更是艺术家情感与思想的深刻表达。色彩氛围，简而言之，是指通过色彩的选择、搭配、分布以及渐变等手法，在画面中营造出的特定情感氛围与视觉体验。这种氛围能够引导观者的情绪，激发其联想与共鸣，从而实现对画面深层次的理解与感受。

（二）色彩氛围的构成要素

色彩氛围的营造离不开几个核心要素：色彩选择、色彩搭配、色彩分布与色彩渐变。色彩选择是构建氛围的基础，不同的色彩具有不同的情感象征与心理暗示作用，如红色代表热情与活力，蓝色则象征宁静与深远。艺术家需根据画面主题与情感倾向，精心挑选合适的色彩组合。色彩搭配则关注色彩之间的和谐与对比关系，通过巧妙的色彩搭配可以强化或弱化某种情感氛围，使画面更加生动有力。色彩分布则涉及色彩在画面中的布局与安排，合理的色彩分布能够增强画面的视觉层次与空间感，使氛围更加饱满立体。而色彩渐变则如同色彩的流动与呼吸，为画面增添动态感与生命力，使氛围更加细腻丰富。

（三）色彩氛围的独特作用

色彩氛围在营造画面氛围方面具有独特而不可替代的作用。它能够直接触达观者的情感层面，通过色彩的情感象征与心理暗示作用，激发观者的情绪共鸣与情感体验。例如，一幅以暖色调为主的画面往往能营造出温馨、和谐的氛围，使观者感受到家的温暖与幸福；而一幅以冷色调为主的画面则可能传达出孤独、冷清的情感氛围，引发观者对生命与存在的深刻思考。色彩氛围还能够强化画面的主题与意境表达。艺术家通过精心设计的色彩氛围，可以引导观者的视线与思维，使其更加专注于画面的主题与核心思想。色彩氛围如同一座桥梁，连接着艺术家的创作意图与观者的感知体验，使二者在情感的交流与碰撞中达到共鸣与融合。色彩氛围还能够提升画面的视觉美感与艺术价值。优秀的色彩氛围设计能够赋予画面以独特的艺术魅力与视觉冲击力，使观者在欣赏过程中获得美的享受与心灵的净化。色彩氛围作为数字绘画中的重要表现手法之一，其独特的艺术效果与审美价值不可忽视。

（四）色彩氛围的营造技巧

在营造色彩氛围时，艺术家需掌握一定的技巧与方法。首先，要深入了解色彩的基本属性与情感象征意义，以便在创作中灵活运用。其次，要注重色彩之间的搭配与呼应关系，通过巧妙的色彩搭配来强化或弱化某种情感氛围。同时，还须关注色彩在画面中的分布与渐变效果，以营造出更加生动、立体的视觉体验。此外，艺术家还需不断实践与探索，通过不断地尝试与调整来完善自己的色彩氛围营造技巧与风格特色。

色彩氛围作为数字绘画中的重要表现手法之一，其在营造画面氛围方面具有独特而不可替代的作用。艺术家需深入理解色彩氛围的概念与特点，掌握其营造技巧与方法，以创作出更加生动且富有感染力的艺术作品。

二、色彩氛围与情感共鸣

在数字绘画的深邃世界中，色彩氛围作为作品情感表达的重要媒介，与观者的内心世界建立起微妙的联系，激发情感共鸣，从而极大地增强了作品的感染力和表现力。这一过程不仅是视觉艺术的展现，更是心灵与情感交流的深刻体现。

（一）色彩的情感语言：无声的情感传递

色彩，作为视觉艺术的基本元素，拥有超越言语的情感表达能力。在数字绘画中，艺术家通过精心调配色彩，创造出独特的色彩氛围，以此作为与观者沟通的情感语言。不同的色彩组合与搭配能够引发观者不同的情感体验，如暖色调往往让人感受到温馨与安慰，冷色调则可能引发孤寂与沉思。这种无声的情感传递，使色彩氛围成为连接艺术家与观者情感的重要桥梁。

（二）色彩氛围的营造：情感共鸣的基石

色彩氛围的营造是数字绘画中至关重要的环节。艺术家通过运用色彩的明暗、纯度、对比等手法，创造出或明亮欢快、或低沉忧郁的色彩环境，为作品奠定情感基调。这种色彩氛围不仅影响着观者的视觉感受，更深刻地触动着他们的情感世界。当观者被作品中的色彩氛围所吸引，他们的情感便随着色彩的变化而波动，进而与作品产生强烈的共鸣。

（三）色彩与情感的共鸣机制：心理与生理的双重作用

色彩与情感的共鸣并非偶然，而是基于人类心理与生理的双重作用。从心理学角度来看，色彩能够引发人们的联想与想象，从而激发特定的情感反应。例如，红色常被视为热情、活力的象征，能够激发人们的兴奋与激情；而蓝色则常让人联想到广阔的天空与深邃的海洋，从而引发人们对宁静与深远的向往。同时，色彩还能通过生理反应影响人们的情绪状态，如明亮的色彩能够提升人们的兴奋度与活力，而黯淡的色彩则可能使人感到疲惫与沮丧。这种心理与生理的双重作用机制，使得色彩氛围能够深刻地触动观者的情感世界，引发强烈的共鸣。

（四）色彩氛围的个性化表达：艺术家情感的独特印记

在数字绘画中，每位艺术家都有其独特的色彩运用方式与审美偏好，这使得色彩氛围成为艺术家情感的个性化表达。艺术家通过色彩氛围的营造，将自己的情感、思想、观念等融入作品中，使作品成为其情感与精神的载体。观者在欣赏作品时，不仅能够感受到色彩氛围所带来的视觉享受，更能从中领略到艺术家独特的艺术风格与情感世界。这种个性化的表达方式不仅丰富了数字绘画的艺术内涵，更使作品具有了独特的生命力与感染力。

（五）色彩氛围的跨文化交流：情感共鸣的普遍性

色彩氛围的魅力不仅在于其能够触动特定文化背景下的观者情感，更在于其跨越文化界限的普遍性。尽管不同文化对色彩的理解与运用存在差异，但色彩所蕴含的基本情感表达却是相通的。因此，在数字绘画中，艺术家通过色彩氛围的营造所表达的情感与思想往往能够跨越文化的鸿沟，引发全球范围内观者的共鸣。这种跨文化的情感共鸣不仅体现了色彩艺术的普遍价值，更促进了不同文化之间的交流与理解。

三、色彩氛围的营造手法

（一）色彩统一与和谐构建

在数字绘画中，色彩统一是营造特定氛围的基础手法。它要求画家在画面上运用相似或相近的色调，通过色彩的和谐搭配，使整幅画面呈现出统一而协调的视觉效果。这种手法不仅增强了作品的整体感，还能引导观者的情感流向，营造出宁静、温馨或是神秘的氛围。例如，在描绘晨曦初照的森林时，可采用大量的蓝紫色与黄绿色相融合，通过色彩的渐变与过渡，展现出一种清新而宁静的自然氛围。

（二）色彩分割与对比强化

与色彩统一相反，色彩分割则是通过运用对比鲜明的色彩来划分画面空间，强调视觉重点。在数字绘画中，画家可以巧妙地利用冷暖色、互补色等对比关系，将画面分割成不同的区域，每个区域以其独特的色彩语言传达特定的情感或信息。这种手法不仅增强了画面的视觉冲击力，还能引导观者的视线流动，使画面更加生动有趣。例如，在创作一幅城市夜景时，可以通过冷暖色调的强烈对比，将灯火辉煌的建筑与深邃的夜空分隔开来，营造出繁华与孤寂并存的复杂情感。

（三）色彩强调与焦点突出

色彩强调是数字绘画中用于吸引观者注意力、突出画面焦点的有效手段。画家可以通过提高某一色彩的饱和度、亮度或对比度，使其在众多色彩中脱颖而出，成为画面的视觉中心。这种手法不仅能够强化主题，还能加深观者对作品主题的理解和感受。例如，在绘制一幅人物肖像时，可以运用明亮的色彩强调人物的眼神或服饰上的某个细节，使观者的视线自然而然地聚焦于这些关键部位，从而更加深入地感受作品所传达的情感和意境。

（四）色彩渐变与氛围营造

色彩渐变是数字绘画中营造氛围的又一重要手法。通过色彩的逐渐变化，画家可以创造出一种流动感和层次感，使画面更加生动且富有深度。这种渐变可以是色相、明度或纯度的变化，也可以是多种色彩的综合运用。在营造特定氛围时，色彩渐变能够引导观者的情绪变化，使其沉浸在画家所创造的情境之中。例如，在绘制一幅夕阳下的海景时，可以运用从橙红色到紫色的渐变色彩，模拟夕阳余晖映照在海面上的景象，营造出一种温暖而浪漫的氛围。

（五）色彩情感与心理暗示

色彩在数字绘画中不仅仅是视觉元素，更是情感和心理的载体。不同的色彩能够激发人们不同的情感反应和心理感受。因此，画家在创作过程中需要深入理解色彩的情感属性和心理暗示作用，运用色彩来传达自己的创作意图和情感体验。通过巧妙地运用这些色彩，画家可以在数字绘画中营造出丰富多彩的情感氛围，与观者产生深刻的情感共鸣。

色彩氛围的营造是数字绘画中不可或缺的重要环节。通过色彩统一、分割、强调、渐变以及色彩的情感与心理暗示等多种手法的综合运用，画家可以创造出各具特色、引人入胜的数字绘画作品，为观者带来丰富的视觉享受和深刻的情感体验。

四、色彩氛围与场景设定

在数字绘画的广阔领域中，色彩氛围的巧妙运用是场景设定不可或缺的关键要素。通过精心调配色彩，艺术家能够创造出丰富多彩、各具特色的场景环境，引领观者穿梭于自然风光、都市夜景、科幻世界等多元视觉世界之中。

（一）自然风光：大自然的色彩诗篇

在描绘自然风光时，色彩氛围的营造往往以自然界的色彩变化为蓝本，追求真实与和谐的美感。艺术家通过细腻的色彩过渡与层次分明的色彩布局，展现出山川湖海的壮丽、四季更迭的韵味以及林间草木的生机。例如，在表现春日花海时，艺术家会运用柔和的粉色、黄色等暖色调，营造出温馨浪漫的氛围；而在描绘秋日山林时，则可能采用丰富的橙黄、红紫等色彩，展现出成熟与收获的景象。通过色彩的巧妙运用，自然风光在数字绘画中得以生动再现，让观者仿佛置身于大自然之中，感受其无尽的魅力。

（二）都市夜景：光影交错的梦幻之城

都市夜景是数字绘画中极具挑战性的场景之一，其色彩氛围的营造需要艺术家具备高超的色彩掌控能力与想象力。在表现都市夜景时，艺术家往往运用冷暖对比强烈的色彩组合，以及丰富的光影效果，展现出独特的视觉感染力。冷色调的蓝色、紫色等能够凸显都市夜晚的宁静与深邃；而暖色调的黄色、橙色等则能够照亮城市的繁华与活力。通过色彩与光影的交织，艺术家将都市夜景的复杂与多变展现得淋漓尽致，让观者感受到都市生活的快节奏与无限可能。

（三）科幻世界：未来色彩的无限遐想

科幻世界是数字绘画中充满想象力与创造力的领域，其色彩氛围的营造往往突破传统色彩运用的界限，追求新奇与独特的视觉效果。在描绘科幻场景时，艺术家常常会运用大胆的色彩搭配与创新的色彩技法，创造出超越现实的色彩世界。例如，运用高饱和度的荧光色、金属色等未来感强烈的色彩来表现高科技设备或外星生物；或者运用渐变、透明等现代色彩处理技术来营造出科幻世界的神秘与梦幻。通过色彩氛围的巧妙营造，科幻世界在数字绘画中得以生动呈现，让观者沉浸于对未来世界的无限遐想之中。

（四）色彩氛围与场景情感的融合

无论是自然风光、都市夜景还是科幻世界，色彩氛围的营造都不仅仅是色彩本身的运用与搭配，更是与场景情感紧密相连的艺术实践。艺术家通过色彩氛围的营造来传达场景的情感氛围与主题思想，使观者在欣赏作品时能够感受到强烈的情感共鸣。例如，在表现宁静祥和的自然风光时，艺术家会运用柔和、温暖的色彩来营造轻松愉悦的氛围；而在描绘紧张刺激的科幻冒险时，则可能运用冷峻、对比强烈的色彩来营造紧张的氛围与悬念感。色彩氛围与场景情感的融合不仅丰富了数字绘画的艺术表现力，更使作品具有了更加深刻的内涵与意义。

五、色彩氛围的个性化表达

（一）色彩选择与个性彰显

在数字绘画的广阔天地里，色彩不仅是视觉的呈现，更是艺术家个性与情感的直接表达。每位艺术家在选择色彩时，都会不自觉地受到自身经历、文化背景及审美偏好的影响，从而赋予作品独特的色彩语言。这种色彩选择不仅反映了艺术家的内心世界，也成为其个性化风格的重要组成部分。例如，有的艺术家偏爱使用高饱和度的色彩，追求画面中的强烈对比与视觉冲击，以此展现其热情奔放、不拘一格的个性；而有的艺术家则更倾向于低饱和度或中性色调，通过细腻的色彩过渡与层次变化，营造出一种静谧、深邃的氛围，体现其内敛沉稳的艺术气质。

（二）色彩组合与情感传递

色彩组合是艺术家在数字绘画中展现个性与情感的关键环节。通过不同色彩之间的搭配与融合，艺术家能够创造出独特而富有魅力的色彩氛围，从而传递出特定的情感与意境。在这个过程中，艺术家不仅需要考虑色彩本身的属性，如色相、明度、纯度等，还需要把握色彩之间的对比与和谐关系，使色彩组合既符合视觉审美的规律，又能准确传达个人的情感与思想。例如，艺术家可以通过冷暖色调的巧妙搭配，创造出一种既对立又统一的色彩效果，以此表达内心世界的复杂与多变；或是运用色彩的渐变与过渡，营造出一种流动感与层次感，使画面充满生命力与动感。

（三）色彩创新与个性化探索

随着数字绘画技术的不断发展，艺术家在色彩运用上也拥有了更多的可能性与自由度。他们不再局限于传统绘画的色彩规则与限制，而是敢于突破常规，进行大胆的色彩创新与个性化探索。这种探索不仅体现在色彩的选择与组合上，还涉及色彩的表现手法与技术应用。例如，艺术家可以利用数字绘画软件的强大功能，实现色彩的即时调整与变换，创造出前所未有的色彩效果；或是通过色彩与其他元素的结合，如光影、纹理、形状等，创造出独具特色的艺术风格与视觉效果。这种色彩创新与个性化探索不仅丰富了数字绘画的艺术语言，也为艺术家提供了更广阔的创作空间与表现手段。

（四）色彩氛围与情感共鸣

色彩氛围的个性化表达旨在与观者建立深刻的情感共鸣。当艺术家通过色彩的选择、组合与创新，成功营造出一种独特的色彩氛围时，这种氛围便能够跨越时空的限制，触动观者的心灵深处。观者在欣赏作品的过程中，不仅能够感受到色彩所带来的视觉享受与审美愉悦，更能够从中领悟到艺术家所传达的情感与思想。这种情感共鸣不仅加深了观者对作品的理解与认识，也促进了艺术家与观者之间的情感交流与思想碰撞。因此，色彩氛围的个性化表达不仅是艺术家个人风格的展现，更是艺术作品生命力与感染力的源泉所在。

色彩氛围的个性化表达是数字绘画艺术中不可或缺的重要组成部分。通过色彩的选择、组合与创新，艺术家能够展现出独特的艺术视角与审美追求，与观者建立深刻的情感共鸣。在这个过程中，色彩不仅是视觉的呈现，更是情感与思想的载体，它引领着观者走进艺术家的内心世界，共同感受艺术的魅力与力量。

第五节 色彩主题创作实践

一、色彩主题的确定与构思

在数字绘画的创作过程中，色彩主题的确定是整个作品构思的基石，它不仅决定了画面的视觉基调，更是艺术家情感表达与创意展现的核心。

（一）灵感搜集：多元渠道激发创意

确定色彩主题的第一步是广泛获取灵感。艺术家可以通过多种渠道获取灵感，如自然界的色彩变幻、历史文化的色彩遗产、现代艺术的色彩实验等。观察自然界的日出日落、四季更迭，可以捕捉到丰富的色彩变化与情感氛围；深入研究不同文化背景下的色彩象征意义，能够发现色彩背后的深厚文化内涵；而关注当代艺术尤其是数字艺术领域的色彩运用，则能激发对色彩创新表达的探索欲。通过多元渠道的灵感搜集，艺术家能够拓宽视野，为色彩主题的确定提供丰富的素材与灵感。

（二）情感共鸣：色彩与心灵的对话

色彩不仅仅是视觉的呈现，更是情感的载体。在确定色彩主题时，艺术家需要深入挖掘自己的情感世界，寻找与色彩之间的共鸣点。思考自己想要通过作品传达何种情感或观念，是喜悦、忧伤、宁静还是激情？这些情感倾向将直接影响色彩主题的选择。例如，艺术家若希望表达内心的宁静与平和，可能会倾向于选择柔和的蓝绿色调；若想要展现生命的活力与希望，则可能会采用鲜艳明亮的色彩组合。通过色彩与情感的紧密结合，艺术家能够创作出触动人心的艺术作品。

（三）色彩趋势：把握时代的色彩脉搏

随着时代的发展和审美观念的变化，色彩的运用也呈现出不同的趋势。在确定色彩主题时，艺术家还需要关注当前的色彩趋势，了解流行的色彩搭配与运用方式。这有助于作品与时代保持同步，吸引更多观者的共鸣。当然，艺术家在借鉴色彩趋势的同时，也要保持个人的独立性与创新性，避免盲目跟风而失去作品的独特性。通过巧妙融合色彩趋势与个人风格，艺术家能够创作出既符合时代审美又具有个人特色的艺术作品。

（四）创作构思：围绕色彩主题展开

在确定了色彩主题后，艺术家需要围绕这一主题进行创作构思。这包括思考如何运用色彩来表现主题、如何构建画面的色彩结构、如何营造特定的色彩氛围等。在构思过程中，艺术家可以运用色彩理论来指导实践，如色彩对比、和谐以及色彩的情感表达等。同时，也要考虑画面的整体布局与细节处理，确保色彩的运用既符合主题要求又具有艺术美感。通过精心构思与反复推敲，艺术家能够创作出围绕色彩主题展开、具有深刻内涵与独特魅力的艺术作品。

二、色彩素材的收集与整理

（一）色彩素材收集的必要性

在数字绘画的创作过程中，色彩素材的收集是至关重要的一步。它不仅是创作灵感的源泉，也是确保作品色彩丰富、和谐与独特性的基础。通过广泛收集色彩素材，艺术家能够接触到不同风格、不同题材、不同文化背景下的色彩运用方式，从而拓宽视野，激发创作灵感。同时，色彩素材的积累也为艺术家在创作过程中提供了丰富的选择空间，使他们能够根据自己的创作需求，灵活运用各种色彩元素，创作出具有独特魅力的数字绘画作品。

（二）多元化色彩素材的来源

色彩素材的来源极为广泛，艺术家可以通过多种途径进行收集。首先，自然界是色彩素材的宝库，无论是四季更迭中的自然景观，还是日常生活中常见的花卉、果蔬、动物等，都蕴含着丰富的色彩信息。艺术家可以通过观察、记录、拍摄等方式，将这些自然色彩转化为自己的创作素材。其次，艺术作品也是色彩素材的重要来源，包括传统绘画作品、摄影作品、设计作品等，这些作品在色彩运用上往往具有独特的风格和技巧，值得艺术家深入学习和借鉴。此外，随着网络技术的发展，网络也成为色彩素材收集的重要渠道，艺术家可以通过搜索引擎、图片库、社交媒体等平台，轻松获取海量的色彩素材资源。

（三）色彩素材的整理与分析

收集到色彩素材后，艺术家需要进行系统地整理与分析，以便更好地服务于创作。首先，艺术家可以对色彩素材进行分类整理，如按照色相、明度、纯度等色彩属性进行分类，或者按照题材、风格等艺术特征进行分类。这样有助于艺术家在创作过程中快速找到所需的色彩元素，提高创作效率。其次，艺术家需要对色彩素材进行深入分析，理解其色彩搭配的规律与技巧，掌握其色彩表现的情感与意境。通过对比分析不同色彩素材之间的差异与联系，艺术家可以逐渐形成自己的色彩审美观念和色彩运用技巧，为创作奠定坚实的基础。

（四）色彩素材的创造性运用

色彩素材的收集与整理只是创作过程的第一步，更重要的是如何将这些素材创造性地运用到自己的作品中。艺术家在运用色彩素材时，应避免简单地模仿与复制，而是要结合自己的创作意图与情感表达，对色彩素材进行再加工与再创造。通过调整色彩的明度、纯度、对比度等属性，改变色彩的排列组合方式，或者将不同色彩素材进行融合与碰撞，艺术家可以创造出全新的色彩效果与视觉体验。这种创造性运用不仅体现了艺术家的个性与风格，也赋予了作品独特的艺术魅力，产生生命力。

色彩素材的收集与整理是数字绘画创作不可或缺的重要环节。通过广泛收集、系统整理与深入分析色彩素材，艺术家能够不断积累色彩知识与经验，提升自己的色彩运用能力。同时，在创作过程中创造性地运用色彩素材，艺术家能够创作出具有独特魅力与生命力的数字绘画作品，为观者带来丰富的视觉享受，产生情感共鸣。

三、色彩主题在作品中的实现

在数字绘画领域，色彩主题的实现是艺术创作过程中的关键环节。它要求艺术家不仅要有敏锐的色彩感知力，还需掌握一系列色彩运用的技巧与手法，以确保色彩主题在作品中得以充分展现。

（一）色彩搭配：和谐与对比的艺术

色彩搭配是实现色彩主题的基础。艺术家需根据色彩主题的要求，精心选择并组合不同色彩，以创造出和谐统一或对比鲜明的视觉效果。在色彩搭配中，艺术家可运用色彩轮的原理，通过相邻色、对比色或互补色的组合来构建色彩关系。相邻色搭配能够营造出柔和、宁静的氛围；对比色搭配则能增强画面的视觉冲击力，使主题更加鲜明突出；而互补色搭配则能在对比中寻求平衡，展现出独特的色彩魅力。艺术家还需注意色彩的比例与分布，避免色彩过于杂乱无章，影响画面的整体美感。

（二）渐变处理：色彩流动的韵律

渐变是色彩主题实现中常用的手法之一。通过色彩的渐变处理，艺术家可以创造出色彩流动的韵律感，使画面更加生动、富有层次感。在数字绘画中，渐变处理可以通过软件工具轻松实现，如渐变填充、色彩混合等。艺术家可根据画面需要，设定渐变的起点、终点及色彩变化的方向与速度，形成自然流畅的色彩过渡。渐变处理不仅可用于背景、光影等元素的表现，还可用于主体物的色彩塑造，使物体呈现出立体感和质感。通过渐变的巧妙运用，艺术家能够赋予画面以生命的律动，增强作品的感染力。

（三）过渡衔接：色彩和谐的桥梁

在色彩主题的实现过程中，过渡衔接是连接不同色彩区域、保持画面整体和谐的关键。艺术家需运用过渡色彩或过渡手法来平滑地连接相邻色彩区域，避免色彩之间的生硬跳跃。过渡色彩的选择应基于色彩轮上的相邻色或中性色，以确保色彩之间的和谐过渡。同时，艺术家还可采用模糊处理、色彩融合等手法来增强过渡效果，使色彩之间的界限变得自然。过渡衔接不仅关乎色彩的运用技巧，更关乎艺术家对色彩关系的整体把握与审美判断。通过精细的过渡处理，艺术家能够使画面色彩更加协调统一，增强作品的整体感与美感。

（四）色彩层次：构建视觉深度

色彩层次是数字绘画中表现空间深度与立体感的重要手段。艺术家可通过色彩的明暗对比、纯度变化及色彩分布来构建画面的色彩层次。在明暗对比方面，艺术家可运用光影效果来塑造物体的立体感与空间感；在纯度变化方面，则可通过色彩饱和度的调整来增强画面的色彩丰富度与层次感；在色彩分布方面，则可通过色彩的聚散、疏密来引导观者的视线流动。通过色彩层次的精心构建，艺术家能够使画面呈现出更加丰富的视觉信息与情感内涵，使色彩主题在作品中得到更加深入的实现。

色彩主题在作品中的实现是一个复杂而精细的过程，它要求艺术家具备敏锐的色彩感知力、扎实的色彩理论知识以及丰富的创作实践经验。通过色彩搭配、渐变处理、过渡衔接及色彩层次的巧妙运用，艺术家能够成功地将色彩主题转化为视觉语言，创作出具有深刻内涵与独特魅力的数字绘画作品。

四、色彩主题的深化与拓展

（一）色彩主题的初步确立

在数字绘画的创作之初，色彩主题的确立是深化与拓展色彩表达的基石。艺术家需根据创作构思，明确作品所欲传达的情感、氛围或理念，并据此选定一组或几组核心色彩作为主题色彩。这些色彩不仅要与作品内容相契合，还须能够引起观者的共鸣，为后续的色彩运用奠定基调。通过精心挑选与搭配，艺术家能够初步构建出一个色彩鲜明、主题突出的画面框架。

（二）色彩层次的构建与深化

色彩主题的深化，往往依赖于色彩层次的构建。艺术家需运用色彩的明度、纯度、冷暖等属性变化，在画面中营造出丰富的色彩层次。这些层次不仅能够增强画面的空间感和立体感，还能引导观者的视线流动，使其更加深入地理解作品所传达的信息。通过逐渐加深或减淡色彩，艺术家可以营造出一种色彩上的渐变效果，使画面更加和谐统一。同时，利用色彩的对比与和谐关系，艺术家还能在画面中创造出视觉焦点，进一步突出色彩主题。

（三）色彩情感的细腻表达

色彩是情感的载体，不同的色彩能够激发人们不同的情感反应。在数字绘画中，艺术家需通过色彩的细腻表达，深化色彩主题所蕴含的情感内涵。这要求艺术家对色彩有着敏锐的感知力和深刻的理解力，能够准确把握色彩与情感之间的微妙联系。通过调整色彩的饱和度、亮度等属性，艺术家可以强化或弱化色彩所传达的情感强度，使作品更加贴近人心。此外，艺术家还可以运用色彩的象征意义，将特定的情感或寓意融入色彩之中，使作品更具思想性和艺术性。

（四）色彩语言的探索与创新

随着数字绘画技术的不断发展，色彩语言的探索与创新成为艺术家深化与拓展色彩主题的重要途径。艺术家不再局限于传统的色彩运用方式，而是敢于尝试新的色彩组合、色彩效果以及色彩表现手法。通过运用数字绘画软件的强大功能，艺术家可以轻松实现色彩的即时调整与变换，创造出前所未有的色彩效果。这种探索与创新不仅丰富了色彩语言的表现力，也为艺术家提供了更广阔的创作空间。在这一过程中，艺术家须保持开放的心态和敏锐的洞察力，不断挖掘色彩语言的潜力，为色彩主题的深化与拓展注入新的活力。

（五）色彩主题的跨领域融合

色彩主题的深化与拓展还体现在跨领域的融合上。艺术家可以将不同艺术门类、不同文化背景下的色彩元素进行融合与碰撞，创造出具有独特魅力的色彩主题。例如，将传统绘画的色彩技法与现代数字绘画技术相结合，或将东西方文化中的色彩观念进行交融与互鉴。这种跨领域的融合不仅能够拓宽色彩主题的表现范围，还能为作品增添更多的文化内涵和艺术价值。通过不断探索与实践，艺术家能够逐步构建起自己独特的色彩语言体系，为数字绘画艺术的发展贡献新的力量。

五、色彩主题创作的反思与总结

在数字绘画的色彩主题创作旅程结束后，进行深入的反思与总结是艺术家成长的必经之路。这一过程不仅是对当前作品的一次全面审视，更是对未来创作方向与方法的重要启示。

（一）创作过程的回顾：细节中的智慧

回顾整个创作过程，艺术家应细细品味每一个创作阶段的心路历程与技术实践。从最初的灵感闪现到色彩主题的确定，从色彩搭配与渐变处理的尝试到最终作品的呈现，每一步都蕴含着艺术家对色彩的理解与运用。在这一过程中，艺术家应关注自己在面对创作难题时的思考路径与解决方案，这些细微之处的智慧往往是提升创作能力的关键。

（二）成功经验的提炼：色彩的魔法

在反思中，艺术家应积极提炼本次创作的成功经验。这些经验可能包括色彩搭配的创新点、渐变处理的巧妙运用、过渡衔接的自然流畅以及色彩层次构建的丰富性等。艺术家应深入分析这些成功之处背后的原理与技巧，并思考如何在未来的创作中进一步发扬光大。同时，艺术家还应关注观众对作品的反馈与评价，从中汲取有益的建议与启示，以不断完善自己的创作风格与色彩语言。

（三）不足之处的剖析：成长的阶梯

面对作品中的不足之处，艺术家应保持开放与诚实的态度进行剖析。这些不足可能体现在色彩运用的生硬、色彩过渡的不自然、色彩层次感的缺失等方面。艺术家应深入挖掘这些不足背后的原因，是色彩理论知识掌握不够扎实？还是创作实践经验不足？或是创作心态过于急躁？通过剖析不足之处，艺术家能够明确自己需要提升的方向与重点，为未来的创作打下坚实的基础。

在反思与总结的基础上，艺术家应对未来创作进行积极的展望。色彩作为数字绘画中最为重要的表现元素之一，其运用与创新的空间是无限的。艺术家可以思考如何将传统色彩理论与现代数字技术相结合，创造出更加独特与富有表现力的色彩效果；也可以探索色彩与其他视觉元素的互动关系，如色彩与形状、线条、光影等的结合，以拓展色彩的表现力；还可以关注色彩在不同文化背景下的运用与解读，以丰富自己的色彩语言与创作视野。通过不断的探索与实践，艺术家将能够在色彩的世界里自由翱翔，创作出更多具有深刻内涵与独特魅力的数字绘画作品。

第五章 数字绘画的光影处理

第一节 光源类型与光影效果

一、自然光源特性

（一）太阳光源的独特魅力

在数字绘画的世界中，自然光源的模拟与再现是营造真实感与氛围感的关键环节。太阳，作为自然界中最主要的光源之一，其特性对光影效果有着深远的影响。太阳光源具有极强的方向性，这意味着光线从单一方向照射而来，形成清晰的光影对比和明暗交界线。在数字绘画中，通过调整光源的方向，艺术家可以精准地控制光线的投射角度，从而在画面中营造出不同的空间感和立体感。

太阳光源的色温变化也是其独特魅力的重要组成部分。随着日出日落，太阳光的色温会经历由冷到暖再回归冷的过程。清晨和傍晚时分，太阳光线斜射大地，色温偏暖，呈现出橙红或金黄的光辉，为画面增添了一抹温馨与浪漫。而在正午时分，太阳直射，色温偏冷，光线强烈而直接，使得画面中的明暗对比更加鲜明。在数字绘画中，艺术家可以通过调整色彩平衡来模拟这种色温变化，使画面更加贴近自然光线的真实效果。

（二）月光下的静谧与神秘

与太阳光相比，月光则呈现出截然不同的特性。月光主要来源于太阳光的反射，因此其亮度远低于太阳光，且光线较为柔和、均匀。在月光下，物体表面往往笼罩着一层淡淡的银辉，营造出一种静谧且神秘的氛围。月光的明度相对较弱，光线散布范围较广，这使得画面中的阴影部分不会过于生硬，而是呈现出一种柔和的渐变效果。

月光的色温也具有一定的特点。由于月光是冷光源的反射，其色温通常偏冷，呈现出蓝紫色调。这种冷色调不仅增强了画面的宁静感，还使得月光下的景物显得更加遥远和深邃。在数字绘画中，艺术家可以通过降低色彩饱和度、增加蓝色或紫色调的方式，来模拟月光的这种色温特点，从而营造出独特的画面氛围。

（三）光影效果的细腻表现

无论是太阳光还是月光，它们对光影效果的影响都是数字绘画中不可忽视的因素。光影效果是塑造画面立体感、空间感和氛围感的重要手段。在数字绘画中，艺术家需要仔细观察自然光源下物体的光影变化，包括光线的投射方向、明暗交界线的形状、阴影的深浅与层次等。通过精准地描绘这些光影细节，艺术家可以使画面更加生动逼真，让观者仿佛置身于真实的场景之中。

艺术家还可以利用数字绘画软件的强大功能，对光影效果进行进一步的细化和调整。例如，通过调整光线的强度、角度和颜色，艺术家可以创造出更加丰富的光影层次和色彩变化；通过添加高光和反光效果，艺术家可以增强物体的质感和光泽度；通过调整阴影的模糊程度和扩散范围，艺术家可以营造出更加自然、柔和的光影过渡效果。这些技术手段的运用，使得数字绘画在光影效果的表现上达到了前所未有的高度。

二、人造光源类型

在数字绘画的广阔天地里，人造光源作为塑造画面氛围、增强视觉层次的关键元素，其类型与特性对光影形态及质感的呈现有着深远的影响。

（一）灯光的多样性与光影塑造

灯光作为最常见的人造光源之一，其种类繁多，包括聚光灯、散光灯、柔光灯等，每种灯光都以其独特的光照特性影响着画面的光影表现。在数字绘画中，艺术家通过模拟不同灯光的照射效果，可以创造出丰富的光影层次和氛围。例如，聚光灯能产生强烈的光束和明显的阴影边缘，适合用于强调画面中的主体物或营造戏剧性的光影对比；而散光灯则光线分布均匀，阴影柔和，能够营造出温馨、柔和的画面氛围。艺术家通过调整灯光的颜色、亮度、角度等参数，可以精细地控制光影的分布与变化，使画面更加生动逼真。

（二）烛火的温暖与情感传递

烛火作为一种古老而浪漫的人造光源，其光影效果在数字绘画中同样具有独特的魅力。烛火的光源较小且不稳定，产生的光线柔和而温暖，带有一种朦胧而梦幻的美感。在数字绘画中，通过模拟烛火的摇曳与闪烁，可以营造出一种温馨、怀旧或神秘的画面氛围。烛光的阴影边缘往往较为模糊，与周围环境的融合度较高，这种光影的柔和过渡不仅增强了画面的层次感，还赋予了画面以情感的温度。艺术家在运用烛火光源时，应注重光影的细腻表现与情感氛围的营造，使观众能够感受到画面背后的故事与情感。

（三）屏幕光的现代感与色彩对比

随着科技的发展，屏幕光已成为现代生活中不可或缺的人造光源之一。在数字绘画中，屏幕光以其独特的色彩与亮度特性，为画面带来了强烈的现代感与视觉冲击力。屏幕光通常呈现出冷色调或高饱和度的色彩，与周围环境形成鲜明的对比，这种对比不仅增强了画面的色彩丰富度，还突出了屏幕光本身的存在感。艺术家在运用屏幕光时，可以巧妙地利用这种色彩对比来引导观众的视线流动，强调画面中的重点元素。同时，屏幕光的光影形态也往往较为独特，如光斑、光晕等，这些光影效果为画面增添了更多的趣味性与动感。

灯光、烛火、屏幕光等人造光源在数字绘画中各自扮演着不同的角色，通过它们的光影形态与质感差异，艺术家能够创造出丰富多彩、富有表现力的画面效果。在创作过程中，艺术家应深入了解不同光源的特性与光影表现规律，灵活运用这些光源元素来塑造画面氛围、增强视觉层次，使作品更加生动感人。

三、光源位置与角度

（一）光源位置对光影分布的影响

在数字绘画中，光源位置是决定物体光影分布的关键因素之一。不同的光源位置会产生截然不同的光影效果，进而影响画面的整体氛围和立体感。

1. 顶光

当光源位于物体顶部时，光线垂直向下照射，物体的顶部会被强烈照亮，而底部则处于阴影之中。在这种光源位置下，物体的轮廓边缘会显得尤为清晰，但也可能导致物体表面缺乏层次感和细节表现。在数字绘画中，艺术家需要巧妙地处理顶光下的明暗对比，通过增加过渡色和反光效果来丰富画面的细节，避免画面过于生硬。

2. 侧光

侧光是指光源从物体的一侧照射过来，形成明显的明暗交界线和阴影区域。这种光源位置能够很好地展现物体的形状、体积和质感，使画面具有强烈的立体感和空间感。在数字绘画中，艺术家可以利用侧光的特点，通过精细描绘明暗交界线和阴影的形状、深浅和层次，来增强画面的真实感和表现力。同时，还可以通过调整光源的强度和角度，来控制阴影的扩散范围和模糊程度，以达到理想的光影效果。

3. 底光

底光是一种较为特殊的光源位置，即光源位于物体底部或下方。在这种光源位置下，物体的底部会被照亮，而顶部则处于阴影之中。底光能够创造出一种神秘、诡异的氛围，但在表现上也更具挑战性。在数字绘画中，艺术家需要谨慎处理底光下的光影分布，避免画面显得过于压抑或不自然。可以通过增加环境光或反射光来平衡画面的亮度分布，同时注重表现物体在底光下的独特质感和纹理细节。

（二）光源角度变化与立体感的表现

光源角度的变化对物体的立体感有着直接而显著的影响。不同的光源角度会改变光线在物体表面的投射方向和反射角度，从而影响物体的明暗分布和阴影形状。

1. 低角度光源

当光源位于较低位置时（如日出或日落时分），光线以较大的角度斜射在物体表面，形成较长的阴影和较深的明暗对比。这种光源角度能够增强物体的立体感和空间深度感，使画面更加生动有力。在数字绘画中，艺术家可以利用低角度光源的特点，通过加强明暗对比和阴影的层次表现来突出物体的立体感和质感。

2. 高角度光源

相反地，当光源位于较高位置时（如正午阳光直射），光线以较小的角度照射在物体表面，形成的阴影较短且明暗对比相对较弱。这种光源角度下物体的立体感可能不如低角度光源明显，但画面会显得更加明亮和清晰。

在数字绘画中，艺术家可以通过调整光源的强度和色彩来弥补高角度光源下立体感不足的缺陷，同时注重表现物体表面的质感和细节。

3.动态光源角度

在实际场景中，光源角度往往随着时间和环境的变化而动态变化。这种动态变化为数字绘画提供了丰富的光影表现空间。艺术家可以通过模拟不同时间段或不同环境下的光源角度变化来创造出多样化的光影效果。例如通过调整光源的旋转角度和移动轨迹来模拟日光的移动过程或灯光的扫射效果等。这些动态光影效果不仅能够增强画面的生动性和趣味性还能够为观者带来更加沉浸式的视觉体验。

四、光影效果的强化与弱化

在数字绘画中，光影效果的强化与弱化是构建画面深度、营造独特视觉氛围的重要手段。通过对光源强度、距离等因素的精细调整，艺术家能够灵活地控制光影的强弱变化，从而吸引观者的目光，强化画面主题，或创造出柔和、宁静的视觉效果。

（一）光源强度的调节：明暗之间的平衡

光源强度的调节是直接影响光影效果强弱的关键因素。增强光源强度，可以使光线更加明亮，阴影部分更加深邃，从而强化画面的对比度和立体感。这种处理方式适合用于强调画面中的主体物，或是营造紧张、有力的氛围。相反，降低光源强度则会使画面整体变得柔和，光影过渡更加自然，适合用于表现温馨、宁静的场景。艺术家在调节光源强度时，需根据画面需求，找到明暗之间的平衡点，使光影效果既能突出主题，又不至于过于生硬。

（二）光源距离的变化：光影的细腻与粗犷

光源与物体之间的距离也是影响光影效果的重要因素。当光源距离物体较近时，光线集中，阴影边缘清晰，光影效果较为强烈，能够展现出物体的细节与质感。这种处理方式适合用于描绘近景或需要强调质感的物体。而当光源距离物体较远时，光线分散，阴影边缘模糊，光影效果相对较弱，营造出一种柔和、宽广的视觉效果。艺术家通过调整光源与物体距离，可以灵活地在细腻与粗犷之间切换光影效果，以适应不同的画面风格和表现需求。

（三）辅助元素的运用：光影的丰富与层次

除了直接调整光源强度和距离外，艺术家还可以通过添加辅助元素来进一步丰富和强化光影效果。例如，利用反射光、折射光等间接光源，可以增加画面的光影层次和复杂度，使画面更加生动立体。同时，通过调整环境色、添加雾气、尘埃等氛围元素，也可以对光影效果进行微妙的调节，营造出不同的视觉氛围。这些辅助元素的运用，不仅丰富了光影的表现手法，还使画面更加贴近现实世界的复杂多变。

光影效果的强化与弱化是数字绘画中不可或缺的创作手段。艺术家通过精细调节光源强度、调整光源与物体的距离以及巧妙运用辅助元素，可以灵活地控制光影的强弱变化，营造出丰富多样的视觉氛围。这种光影调控的艺术，不仅考验着艺术家的技术功底，更体现了其对画面氛围、情感表达的深刻理解与把握。在数字绘画的广阔天地里，光影效果的强化与弱化将成为艺术家们不断探索与创新的永恒主题。

五、光影效果的创意应用

（一）光影与色彩的创新融合

在数字绘画中，光影与色彩的融合是创造独特视觉效果的关键。艺术家可以大胆尝试将光影效果与色彩创新相结合，通过调整色彩饱和度、明度以及色彩之间的对比关系，来增强光影的层次感和表现力。例如，在表现强烈日光下的场景时，艺术家可以运用高饱和度的色彩和鲜明的明暗对比，来突出光线的强烈和物体的立体感；而在营造柔和月光或黄昏氛围时，则可以采用低饱和度的色彩和柔和的光影过渡，来营造出温馨而神秘的画面效果。

此外，艺术家还可以尝试运用色彩的心理效应来引导观者的情感共鸣。通过选择具有特定情感色彩的光影效果，艺术家能够激发观者的情绪反应，使画面更加深入人心。例如，使用暖色调的光影来表现温暖、舒适的情感氛围，或使用冷色调的光影来传达孤寂、冷漠的情感体验。

（二）光影与构图的巧妙互动

光影与构图是数字绘画中不可分割的两个元素。艺术家可以通过巧妙安排光影与构图之间的互动关系，来创造出富有张力和视觉冲击力的画面效果。例如，利用光影的投射方向和阴影的形状来引导观者的视线流动，使画面呈现出一种动态平衡的美感；或者通过光影的明暗对比来强调画面的主体元素，使观者的注意力自然而然地聚焦于画面的核心部分。

在构图上，艺术家还可以尝试运用光影来创造虚拟的空间感和深度感。通过调整光影的层次和渐变效果，艺术家可以在二维的画面上营造出三维的视觉效果，使画面更加立体和生动。同时，光影的巧妙运用还能够打破画面的平面性，使画面中的元素相互关联、相互呼应，形成一个和谐统一的整体。

（三）光影与材质的独特表现

不同材质的物体在光影下的表现效果各不相同。艺术家可以通过深入研究不同材质的光影特性，来创造出独特且富有表现力的光影效果。例如，金属材质在光线照射下会呈现出强烈的光泽感和反射效果，艺术家可以通过精细描绘金属表面的高光和反光来展现其独特的质感；而布料、木材等软质材料则会在光影下形成柔和的阴影和过渡效果，艺术家可以通过调整光影的柔和度和层次来表现这些材质的柔软和温暖。

此外，艺术家还可以尝试将不同材质的光影效果进行融合与对比，以创造出更加丰富的视觉效果。例如，在画面中同时呈现金属和布料的材质对比，通过光影的巧妙处理来展现它们之间的质感和纹理差异，使画面更加生动有趣。

（四）光影与氛围的营造

光影是营造画面氛围的重要手段之一。艺术家可以通过调整光影的明暗、色彩和分布等要素来创造出不同的氛围效果。例如，在表现紧张、压抑的氛围时，艺术家可以采用低亮度、高对比度的光影效果来增强画面的紧张感和压迫感；而在营造温馨、浪漫的氛围时，则可以采用柔和、温暖的光影效果来营造出一种轻松愉悦的情感体验。艺术家还可以结合画面中的其他元素来共同营造氛围。例如，通过添加背景色彩、纹理或图案等元素来与光影效果相呼应，使画面更加和谐统一。此外，艺术家还可以运用光影的动态变化来营造时间的流逝感或情感的起伏变化，使画面更加生动且具有感染力。

第二节　物体光影的绘制技巧

一、明暗交界线的把握

在数字绘画的广阔领域中，光影的精准表现是赋予作品生命力与深度的不二法门。而明暗交界线，作为物体光影变化中的核心要素，其重要性不言而喻。它不仅是光线与阴影的分界线，更是物体形态、质感乃至空间感的重要呈现载体。因此，掌握明暗交界线的准确定位与表现技巧，是数字绘画艺术家必备的技能之一。

（一）明暗交界线的定义与意义

明暗交界线，顾名思义，是物体表面由明到暗的过渡区域，也是光线照射与物体形态相互作用的直接体现。在数字绘画中，这条线不仅决定了物体光影的基本格局，还深刻影响着画面的立体感和真实感。准确捕捉明暗交界线的形态与位置，能够使物体在二维平面上展现出三维空间的效果，增强画面的视觉冲击力。

（二）明暗交界线的形态特征

明暗交界线的形态并非一成不变，它随着物体形状、光线方向以及光源性质的变化而呈现出丰富的多样性。在数字绘画中，艺术家需细致观察并理解这些变化，以精准地描绘出明暗交界线的形态特征。例如，在球体上，明暗交界线呈现为一条完整的圆弧线；而在长方体上，则表现为几条相互垂直的直线段。此外，光源的强弱、角度以及物体的材质等因素也会对明暗交界线的形态产生影响，如强光下的明暗交界线更加清晰锐利，而柔和光线下的则相对模糊柔和。

（三）捕捉明暗交界线的技巧

要准确捕捉明暗交界线，艺术家需具备敏锐的观察力和扎实的绘画基础。首先，应学会从整体出发，观察光源与物体的关系，明确光线照射的方向和强度。其次，通过对比分析法，找出物体表面明暗变化的转折点，即明暗交界线的位置。在此过程中，艺术家需细心观察交界线的细微变化，如颜色的深浅、宽窄以及纹理的走向等。最后，利用数字绘画软件的强大功能，如渐变工具、笔刷调整等，精确地绘制出明暗交界线的形态与质感。

（四）表现明暗交界线的艺术处理

在数字绘画中，表现明暗交界线不仅是对物体光影的精准再现，更是艺术家表达情感、展现创意的一种方式。艺术家可以通过强化或弱化明暗交界线的对比度、调整交界线的粗细与形态等手段，来营造不同的视觉氛围和情感表达。例如，在表现坚硬、冰冷的物体时，可以强化明暗交界线的清晰度与锐度；而在表现柔软、温暖的物体时，可以适当模糊交界线的边缘，使其与周围环境更加和谐相融。此外，艺术家还可以根据画面的整体风格与主题需求，对明暗交界线进行艺术化的处理与创新，以展现出独特的个人风格与审美追求。

明暗交界线在数字绘画中的把握是光影表现的关键所在。艺术家需通过深入观察、精准捕捉与艺术处理相结合的手法，来充分展现明暗交界线的独特魅力与深刻内涵。只有这样，才能创作出既具真实感又富有艺术感染力的数字绘画作品。

二、高光与阴影的处理

（一）高光的艺术表现

在数字绘画中，高光作为物体表面直接反射光线的亮点，是增强物体立体感和质感的关键元素之一。其处理不仅关乎形状、大小和亮度的精准把握，更需考虑光源性质、物体材质及环境因素的综合影响。

1.高光形状与物体形态的呼应

高光的形状往往与物体的形态紧密相关。对于曲面物体，如球体或圆柱体，高光通常呈现为圆形或椭圆形，其大小、位置随光源角度和物体曲率变化而变化。在处理时，艺术家需细致观察光源与物体表面的相互作用，确保高光形状与物体形态自然和谐。对于棱角分明的物体，如立方体或建筑物，高光则可能呈现为线状或小面状，强调物体的硬朗质感。

2.亮度调节与光源特性的匹配

高光的亮度是表现光源强度和物体反光能力的直接指标。在强烈直射光下，高光通常极为明亮，几乎接近纯白色或光源色，与周围阴影形成鲜明对比。而在柔和散射光或弱光环境中，高光则相对柔和，亮度降低，与周围环境的过渡更加自然。艺术家需根据画面整体的光影布局和光源特性，合理调节高光的亮度，以达到理想的视觉效果。

3.高光细节与材质质感的展现

高光不仅是光源的直接反映，也是物体材质质感的重要表现手段。不同材质的物体在相同光线下会产生不同的反光效果，从而影响高光的细节表现。例如，金属材质表面光滑且反光强烈，高光通常清晰锐利，边缘分明；而布料或塑料等材质则可能因表面粗糙或吸收部分光线而导致高光模糊、扩散。艺术家需深入研究不同材质的光影特性，通过精细描绘高光细节来准确展现物体的质感。

（二）阴影的细腻刻画

阴影作为光线被物体遮挡后形成的暗部区域，对物体的立体感和空间感起着至关重要的作用。在处理暗部区域时，须关注形状、深度、渐变等方面的细腻刻画。

1.阴影形状与光源方向的对应

阴影的形状直接受光源方向和物体形态的影响。当光源从一侧照射时，物体另一侧会形成明显的阴影区域，其形状与物体轮廓和光源方向密切相关。艺术家需准确判断光源位置，合理布局阴影形状，以确保画面光影逻辑的正确性。

2.阴影深度与明暗对比的调控

阴影的深度反映了光线被遮挡的程度和物体表面的凹凸变化。在绘制时，艺术家需根据画面需要调控阴影的深浅程度，通过加强明暗对比来增强物体的立体感。同时，还需注意阴影内部的层次变化，避免过于单一和平板化。

3.渐变处理与光影过渡的自然

阴影与周围环境的过渡处理是展现光影效果自然流畅的关键。艺术家须通过细腻的渐变处理来模拟光线在物体表面和空间中逐渐减弱的过程。这包括阴影边缘的模糊处理、阴影内部的色彩和亮度渐变等。通过合理的渐变处理，可以使画面中的光影效果更加真实可信，增强观者的视觉体验。

三、反光面的表现

（一）金属反光面的细腻刻画

在数字绘画领域，金属材质的反光面以其独特的视觉魅力吸引着无数艺术家。金属的高反射率和丰富的光泽感，要求我们在绘制过程中不仅要精准模拟光源，还要细致刻画反光面的色彩渐变与高光倒影。

光源的精准模拟是表现金属反光面的基础。艺术家需根据画面构图和光源设定，精确计算光线在金属表面的反射路径，从而绘制出清晰、准确的反光轮廓。这一过程中，光源的位置、强度、颜色等因素均须细致考虑，以确保反光面的真实感。色彩与亮度的渐变是展现金属反光面层次感的关键。金属反光面的色彩并非单一的，而是随着光源角度、环境色以及材质本身属性的变化而呈现出丰富的渐变效果。艺术家需运用色彩工具，在反光区域内细致地描绘出色彩的微妙变化，从高亮部到暗部，逐渐过渡，形成自然的色彩层次。

高光与倒影的强化是提升金属反光面质感的重要手段。金属表面的高光往往明亮而集中，倒影则清晰可辨。艺术家在绘制过程中应特别注重这两个元素的表现，通过强化高光区域的亮度和色彩饱和度，以及精细绘制倒影中的细节，来凸显金属的反光特性，使画面更加生动、立体。

（二）玻璃反光面的透明与折射

玻璃材质的反光面则以其透明性和对光线的折射特性著称。在数字绘画中，要准确表现玻璃的反光面，艺术家需从透明度表现、折射效果模拟以及边缘光晕描绘三个方面入手。透明度的表现是展现玻璃质感的基础。艺术家需利用透明度调节工具，在反光区域中融入背景色彩，以表现出玻璃的透明质感。这一过程需要细心调整透明度参数，确保玻璃与背景之间的融合自然流畅。

折射效果的模拟是增强玻璃反光面真实感的关键。光线通过玻璃时会发生折射，导致物体在玻璃中的倒影产生形变。艺术家需通过变形工具或手绘技巧，模拟出这种折射效果，使玻璃的反光面更加逼真。在绘制过程中，需注意观察折射光线的方向和强度变化，以确保倒影的准确性和生动性。

边缘光晕的描绘是提升玻璃反光面美感的重要手段。玻璃边缘往往因光线的折射而产生柔和的光晕。艺术家可在玻璃边缘处添加适当的光晕效果，以增强其立体感和美感。这一步骤虽然简单，但却能为画面增添不少光彩和温馨氛围。

（三）综合材质的反光面处理

在实际创作中，物体往往由多种材质组成，其反光面也呈现出复杂多变的特点。此时，艺术家须综合运用上述技巧，根据不同材质的特性进行有针对性的处理。同时，还需注意各材质反光面之间的相互影响与融合，确保画面整体和谐统一。

反光面的表现在数字绘画中是一项既具挑战性又充满创意的工作。通过深入理解不同材质的反光特性，并灵活运用数字绘画工具进行精细刻画，艺术家可以在画面上创造出令人惊叹的光泽之美，为观众带来视觉上的享受。

四、投影的绘制与运用

（一）投影形状与物体形态的契合

在数字绘画中，投影的形状是依据光源方向和物体形态共同决定的。绘制投影时，首要任务是确保投影的形状与投射物体及其所处环境的形态相契合。例如，当光源斜射于一个圆柱体时，其投影将呈现为椭圆形，且随着光源角度的变化，椭圆的长短轴也会相应调整。因此，艺术家在绘制时需细致观察物体与光源之间的相对位置关系，通过精确的线条勾勒和形状塑造，使投影成为连接物体与环境的桥梁，增强画面的整体性和真实性。

（二）投影大小的合理控制

投影的大小不仅受到光源距离和角度的影响，还与被投射物体的尺寸和材质密切相关。在绘制过程中，艺术家需根据画面整体的光影布局和视觉需求，合理控制投影的大小比例。过大的投影可能会使画面显得拥挤和压抑，而过小的投影则可能无法有效表现物体的立体感和空间位置。因此，艺术家需通过反复比较和调整，找到投影大小与画面整体风格相协调的最佳平衡点。

（三）投影虚实的艺术处理

投影的虚实处理是展现画面空间感和层次感的重要手段之一。在现实中，由于光线在传播过程中的衰减和散射作用，投影的边缘往往呈现出一定的模糊和渐变效果。在数字绘画中，艺术家可以通过调整画笔的软硬度、透明度以及色彩的渐变层次来模拟这种虚实变化。一般来说，靠近物体边缘的投影部分较为清晰明确，而远离物体边缘的部分则逐渐变得模糊和柔和。通过这种虚实相间的处理方式，可以使画面中的投影更加自然生动，增强画面的空间深度和层次感。

（四）投影与环境的融合

投影不仅仅是物体在特定光源下的简单反射结果，它更是画面整体光影布局和氛围营造的重要组成部分。因此，在绘制投影时，艺术家还需考虑其与环境背景的融合问题。这包括投影与地面或墙面材质的匹配、投影色彩与环境光色的协调，以及投影形状与环境透视关系的统一等。通过精心设计和调整投影与环境的相互关系，可以使画面中的光影效果更加和谐统一，营造出更加逼真的空间感和环境氛围。

（五）利用投影增强画面叙事性

除了上述技术层面的处理外，投影在数字绘画中还具有丰富的叙事潜力。艺术家可以通过巧妙地运用投影来暗示物体的存在状态、运动轨迹或情感氛围等。例如，一个长长的影子可能暗示着人物的孤独和寂寞；而一个突然出现的投影则可能预示着某种神秘或紧张的事件即将发生。通过精心设计和布局投影元素，艺术家可以引导观者的视线流动和思维联想，使画面具有更强的故事性和感染力。

五、光影细节的刻画

在数字绘画的世界里，光影细节的刻画是提升作品质感与真实感的关键所在。它不仅仅关乎于光源的设定与投影的绘制，更在于对光影边缘过渡、色彩渐变等细微之处的精心雕琢。通过这些细节的刻画，艺术家能够赋予画面以生命，让光影在二维的数字画布上展现出三维的立体效果，营造出令人信服的视觉体验。

（一）边缘过渡的细腻处理

边缘过渡是光影细节中不可忽视的一环。在自然界中，光线与阴影的交界处往往不是截然分明的，而是存在着一个柔和的过渡区域。这一特点在数字绘画中同样需要得到体现。艺术家在绘制光影时，应注重对边缘过渡的细腻处理，避免生硬的分界线，使光影变化更加自然流畅。通过调整画笔的硬度、透明度以及边缘模糊程度等参数，艺术家可以模拟出光线在物体表面扩散的柔和效果，增强画面的真实感。

（二）色彩渐变的精妙运用

色彩渐变是光影细节中的另一大亮点。在光照作用下，物体表面的颜色往往会随着光线的强弱和角度的变化而呈现出丰富的渐变效果。这种渐变不仅体现在明暗对比上，还涉及色彩饱和度和色调的微妙变化。艺术家在绘制光影时，应充分利用色彩渐变的精妙之处，通过精细的色彩调配和过渡处理，使光影效果更加丰富多彩、层次分明。同时，还需注意色彩渐变与物体材质特性的结合，以表现出不同材质在光照下的独特质感。

（三）光影层次的深入构建

光影层次的构建是光影细节刻画的核心所在。一个优秀的光影效果往往需要多个层次的叠加与融合才能得以实现。艺术家在绘制光影时，应注重对光影层次的深入构建，通过不同亮度、色彩和纹理的叠加组合，形成丰富多变的光影层次。这些层次之间既相互独立又紧密相连，共同构成了画面中的光影世界。通过光影层次的构建，艺术家可以引导观众的视线流动，增强画面的空间感和深度感，使观众仿佛置身于一个真实的三维空间之中。

（四）光源特性的准确模拟

光源特性的准确模拟是光影细节刻画的前提和基础。不同的光源类型（如自然光、人造光等）和光源方向（如直射光、散射光等）会对光影效果产生截然不同的影响。艺术家在绘制光影时，应深入了解并准确模拟光源的特性，包括光源的亮度、色温、光质等因素。通过对光源特性的准确模拟，艺术家可以绘制出更加真实可信的光影效果，使画面中的光影变化更加符合自然规律和人眼视觉感受。

（五）环境光的巧妙融入

环境光作为光影效果中的重要组成部分，其巧妙的融入对于提升画面整体氛围和真实感具有重要意义。环境光通常来自周围环境中的反射光和散射光等间接光源。艺术家在绘制光影时，应注重对环境光的捕捉和表现，通过添加适当的环境光元素来丰富画面的光影层次和色彩变化。同时，还需注意环境光与主光源之间的相互作用和影响关系，以确保画面中的光影效果协调统一、自然和谐。

光影细节的刻画是数字绘画中不可或缺的一环。通过对边缘过渡、色彩渐变、光影层次、光源特性以及环境光等方面的精心雕琢和巧妙运用，艺术家可以创作出更加自然逼真、富有感染力的作品。这些作品不仅能够给观众带来视觉上的享受和震撼，更能激发观众内心深处的情感共鸣。

第三节　环境光与反射光的处理

一、环境光的整体氛围营造

（一）氛围营造的关键力量

在数字绘画中，环境光不仅是照亮画面的基本元素，更是营造画面整体氛围的关键力量。它如同舞台上的聚光灯，引导着观者的视线，赋予画面特定的情感色彩和视觉效果。通过巧妙地运用环境光，艺术家能够创造出或温馨宁静、或神秘莫测、或激情澎湃的多样化场景，使画面超越单纯的视觉呈现，成为情感与想象的载体。

（二）光影交织中的情感色彩

环境光通过其色彩、强度和方向的变化，能够深刻地影响画面的情感色彩。暖色调的环境光往往给人以温暖、舒适的感觉，适合营造家庭、友情等温馨场景；而冷色调则带有一种清冷、孤寂的氛围，适用于表达孤独、沉思等情感。此外，环境光的强度也至关重要，柔和的光线能够营造出柔和、梦幻的氛围，而强烈的光线则可能带来紧张、刺激的感受。艺术家通过精心调配环境光的色彩与强度，能够精准地传达出画面的情感倾向，与观者产生情感共鸣。

（三）光影对比中的视觉层次

环境光不仅塑造了画面的情感色彩，还通过光影对比强化了画面的视觉层次。在数字绘画中，光影对比是表现物体立体感和空间感的重要手段。艺术家通过巧妙地运用明暗对比、色彩对比等手法，使画面中的物体在光影的交织下呈现出丰富的层次感和空间深度。同时，光影对比还能够引导观者的视线让画面产生一种动态的视觉引导效果，从而使画面更具动感和生命力。通过精心布置环境光的光源位置和照射角度，艺术家能够创造出既符合逻辑又富有艺术感染力的光影效果，提升画面的视觉品质。

（四）环境光与氛围营造的协同效应

在数字绘画中，环境光与画面中的其他元素如色彩、构图、细节等共同作用于氛围的营造。它们之间相互作用、相互依存，形成了一种协同效应。艺术家在创作过程中需要综合考虑各种因素之间的关系，通过精细的笔触和巧妙的构思将环境光与画面中的其他元素融为一体。例如，在绘制一个神秘的森林场景时，艺术家可以运用幽暗的环境光来营造一种神秘莫测的氛围；同时利用树木的剪影、雾气的弥漫等细节元素来增强画面的层次感和深度感；再通过冷色调的色彩搭配来强化画面的孤寂感和清冷感。这样一来整个画面就形成了一个和谐统一的整体氛围，使观者仿佛置身于其中，产生一种强烈的情感触动。

（五）环境光在数字绘画中的创新与探索

随着数字绘画技术的不断发展，环境光在画面中的运用也呈现出越来越多的创新性和可能性。艺术家们不再局限于传统的光影表现手法而是借助数字技术的力量创造出更加丰富多彩、富有想象力的光影效果。例如，利用数字绘画软件中的滤镜、图层混合模式等功能来实现特殊的光影效果；或者通过虚拟现实、增强现实等技术手段将数字绘画作品与现实环境相结合，创造出更加沉浸式的视觉体验。这些创新性的尝试不仅丰富了数字绘画的表现手法，也拓展了环境光在画面中的运用空间，为艺术家们提供了更加广阔的创作舞台。

二、反射光的捕捉与表现

在数字绘画的广阔天地里，反射光的捕捉与表现是探索物体表面复杂光影关系的重要一环。尤其是针对水面、镜面等具有高反射特性的表面，如何精准捕捉并生动再现其上的反射光，成为衡量艺术家技艺与创意的关键指标。

（一）理解反射原理，奠定理论基础

要想在数字画布上精准呈现反射光，首先需深刻理解光学中的反射原理。反射光遵循"入射角等于反射角"的定律，这意味着光线在接触到反射面时，其反射方向与入射方向相对于反射面呈对称关系。此外，还需考虑光源的位置、强度、颜色，以及反射面的材质、形状、光滑度等因素对反射的影响。这些理论知识将为后续的绘制工作提供坚实的基础。

（二）精准定位光源，模拟真实环境

在数字绘画中，光源的设定对于反射光的表现至关重要。艺术家需根据画面需求，精准定位光源的位置、方向和强度，以模拟出真实环境中的光照条件。同时，还需注意光源的颜色变化，因为不同颜色的光源会赋予反射光以独特的色彩倾向。通过精心设定光源，艺术家可以营造出符合逻辑且富有层次的光影效果，为反射光的捕捉与表现奠定坚实的基础。

（三）细致描绘反射面，展现材质特性

反射面的材质特性直接决定了反射光的视觉效果。例如，水面的反射往往伴随着波动和扭曲，呈现出一种动态的美感；而镜面的反射则更为清晰、锐利，能够精准地反映出周围环境的影像。艺术家在绘制反射面时，需细致观察并准确把握其材质特性，通过调整画笔的笔触、色彩和透明度等参数，生动地再现反射面的质感和光泽。同时，还需注意反射面与周围环境的融合与过渡，以确保画面的整体和谐与统一。

（四）捕捉反射影像，营造立体空间

反射光中的影像是展现画面立体空间感的重要手段。艺术家在绘制反射影像时，须根据反射面的形状、位置和角度等因素，精心安排影像的布局和大小比例。同时，还需注意影像的清晰度和色彩变化，模拟出真实环境中光线在反射面上的传播和衰减过程。通过捕捉并准确表现反射影像，

艺术家可以在二维的数字画布上营造出具有深度和层次的三维立体空间感，使画面更加生动、逼真。

（五）注重光影互动，增强画面表现力

在捕捉和表现反射光的过程中，艺术家还需注重光影之间的互动关系。反射光不仅与直接光源有关，还受到周围环境中其他物体反射光的影响。因此，艺术家在绘制时需综合考虑各种光源和反射面之间的相互作用关系，通过调整光影的明暗对比、色彩渐变和层次分布等要素来增强画面的表现力和感染力。通过精细的光影互动处理，艺术家可以创造出令人叹为观止的视觉盛宴，让观众在欣赏画作的同时感受到光影世界的无限魅力。

三、光源间的相互影响

（一）光源间相互作用的复杂性

在数字绘画中，当多个光源共存于同一场景时，它们之间的相互作用变得尤为复杂且微妙。每个光源不仅独立地影响画面中的物体，还与其他光源产生叠加、抵消或强化等效果，共同塑造出丰富多变的光影世界。这种复杂性要求艺术家在创作过程中具备高度的观察力和判断力，能够准确捕捉并表现光源间的相互影响。

（二）光影叠加的层次与深度

光影叠加是多个光源相互作用下的直接结果。不同光源产生的光影在画面上相互交织、重叠，形成了丰富的层次感和深度感。艺术家需通过精细的笔触和色彩运用，将这些叠加的光影区分开来，同时保持它们之间的和谐统一。在处理过程中，要注意光影的透明度、色彩变化以及边缘的模糊程度等因素，从而营造出逼真的光影效果。

（三）光源间色温与亮度的协调

色温与亮度是光源的两个重要属性，它们在多个光源共存时显得尤为

重要。不同色温的光源会赋予画面以不同的情感色彩和氛围感受，而亮度的差异则直接影响画面的明暗对比和视觉效果。艺术家需根据画面需要，合理调配各个光源的色温与亮度，使它们之间既相互协调又各具特色。例如，在黄昏时分的场景中，可以同时运用暖色调的夕阳光和冷色调的街道灯光，通过色温的对比来增强画面的情感表达；同时调整两者的亮度关系，确保画面整体的明暗平衡。

（四）光源方向的逻辑性与一致性

在多个光源共存的情况下，保持光源方向的逻辑性与一致性是避免画面混乱的关键。艺术家需明确每个光源的来源和照射方向，并确保它们在画面中的表现与这一设定相符。例如，如果画面中的主光源来自左侧窗户的自然光，那么其他辅助光源如台灯、吊灯等也应遵循这一方向原则进行布置和表现。通过保持光源方向的逻辑性与一致性，可以使画面中的光影效果更加自然流畅，增强画面的真实感和可信度。

（五）光影效果的动态平衡

在多个光源共存时，光影效果的动态平衡是艺术家需要关注的重要问题。动态平衡指的是画面中光影效果的分布、变化和节奏感等方面的平衡状态。艺术家须通过巧妙的构图和光影处理手法来实现这一平衡状态。例如，在画面中心区域设置主要的光影对比和变化点来吸引观者的注意力；同时在四周或边缘区域运用柔和的光影过渡来营造一种宁静和谐的氛围。通过这种动态平衡的处理方式可以使画面更加生动有趣且富有节奏感。

（六）技术与艺术的融合

在数字绘画中处理多个光源间的相互影响和光影叠加效果时还需要注重技术与艺术的融合。艺术家需充分利用数字绘画软件提供的各种功能和工具来辅助创作，如滤镜、图层混合模式、色彩调整等，实现更加精准和高效的光影处理。同时，艺术家还须保持对艺术的敏锐感知和创造力，将技术与艺术紧密结合，创造出具有独特魅力和感染力的光影作品。

四、环境光与物体光影的融合

在数字绘画的创作过程中，环境光与物体光影的融合是实现画面整体和谐统一的关键步骤。环境光作为画面中的重要光源之一，其存在不仅影响着物体的明暗分布和色彩变化，还通过与物体光影的相互作用，共同构建出画面的空间感和氛围。

（一）深入理解环境光特性

环境光通常来源于场景中的间接光源，如天空光、室内灯光反射等。它不像直接光源那样具有明确的方向性和强度，而是以一种柔和、弥漫的方式照亮整个场景。因此，在处理环境光时，艺术家需要深入理解其特性，包括光线的颜色、亮度、均匀度以及随空间距离的变化规律等。这些特性将直接影响环境光在物体表面产生的光影效果，进而影响画面的整体氛围。

（二）精准模拟环境光照射

在数字绘画中，精准模拟环境光的照射是融合其与物体光影的前提。艺术家须根据画面构图和光源设定，利用绘图软件中的灯光工具或后期处理技术，模拟出环境光在场景中的分布和变化。这一过程中，须特别注意环境光与直接光源之间的相互作用，确保两者在画面中形成和谐统一的光影效果。同时，还须关注环境光在不同材质物体表面产生的反射和折射现象，以增强画面的真实感和立体感。

（三）细致调整物体光影变化

在环境光的照射下，物体的光影变化将呈现出更加复杂和丰富的层次。艺术家须细致观察并调整物体表面的明暗对比、色彩渐变以及高光和阴影的分布等要素，准确表现出环境光对物体光影的影响。这一过程中，须特别注意保持物体光影与整体环境光氛围的协调一致，避免出现光影孤立或突兀的情况。同时，还须注重光影之间的过渡和衔接，使画面中的光影变化更加自然流畅。

（四）强化光影与材质的互动

不同材质的物体在环境光的照射下会呈现出不同的光影效果。艺术家须根据物体的材质特性，如光滑度、透明度、反射率等，调整光影的表现方式以强化材质感。例如，在绘制金属物体时，可通过加强高光和反射效果来突出其光滑和坚硬的质感；而在绘制布料或植物等柔软材质时，则须注重光影的柔和过渡和色彩变化，以展现其柔软的质感和丰富的细节。通过强化光影与材质的互动关系，艺术家可以进一步提升画面的真实感和表现力。

（五）注重整体氛围的营造

环境光与物体光影的融合，不仅关乎于技术层面的处理还涉及艺术层面的表达。艺术家在创作过程中需注重整体氛围的营造，以引导观众的情感共鸣。通过合理布局光源、调整光影对比以及运用色彩搭配等手段，艺术家能够营造出或明亮温馨、或幽静神秘、或壮丽磅礴等不同的画面氛围。这种氛围的营造将使画面更加生动有趣，并赋予观众以强烈的视觉冲击力和情感感染力。

环境光与物体光影的融合是数字绘画创作中的重要环节之一。艺术家须深入理解环境光的特性并精准模拟其照射效果；同时须细致调整物体光影变化以强化材质感和光影层次感；最终还须注重整体氛围的营造以提升画面的艺术表现力。通过这些努力，艺术家可以创作出和谐统一、富有感染力的数字绘画作品，为观众带来愉悦的视觉体验。

五、特殊环境下的光影处理

（一）夜晚光影的深邃与神秘

在夜晚环境中，光影展现出其独特的深邃与神秘感。由于自然光的减弱，人工光源成为画面中的主要光源，它们以点状、线状或面状的形式散布在画面中，形成强烈的光影对比。数字绘画中，表现夜晚光影的关键在于捕捉这种对比的微妙变化，以及光源间的相互作用。艺术家须运用深色调的背景来强调夜晚的静谧与深远，同时利用高光和反光来突出主要物体，营造出一种既清晰又朦胧的视觉效果。此外，还应注意光源的色温选择，暖色调的灯光能增添温馨氛围，冷色调则更能体现夜晚的清冷与孤寂。

（二）雾天光影的柔和与朦胧

雾天环境下的光影处理，追求的是一种柔和与朦胧的美感。雾气的存在使得光线在传播过程中发生散射和反射，导致画面中的光影变得柔和而模糊。在数字绘画中，表现雾天光影的方法包括使用柔光滤镜、调整色彩饱和度以及增加画面的灰度层次等。艺术家需通过这些手段来模拟雾气的效果，使画面中的物体边缘变得模糊，光影过渡更加自然。同时，还须注意保持画面的整体亮度平衡，避免因为雾气而显得过于昏暗。在处理雾天光影时，还应注重画面的氛围营造，通过色彩和光影的巧妙搭配来传达出雾天的独特韵味。

（三）特殊光源的创意应用

除了常见的自然光源和人工光源外，特殊光源如星光、火光等也是数字绘画中常用的元素。这些光源具有独特的形状、色彩和质感，能够为画面增添独特的艺术效果。例如，星光表现为点状光源，闪烁着微弱而神秘的光芒；火光则带有鲜明的橙黄色调，充满了动感和生命力。在运用这些特殊光源时，艺术家需根据其特点进行创意性的应用。例如，可以通过模糊处理来模拟月光的柔和感；利用点状高光来表现星光的闪烁效果；或者通过色彩渐变和纹理叠加来展现火光的动态美。

（四）光影与环境的融合

在特殊环境下进行光影处理时，还须注重光影与环境的融合。光影是环境的重要组成部分，它们相互依存、相互影响。艺术家须通过精细地观察和感受来捕捉环境中的光影变化，并将其准确地表现在画面中。例如，在夜晚的城市景观中，灯光与建筑的轮廓相互映衬形成独特的城市夜景；在雾蒙蒙的森林中，光线透过树叶的缝隙洒下斑驳的光影为画面增添了几分神秘感。通过光影与环境的巧妙融合艺术家可以创造出既真实又富有艺术感染力的画面效果。

（五）技术手法的运用与创新

在数字绘画中处理特殊环境下的光影还需要不断运用和创新技术手法。随着数字绘画软件的不断发展和更新，新的工具和功能层出不穷，为艺术家提供了更多的创作可能性。例如，利用软件的滤镜和图层混合模式可以实现丰富的光影效果；通过色彩调整和曲线优化可以精准地控制画面的色调和亮度；利用笔刷和纹理工具可以模拟出各种材质和质感的光影表现。艺术家须不断学习和掌握这些技术手法并将其融入自己的创作中，从而实现更好的光影效果和艺术表达。同时鼓励艺术家在创作过程中勇于尝试和创新，结合个人风格和审美追求，创造出具有独特魅力的光影作品。

第四节　光影在情感表达中的作用

一、光影与情绪氛围的营造

在数字绘画的广阔领域里，光影不仅是塑造物体形态与空间深度的关键元素，更是营造特定情绪氛围的强有力工具。通过巧妙的明暗对比、色彩变化以及光影布局，艺术家能够引领观众穿越视觉的界限，触及心灵的深处，感受作品所传递的情绪与情感。

（一）明暗对比：情绪张力的构建

明暗对比是利用光影营造情绪氛围的基础。在数字绘画中，艺术家通过调节光源的强弱与方向，创造出鲜明的明暗对比，以此构建画面的情绪张力。明亮的光线往往能够带来温馨、希望与活力的感受,而深邃的阴影则可能暗示着孤独、神秘或压抑的情绪。例如,在塑造温馨氛围时,艺术家会倾向于使用柔和而均匀的光线,减少明暗对比的强烈程度,使画面呈现出一种温暖而和谐的美感;而在营造神秘氛围时,则会通过增加明暗对比的层次与深度,利用阴影的遮蔽与透露,打造出一种难以捉摸、引人探究的神秘感。

(二)色彩变化:情感色彩的渲染

色彩是情感表达的重要载体,在光影的映衬下,色彩的变化能够进一步丰富和深化画面的情绪氛围。不同色彩具有不同的情感倾向,艺术家在数字绘画中,会根据作品的主题与情感需求,巧妙地运用色彩的变化来渲染情绪氛围。例如,在表现压抑情绪时,可能会采用冷色调的蓝、灰等色彩,并通过降低色彩饱和度与明度,创造出一种沉闷而压抑的视觉感受;而在表现欢快情绪时,则会倾向于使用暖色调的黄、橙等色彩,并通过提高色彩饱和度与明度,使画面洋溢着活力与喜悦。

(三)光影布局:情感导向的引领

光影的布局不仅关乎画面的构图美感,更是情感导向的重要手段。艺术家通过精心安排光源的位置与角度,以及光影在画面中的分布与流动,引导观众的视线与情感走向。例如,在营造神秘氛围时,艺术家可能会将光源置于画面的边缘或顶部,形成一束束神秘莫测的光线,穿过层层阴影,照射在画面的关键位置上,从而吸引观众的注意力并激发其好奇心;而在构建宁静氛围时,则会倾向于使用柔和而均匀的光线覆盖整个画面,塑造出一种宁静而平和的视觉体验。

(四)光影与材质的互动:情感深度的挖掘

不同材质的物体在光影的照射下会呈现出不同的质感和光影效果,这种互动关系为艺术家挖掘情感深度提供了丰富的素材。例如,光滑的表面能够反射出清晰而明亮的光线,给人以冷峻、高雅的感觉;而粗糙的表面则会吸收或散射光线，形成柔和而模糊的光影效果，给人以温暖、亲切的感受。艺术家在数字绘画中，可以充分利用材质与光影的互动关系，通过细腻的光影刻画来展现物体的质感与情感特征，从而进一步加深画面的情感深度。

光影在数字绘画中扮演着至关重要的角色，它不仅是塑造物体形态与空间深度的关键元素，更是营造特定情绪氛围强有力的工具。通过巧妙的明暗对比、色彩变化以及光影布局等手段，艺术家能够引领观众穿越视觉的界限，触及心灵的深处，感受作品所传递的情绪与情感。

二、光影与角色心理状态的映射

（一）光影——塑造与表达的视觉语言

在数字绘画中，光影不仅是塑造物体形态与空间关系的重要手段，更是表达角色心理状态与情感变化的视觉语言。通过光影的明暗、冷暖、虚实等变化，艺术家能够巧妙地映射出角色内心的波动与情感的起伏，使画面超越表面的视觉呈现，深入到角色的内心世界。

（二）明暗对比中的情感张力

明暗对比是光影映射角色心理状态的基本方式之一。明亮的光线往往与积极、开朗的情感状态相对应，而暗淡的光线则常常暗示着忧郁、悲伤或恐惧等负面情绪。在数字绘画中，艺术家可以通过加强或减弱光影的明暗对比来强化或弱化角色的情感表达。例如，在表现角色愤怒或激动时，可以采用强烈的光影对比来突出其面部的阴影与高光部分，营造出一种紧张而有力的氛围；而在描绘角色沉思或悲伤时，则可以通过柔和的光影过渡来弱化明暗对比，使画面呈现出一种静谧而深邃的情感色彩。

（三）色彩温度的情感传递

光影的色彩温度也是表达角色情感的重要元素。暖色调的光影能够传达出温暖、舒适、幸福的情感信息，而冷色调则往往与冷漠、孤独、悲伤等情感相联系。在数字绘画中，艺术家可以根据角色的心理状态和情感变化来调整光影的色彩温度。例如，在表现角色快乐或充满希望的场景时，可以使用温暖而明亮的色彩来渲染光影效果；而在描绘角色失落或绝望的时刻，则可以选择冷色调的光影来强化这种负面情感的表达。

（四）光影虚实与情感深度

光影的虚实处理也是映射角色心理状态的重要手段。实的光影能够清晰地勾勒出物体的轮廓和细节，给人以真实、直接的感觉；而虚的光影则带有一种朦胧、含蓄的美感，能够引发观者的无限遐想。在数字绘画中，艺术家可以通过光影的虚实变化来展现角色情感的深度和复杂性。例如，在表现角色内心矛盾或挣扎时，可以采用虚实相间的光影效果来塑造出一种模糊而复杂的心理状态；而在描绘角色坚定或决绝的态度时，则可以通过实的光影来强化其决心的力量感。

（五）光影动态与情感节奏

光影的动态变化还能够与角色的情感节奏相呼应。随着角色情感的起伏变化，光影的明暗、强弱、色彩等也会发生相应的变化。在数字绘画中，艺术家可以通过精细的光影处理来捕捉这种变化并将其转化为视觉上的节奏感。例如，在表现角色情绪高涨或激动不已时，可以采用有强烈对比的光影效果来营造出一种紧张而激烈的氛围；而在描绘角色情绪平复或沉思冥想时，则可以通过缓慢而柔和的光影过渡来营造出一种宁静而深邃的情感氛围。

光影在数字绘画中不仅是塑造物体形态与空间关系的技术手段，更是表达角色心理状态与情感变化的视觉语言。通过精细的光影处理，艺术家能够巧妙地映射出角色的内心世界并使画面充满生命力和感染力。

三、光影与故事叙述的结合

在数字绘画的世界里，光影不仅仅是视觉的装饰，更是故事叙述的灵魂。它如同一位无形的叙述者，通过巧妙的引导与变化，推动情节的发展，深化故事的主题，增强作品的感染力和表现力。

（一）光影的情感引导

光影是情感的载体，能够引导观众的情绪波动，与故事中的情感线索相呼应。在数字绘画中，艺术家通过调节光影的明暗对比、色彩温度以及光线的方向，营造出与故事情节相匹配的情感氛围。例如，在叙述一段悲伤的往事时，画面中的光影可能变得柔和而暗淡，冷色调的运用增强了孤独与哀愁的情绪；而在展现英勇的抗争时，则可能采用强烈的光影对比和暖色调，营造出一种激昂与不屈的氛围。这种光影的情感引导，让观众在视觉体验的同时，能够深刻感受到故事中的情感波动，与角色产生共鸣。

（二）光影的情节暗示

光影不仅是情感的表达者，更是情节的暗示者。在数字绘画中，艺术家巧妙地利用光影的变化来预示情节的发展，给观众留下想象的空间。例如，一束突如其来的光线穿透了厚重的云层，照亮了前方的道路，可能暗示着主角即将迎来转机或发现新的线索；而一片阴影的笼罩，则可能预示着危险或困境的降临。这种光影的情节暗示，不仅丰富了画面的叙事层次，还激发了观众的好奇心和期待感，使他们更加投入地参与到故事的叙述中来。

（三）光影的时空转换

光影还是时空转换的桥梁，能够在数字绘画中创造出跨越时空的视觉效果。艺术家通过调整光影的色调、亮度以及光源的位置，模拟出不同时间段或场景下的光影特征，从而引导观众在视觉上实现时空的转换。例如，从清晨的第一缕阳光到黄昏的最后一抹余晖，光影的变化不仅展现了时间的流逝，还暗示了故事背景或情节的发展。同时，不同场景下的光影特征也能帮助观众区分地点、理解环境，为故事的叙述提供更加丰富的背景和细节。

（四）光影的象征意义

在数字绘画中，光影还常常被赋予象征意义，成为故事主题或深层含义的隐喻。艺术家通过精心设计的光影效果，传达出对人性、社会、自然等议题的思考和探索。例如，一束穿透黑暗的光可能象征着希望与救赎；而一片无垠的黑暗则可能暗示着绝望与沉沦。这种光影的象征意义，使得数字绘画不仅仅是视觉的艺术，更是思想的载体和情感的共鸣箱。

光影与故事叙述的结合在数字绘画中展现出了独特的魅力和力量。它通过情感的引导、情节的暗示、时空的转换以及象征意义的赋予，为故事的叙述增添了丰富的层次和深度。艺术家们运用光影这一叙事工具，创造出了一幅幅生动、感人且充满哲思的数字绘画作品，让观众在欣赏的同时也能感受到艺术的魅力和故事的力量。

四、光影在氛围营造中的创新运用

（一）光影色彩的探索与实验

在数字绘画中，光影色彩的运用是营造氛围的关键。传统上，光影色彩遵循自然规律，如日出日落时的暖黄与冷蓝。然而，勇于创新的艺术家们正不断突破这些界限，探索更加多样化和个性化的色彩方案。他们可能将光影染成梦幻般的紫色或充满活力的绿色，以此营造出超现实或科幻的氛围。这种对光影色彩的自由探索，不仅丰富了画面的视觉层次，更深刻地传达了作品独特的情感色彩和主题思想。

（二）光影形态的创意变形

光影的形态不再局限于传统的直线、圆形或阴影边缘。在数字绘画中，艺术家们通过技术手段对光影进行创意变形，创造出令人耳目一新的视觉效果。例如，将光影拉伸成细长的光束，如同穿越时空的隧道；将阴影边缘模糊处理，使其与周围环境融为一体，营造出一种朦胧而神秘的氛围。这些创意变形的光影形态，不仅增强了画面的表现力，也为观众提供了全新的视觉体验。

（三）光影与材质的互动创新

光影与材质的互动是营造氛围的重要手段之一。在数字绘画中，艺术家可以运用丰富的材质库和纹理效果来模拟不同材质对光影的反射、折射和吸收特性。通过调整材质的透明度、光泽度和粗糙度等参数，艺术家可以创造出各种独特的光影效果。例如，在光滑的金属表面上，光影会呈现出清晰而尖锐的反射；而在粗糙的木质纹理上，光影则会变得柔和而模糊。这种光影与材质的互动创新，不仅增强了画面的真实感，也为氛围的营造提供了更多的可能性。

（四）光影节奏的动态设计

光影的节奏感是营造氛围的关键因素之一。在数字绘画中，艺术家可以通过控制光影的明暗变化、色彩转换和形态演变等手法来设计出富有动感的光影节奏。这种节奏可以与画面的主题、情感或故事情节相呼应，引导观众的情绪起伏和视觉焦点。例如，在表现紧张刺激的战斗场景时，可以采用快速变化且对比强烈的光影节奏，来营造出一种紧迫感和危机感；而在描绘宁静祥和的自然风光时，则可以采用缓慢而柔和的光影节奏来营造出一种平和与宁静的氛围。

（五）光影与环境的深度融合

光影不仅仅是物体表面的装饰元素，更是与环境深度融合的有机组成部分。在数字绘画中，艺术家们应注重光影与环境的相互作用和影响，通过精细的光影处理来增强画面的空间感和深度感。例如，在描绘室内场景时，可以利用窗户透进来的自然光与室内灯光相互交织形成复杂的光影效果；在表现户外景观时，则可以借助阳光、云层和树木等自然元素来营造出丰富的光影层次和变化。这种光影与环境的深度融合不仅提升了画面的艺术价值也增强了观众对作品的理解和感受。

在光影处理中勇于创新尝试不同的光影效果，是提升数字绘画作品艺术感染力和表现力的有效途径。通过不断探索和实验，艺术家可以创造出更加独特、生动和富有情感色彩的光影效果，为观众带来更加丰富的视觉体验。

五、光影与观众情感共鸣的激发

在数字绘画的深邃艺术殿堂中，光影不仅是画面构成的基石，更是连接艺术家与观众情感的桥梁。它以其独特的语言，穿越视觉的界限，直击心灵深处，引发观众强烈的情感共鸣。

（一）光影的情感共鸣机制

光影之所以能够引发观众的情感共鸣，源于其强大的情感表达能力。通过明暗对比、色彩变化以及光影的流动与静止，光影能够创造出丰富的情感氛围，如温馨、神秘、悲伤、喜悦等。这些情感氛围与观众内心的情感经验相呼应，触发他们的情感记忆，从而在心灵深处产生共鸣。当观众在欣赏一幅数字绘画时，光影所营造的情感氛围会引导他们进入一种特定的情感状态，使他们更加深入地理解和感受作品所传达的情感。

（二）光影与情感的细腻对话

光影在数字绘画中不仅仅是视觉的装饰，更是与情感进行细腻交流的使者。艺术家通过精心布局光影，将情感融入每一个细节之中，与观众进行无声却深刻的交流。这种交流超越了语言的界限，通过光影的微妙变化，传达出艺术家对世界的感知、对生活的思考以及对人性的探索。观众在欣赏过程中，能够感受到这种细腻的情感对话，从而与作品建立起深厚的情感联系。

（三）光影的情感引导与深化

光影在数字绘画中还具有情感引导与深化的作用。艺术家通过光影的引导，将观众的视线和情感引向画面的关键部分，使他们在视觉与情感的双重体验中逐步深入理解作品的主题与内涵。同时，光影的变化还能够不断深化观众的情感体验，使他们在欣赏过程中产生更加丰富和深刻的情感共鸣。例如，在表现悲伤情感时，艺术家可以采用冷色调的光影和逐渐暗淡的光线，引导观众沉浸在一种哀伤的氛围中，随着画面的深入而逐渐加深他们的悲伤感受。

（四）光影的情感共鸣与文化背景

光影在激发观众情感共鸣的过程中，还受到文化背景的影响。不同的文化对光影有着不同的理解和表达方式，这使得光影在数字绘画中所传达的情感也具有了文化特色。观众在欣赏来自不同文化背景的数字绘画时，会根据自己的文化背景和情感经验来解读光影所传达的情感。这种跨文化的情感共鸣，不仅丰富了观众的审美体验，也促进了不同文化之间的交流与理解。

（五）光影与观众情感的持久连接

光影在数字绘画中引发的情感共鸣不仅限于欣赏的当下，还能够产生持久的影响。当观众离开画面后，光影所营造的情感氛围和所传达的情感内涵仍会留在他们的记忆中，成为他们情感体验的一部分。这种持久的情感连接，使得数字绘画不仅仅是视觉的艺术享受，更是心灵的滋养和情感的寄托。观众在回顾和反思这些作品时，会重新体验到光影所带来的情感共鸣，进一步加深对作品的理解和感受。

光影在数字绘画中发挥着引起观众情感共鸣的重要作用。它以其独特的情感表达能力、细腻的对话方式、引导与深化的功能，以及与文化背景的紧密联系，成为连接艺术家与观众情感的桥梁。在数字绘画的创作与欣赏过程中，光影不仅是视觉的装饰者更是情感的传递者，它引领着观众穿越视觉的界限触及心灵的深处，共同体验艺术的魅力和情感的力量。

第五节 复杂光影场景的实践探索

一、复杂场景的光影分析

（一）光源类型的识别与表现

在复杂场景的光影分析中，首要任务是准确识别并表现各种光源类型。数字绘画中常见的光源类型包括自然光（如日光、月光）、人工光源（如灯光、火把）以及环境反射光等。每种光源都有其独特的色彩、强度和方向性，对场景中的光影分布产生着深远影响。

对于自然光，艺术家需考虑其随时间变化而变化的特性，如日出日落时的暖色调与中午时分的冷白光。在表现月光时，则需注意其清冷、柔和且方向性强的特点，通常表现为银白色或淡蓝色的光斑与长长的阴影。人工光源则更为多样，从温馨的室内灯光到刺眼的聚光灯，每种光源都能为场景增添独特的氛围。艺术家需仔细观察光源的形状、颜色和强度，并通过数字绘画软件中的光源模拟工具来精准还原其效果。

此外，环境反射光也是不可忽视的因素。它来自场景中其他物体的反射，如水面、镜面或光滑金属表面的反光。这些反射光不仅丰富了画面的光影层次，还增强了场景的立体感和真实感。

（二）光源位置的判断与布局

光源位置是决定光影分布的关键因素。在复杂场景中，往往存在多个光源，它们的位置关系错综复杂。艺术家需通过细致观察和分析，确定每个光源的准确位置，并考虑它们之间的相互作用。

对于单一光源，其位置直接决定了阴影的方向和长度。艺术家需根据光源的高度、角度和距离来推算阴影的形状和分布范围。在多个光源的情况下，则需考虑光源之间的叠加和相互抵消效应，以及它们对场景中不同区域的影响。光源的布局还需考虑场景的整体构图和氛围营造。通过合理安排光源的位置和强度，艺术家可以引导观众的视线流动，增强画面的空间感和层次感。

（三）光源强度的调节与对比

光源强度是影响光影效果的重要因素之一。在数字绘画中，艺术家可以通过调节光源的亮度、对比度和饱和度等参数来控制光源的强度。光源强度的调节需根据场景的实际需求和艺术效果来决定。过强的光源会导致画面曝光过度，失去细节；而过弱的光源则会使画面显得昏暗无光。艺术家需通过反复尝试和调整，找到最适合的光源强度，以呈现出最佳的光影效果。

同时，光源之间的强度对比也是营造氛围的重要手段。通过增强或减弱某些光源的强度，艺术家可以突出或弱化场景中的某些元素，引导观众的注意力。例如，在表现神秘或恐怖氛围时，可以通过降低整体光源强度并增强特定区域的阴影来营造出一种压抑和不安的感觉。

（四）环境光的整体把握与渲染

环境光是场景中所有光源共同作用的结果，它决定了画面的整体色调和氛围。在数字绘画中，艺术家需通过全局光照模拟技术来把握和渲染环境光的效果。全局光照模拟技术能够模拟光线在场景中的传播、反射和折射等物理现象，从而生成逼真的光影效果。艺术家需根据场景的特点和需求选择合适的全局光照算法和参数设置，以确保环境光的真实性和艺术效果。

在渲染环境光时，艺术家还需注意光影的过渡和融合。通过精细的光影处理使光影之间形成自然的过渡和融合关系，避免出现生硬的光影边缘和明显的色彩断层。同时注重光影与场景元素的相互作用和相互影响，通过光影的变化来展现场景的立体感和层次感。

二、光影层次的构建

在数字绘画的复杂场景中，光影层次的构建是确保画面既丰富又保持清晰有序的关键。通过精细的光影布局与层次划分，艺术家能够创造出既具有深度感又充满细节的画面，使观众在欣赏时能够轻松捕捉到画面的焦点与情感表达。

（一）光源的设定与统一

在构建光影层次之初，首要任务是明确并统一光源的设定。光源的位置、强度、颜色以及照射角度都将直接影响画面中的光影分布与层次关系。艺术家需根据画面需求，精心规划一个或多个光源，确保它们在整个场景中保持一致性，从而避免光影混乱，使画面显得杂乱无章。同时，光源的设定还需考虑与画面主题、氛围及情感表达的契合度，以增强画面的整体效果。

（二）明暗对比的巧妙运用

明暗对比是构建光影层次的重要手段之一。通过强化或减弱画面中的明暗对比，艺术家可以引导观众的视线，突出画面的重点元素，同时营造出丰富的空间感和层次感。在复杂场景中，艺术家需根据物体的远近、大小、材质等因素，灵活调整明暗对比的强弱，使画面中的光影关系既和谐统一又富有变化。此外，明暗对比的运用还需注意与整体画面氛围的协调，以确保画面情感的准确传达。

（三）光影过渡的自然流畅

光影过渡的自然流畅是构建清晰光影层次的关键。在数字绘画中，艺术家需通过细腻的笔触和色彩渐变，实现光影之间的平滑过渡，避免出现生硬的光影分界线。特别是在处理复杂场景中的多个光源或不同材质物体时，光影过渡的处理尤为重要。艺术家需仔细观察自然界中的光影变化，学习其柔和而自然的过渡方式，并将其应用于数字绘画中，使画面中的光影层次更加细腻生动。

（四）光影层次的划分与整合

在复杂场景中，光影层次的划分与整合是确保画面清晰有序的关键步骤。艺术家需根据画面的构图和主题需求，将光影划分为不同的层次，如前景、中景、背景等，并通过明暗对比、色彩变化等手段加以区分。同时，艺术家还须注意各层次之间的衔接与呼应，确保它们之间既相互独立又紧密相连，共同构成一个和谐统一的整体。在整合光影层次时，艺术家还需关注画面的整体平衡与节奏感，通过调整光影的强弱、分布与流动方向等因素，使画面呈现出一种动态而稳定的视觉效果。

（五）光影与材质的互动表现

材质的不同会对光影产生不同的反应和效果，这也是构建光影层次时需要考虑的重要因素之一。在数字绘画中，艺术家须深入了解各种材质的质感与光影特性，如金属的反光、布料的柔和吸光、玻璃的透明折射等，并通过细腻的光影刻画来展现这些材质的质感与美感。通过光影与材质的互动表现，艺术家不仅能够增强画面的真实感和立体感，还能够使光影层次更加丰富多变，为观众带来更加丰富的视觉体验。

光影层次的构建是数字绘画中复杂场景处理的关键环节。通过光源的设定与统一、明暗对比的巧妙运用、光影过渡的自然流畅、光影层次的划分与整合以及光影与材质的互动表现等手段，艺术家可以创造出既丰富又清晰有序的画面效果，使观众在欣赏时能够深刻感受到光影的魅力与数字绘画的艺术魅力。

三、光影效果的模拟与渲染

（一）光影模拟工具的运用

在数字绘画领域，光影模拟工具是增强画面光影效果的关键。这些工具通过模拟真实世界中的光照原理，帮助艺术家在画布上创造出逼真而富有层次的光影效果。艺术家需要熟悉并掌握绘画软件中内置的光影模拟功能。这些功能通常包括光源设置、阴影投射、环境光遮蔽等。通过调整光源的位置、颜色、强度和方向，艺术家可以模拟出不同时间段和不同天气条件下的光照效果。同时，利用阴影投射功能，艺术家能够精确控制物体产生的阴影形状和位置，增强画面的立体感和空间感。

此外，环境光遮蔽（Ambient Occlusion）是一项重要的光影模拟技术。它模拟了光线在物体表面和缝隙间的漫反射现象，通过加深物体间的阴影和暗部细节，使画面更加真实和富有质感。艺术家可以通过调整环境光遮蔽的强度和范围，来平衡画面的明暗对比和细节层次。

（二）HDRI 光照技术的应用

HDRI（High Dynamic Range Imaging）即高动态范围成像光照技术，是数字绘画中一种高级的光影模拟方法。它利用高动态范围图像 HDRI 作为光源贴图，模拟出更为真实和复杂的光照环境。HDRI 图像包含了丰富的光照信息和色彩数据，能够模拟出从柔和的散射光到强烈的直射光等多种光照效果。在数字绘画中，艺术家可以将 HDRI 图像作为场景的背景或光源贴图，通过调整其位置、角度和强度来影响场景中的光影分布。HDRI 光照技术的应用，使得画面中的光影效果更加自然、细腻且富有层次感。

（三）材质与光影的相互作用

材质是物体表面反射和折射光线的特性表现，对光影效果有着重要影响。在数字绘画中，艺术家需要深入了解不同材质对光影的反射、折射和吸收特性，以便更好地模拟出逼真的光影效果。

通过调整材质的光泽度、反射率、折射率和透明度等参数，艺术家可以控制物体表面对光线的反射和折射效果。例如，金属材质具有高光泽度和强反射性，能够产生清晰的反射图像和强烈的镜面效果；而玻璃材质则具有高的透明度和折射率，能够形成独特的折射光斑和色彩变化。艺术家需根据场景需求和物体特性来选择合适的材质参数，以营造出逼真的光影效果。

（四）渲染技术的选择与优化

渲染是数字绘画中将光影效果最终呈现出来的过程。不同的渲染技术具有不同的特点和优势，艺术家需根据画面需求和硬件配置来选择合适的渲染方案。实时渲染技术能够快速生成画面效果，便于艺术家在创作过程中进行实时预览和调整。然而，实时光影效果可能相对简单且不够精细。相比之下，离线渲染技术能够生成更为真实和复杂的光影效果，但需要较长的计算时间和较高的硬件配置。

为了优化渲染效果和提高工作效率，艺术家可以采取一系列措施。例如，合理设置渲染参数以平衡渲染质量和时间；利用渲染队列和批处理功能来自动化渲染过程；采用分层渲染和后期合成技术来精细化调整画面效果等。通过不断优化渲染技术和流程，艺术家能够创作出更加出色和逼真的光影效果作品。

四、光影效果的调整与优化

在数字绘画的创作过程中，光影效果的调整与优化是不可或缺的一环。它不仅是对画面基本光影关系的完善，更是对作品艺术表现力的深度挖掘和提升。通过不断地调整与优化，艺术家能够确保光影效果与画面主题、氛围及情感表达的高度契合，从而创作出更加生动、逼真且富有感染力的作品。

（一）光影效果的初步建立与审视

在数字绘画的初期阶段，艺术家会根据画面的整体构思和主题需求，初步建立光影效果。这一过程中，艺术家须关注光源的设定、明暗对比的初步分配以及光影的基本分布等要素。然而，初步建立的光影效果往往较为粗糙，尚需进一步地调整与优化。因此，艺术家须以批判性的眼光审视自己的作品，识别出光影效果中存在的不足与问题，为后续的优化工作奠定基础。

（二）细节光影的深入刻画

在初步建立光影效果的基础上，艺术家需进一步深入刻画细节光影。这包括对物体边缘、表面质感、阴影形态以及高光部分的精细处理。通过细腻的笔触和色彩渐变，艺术家能够增强光影效果的层次感和立体感，使画面中的物体更加逼真、生动。同时，细节光影的深入刻画还能有效提升画面的质感与表现力，使观众在欣赏时能够感受到光影的微妙变化与丰富内涵。

（三）光影对比的适度调整

光影对比是构建画面层次感和空间感的重要手段。然而，在初步建立光影效果时，艺术家可能因过于追求画面的丰富性而忽略了光影对比的适度性。因此，在调整与优化阶段，艺术家须根据画面的整体效果，适度调整光影对比的强弱。过强的对比可能使画面显得生硬刺眼，而过弱的对比则可能使画面显得平淡无奇。艺术家须通过反复尝试与调整，找到最适合画面需求的光影对比强度，实现最佳的视觉效果。

（四）光影过渡的自然衔接

光影过渡的自然衔接是确保画面和谐统一的关键。在数字绘画中，艺术家须特别注意光影之间的过渡处理，避免出现生硬的光影分界线。为了实现自然流畅的光影过渡，艺术家可采用渐变色彩、模糊边缘等手法，使光影之间的转换更加柔和自然。同时，艺术家还须关注光影与物体形态、材质等因素的相互关系，确保光影过渡与画面整体效果的协调统一。

（五）光影与情感的深度融合

光影不仅是画面的视觉元素，更是情感表达的载体。在调整与优化光影效果时，艺术家应注重光影与情感的深度融合。通过巧妙运用光影的明暗对比、色彩变化以及流动方向等因素，艺术家能够营造出与画面主题、氛围及情感表达相契合的光影效果。这种深度融合不仅能够增强画面的感染力与表现力，还能使观众在欣赏时深刻感受到艺术家所传达的情感与思想。

（六）反复迭代与持续优化

光影效果的调整与优化是一个反复迭代的过程。艺术家应保持对画面的敏锐观察与深入思考，不断发现并解决问题。在每一次迭代中，艺术家都须对光影效果进行细致入微的调整与改进，以确保其始终与画面整体效果保持高度一致。通过持续的优化工作，艺术家能够逐步提升作品的艺术品质与表现力，最终创作出令人瞩目的数字绘画作品。

光影效果的调整与优化是数字绘画创作过程中不可或缺的重要环节。通过不断地调整与优化，艺术家能够确保光影效果与画面主题、氛围及情感表达的高度契合，从而创作出更加生动、逼真且富有感染力的作品。这一过程不仅是对艺术家技艺的考验与提升，更是对艺术追求的执着与坚持。

第六章　数字绘画风格探索

第一节　数字绘画风格的多样性

一、风格分类概述

（一）写实风格：追求真实与细腻

写实风格在数字绘画中占据重要地位，它致力于通过精确的笔触、光影处理和色彩运用，再现现实世界的细节与质感。这种风格强调对物体形态、光影变化、空间透视以及材质特性的精准描绘，使观者仿佛能触摸到画面中的每一个元素。

在写实风格绘画的创作中，艺术家须具备深厚的绘画功底和敏锐的观察力。他们运用数字绘画软件的强大功能，如高分辨率的画布、精细的笔刷工具以及丰富的色彩管理选项，来捕捉并表现自然光线的微妙变化、物体表面的纹理细节以及环境的真实氛围。同时，写实风格也注重色彩的真实还原，通过精确的色彩搭配和调色技巧，使画面中的色彩与现实世界中的色彩保持一致，营造出强烈的真实感。写实风格的作品往往具有高度的艺术价值和观赏价值，它们不仅能够让人感受到艺术家精湛的技艺和深厚的艺术修养，还能够激发人们对美好生活的向往和追求。

（二）卡通风格：简约与夸张的魅力

与写实风格截然不同，卡通风格以其简约的线条、夸张的形象和鲜明的色彩为特点，深受大众喜爱。在数字绘画中，卡通风格通过简化物体的形态和结构，强调其趣味性和可爱特质，营造出一种轻松愉快的氛围。

卡通风格绘画的创作往往不拘泥于现实的束缚，艺术家可以充分发挥想象力和创造力，将物体进行夸张变形或赋予其拟人化的特征。这种风格中的色彩运用也极为大胆和鲜明，常常使用高饱和度的色彩来增强画面的视觉冲击力。同时，卡通风格还注重画面的整体性和连贯性，通过统一的色彩风格和构图布局来创造出一个充满趣味和想象的世界。卡通风格的作品广泛应用于动画、漫画、游戏等领域，它们以独特的魅力和广泛的受众基础成为数字绘画中不可或缺的一部分。

（三）抽象风格：情感与意象的释放

抽象风格是数字绘画中最具表现力和探索性的风格之一。它摒弃了对现实物象的直接描绘，转而通过形状、色彩、线条等元素的自由组合和排列来表达艺术家的情感、思想和观念。

在抽象风格绘画的创作中，艺术家将个人情感和主观意象转化为视觉语言，通过非具象的形式来传达深层的意义和感受。这种风格中的色彩和线条不再是客观物象的再现，而是成为情感表达的载体。艺术家可以运用大胆的色彩对比、强烈的线条张力以及不规则的形状组合，来创造出一种独特而强烈的视觉体验。抽象风格的作品往往具有高度的艺术性和思想性，它们能够激发观者的想象力和思考力并引导他们去探索和感受作品中蕴含的深层意义。这种风格在数字绘画领域中具有重要的地位和作用，它推动了绘画艺术的创新和发展。

二、风格的历史渊源

在数字绘画的广阔天地中，各种风格流派如同璀璨星辰，各自闪耀着独特的光芒。这些风格不仅是对传统绘画艺术的继承与发展，更是在数字技术的推动下，形成了全新的艺术表达形式。追溯不同风格在绘画史上的起源和发展，我们得以深入理解其背后的文化和艺术背景，感受数字绘画的多样魅力。

（一）古典主义的数字回响

古典主义风格，源于文艺复兴时期对古典美学与古希腊古罗马艺术的追求，强调和谐、均衡与理想化的美。在数字绘画领域，古典主义风格通过精准的线条勾勒、细腻的光影处理以及对构图的严格把控，展现出一种超越现实的完美与庄重。当下，艺术家运用数字工具，模拟传统绘画材料的质感与色彩，创造出既具古典韵味又不失现代感的作品。这一风格的流行，反映了当代艺术家对古典美学的致敬与再创造。

（二）印象派的数字演绎

印象派，源自 19 世纪末法国的一场艺术革命，以其对光影变化的敏锐捕捉和色彩表现的自由奔放而著称。在数字绘画中，印象派风格得到了全新的演绎。艺术家们利用数字技术的优势，更加灵活地处理色彩与光影，通过模糊边缘、增强色彩对比等手法，营造出一种光影交错、色彩斑斓的视觉效果。这种风格不仅保留了印象派的核心精神，还融入了现代审美观念，展现了数字绘画在表现光影与色彩方面的独特魅力。

（三）表现主义的数字探索

表现主义风格，强调艺术家的主观情感与个性表达，通过扭曲的形象、强烈的色彩和粗犷的笔触来传达内心的情感与体验。在数字绘画中，表现主义风格得到了更为深入的探索。现在艺术家利用数字技术的便捷性，创造出形态各异、充满张力的形象，同时运用丰富的色彩和动态的构图，将内心的情感与思想淋漓尽致地表达出来。这种风格的作品往往具有强烈的视觉冲击力，是数字绘画中极具探索性和创新性的流派之一。

（四）抽象主义的数字拓展

抽象主义风格，打破了传统绘画对现实世界的依赖，以点、线、面等基本元素构建出非具象的画面。在数字绘画领域，抽象主义风格得到了更为广阔的拓展空间。艺术家运用数字技术的强大功能，创造出形态多变、色彩丰富的抽象图案和纹理，通过非具象的视觉语言传达出深邃的哲理和丰富的情感。这种风格的作品往往具有高度的艺术性和观赏性，是数字绘画中极具探索性和前卫性的流派之一。

（五）后现代主义的数字融合

后现代主义风格，是对现代主义艺术的一种反思与超越，强调多元文化的融合、艺术的去中心化和反传统性。在数字绘画中，后现代主义风格展现了其独特的魅力。艺术家运用数字技术，将不同文化、不同艺术流派的元素进行混搭与融合，创造出具有强烈时代感和文化内涵的作品。同时，他们还通过戏仿、拼贴等手法，对传统艺术进行解构与重组，展现出一种全新的艺术观念和审美体验。这种风格的作品不仅具有极高的艺术价值，还反映了当代社会对多元文化和艺术创新的追求。

不同风格在数字绘画中的起源和发展，是对传统绘画艺术的继承与拓展，也是数字技术与艺术创作深度融合的产物。通过追溯这些风格的历史渊源，我们可以更好地理解其背后的文化和艺术背景，感受数字绘画的多样魅力和无限可能。

三、风格融合与创新

（一）风格融合的多元趋势

在数字绘画的广阔天地里，风格的融合已成为一种不可忽视的多元趋势。这种融合不仅打破了传统风格界限，还促进了艺术形式的创新与发展。不同风格之间的交流与碰撞，为艺术家提供了更为广阔的创作空间和灵感源泉。

写实风格与卡通风格的融合，是近年来较为常见的现象。艺术家尝试将写实风格的细腻与精准，与卡通风格的简约与夸张相结合，创造出既具有现实感又不失趣味性的作品。这种融合不仅丰富了画面的视觉效果，还使作品更加贴近现代审美需求。抽象风格与其他风格的融合则更为大胆和前卫。艺术家将抽象的色彩、线条与具象的形态相结合，创造出一种独特的视觉语言。这种融合不仅挑战了观众的视觉习惯，还引导他们深入思考作品背后的意义和价值。

此外，随着数字技术的发展，跨媒介风格的融合也日益增多。艺术家们利用数字绘画软件的强大功能，将传统绘画、摄影、设计等多种艺术形式融合在一起，创造出全新的视觉体验。这种融合不仅打破了艺术形式的界限，还推动了艺术创作的多元化发展。

（二）创新：在风格基础上的探索与突破

在现有风格基础上进行创新，是数字绘画艺术家永恒的追求。创新不仅意味着对传统的挑战和超越，更意味着对未知领域的探索和开拓。艺术家可以从传统风格中汲取灵感，通过重新诠释和组合传统元素来创造出新的风格。例如，在写实风格的基础上融入卡通元素的夸张变形，或者在抽象风格中引入具象形态的象征意义等。这些创新尝试不仅丰富了数字绘画的艺术语言，还拓展了其表现力和感染力。

艺术家们还可以结合时代特征和审美趋势来创新风格。随着社会的不断发展和进步，人们的审美观念和价值取向也在不断变化。艺术家应敏锐地捕捉这些变化，并将其融入自己的创作中。例如，将现代科技元素与传统绘画风格相结合，创造出具有未来感的作品；或者将环保、和平等社会议题融入作品中，传递积极向上的价值观。

艺术家还应不断探索数字绘画技术的新边界。随着数字技术的不断发展和更新，新的绘画工具和效果层出不穷。艺术家应积极学习和掌握这些新技术，并将其运用到自己的创作中。通过技术的创新来推动风格的创新，为数字绘画艺术注入新的活力和生命力。

风格的融合与创新是数字绘画艺术发展的重要动力。艺术家应勇于尝试、敢于突破，在继承传统的基础上不断创新和发展，为数字绘画艺术创造更加美好的未来。

四、风格与受众偏好

在数字绘画的世界里，风格不仅是艺术家个人表达的媒介，也是连接作品与受众之间情感与审美的桥梁。不同的风格以其独特的魅力吸引着特定的受众群体，而风格的选择则深刻影响着作品的传播范围与影响力。

（一）风格与受众的情感共鸣

每一种绘画风格都蕴含着特定的情感色彩与审美倾向，它们能够引起受众内心深处的共鸣。例如，细腻温婉的古典主义风格往往能吸引那些喜爱传统美学、追求和谐与宁静的受众；而热情奔放的印象派风格则更受那些崇尚自由、热爱自然与生活的观众青睐。通过选择与受众情感相契合的风格，艺术家能够更有效地传达作品的主题与意境，从而增强作品的感染力和吸引力。

（二）风格与受众的审美偏好

受众的审美偏好是多样且复杂的，它们受到文化、教育、生活经历等多种因素的影响。不同的受众群体对于绘画风格的偏好也存在明显差异。例如，年轻一代可能更倾向于接受具有现代感、创新性的数字绘画风格，如抽象主义、后现代主义等；而中老年观众则可能更偏爱具有历史厚重感、传统韵味的古典主义或写实主义风格。因此，艺术家在创作时需充分考虑目标受众的审美偏好，选择合适的风格以更好地满足其审美需求。

（三）风格对作品传播的影响

风格不仅是作品内在品质的体现，也是影响作品传播效果的重要因素。

一个具有鲜明特色和独特魅力的风格能够迅速吸引受众的注意，提高作品的识别度和传播力。在数字时代，社交媒体、在线画廊等平台为数字绘画的传播提供了广阔的空间。艺术家通过在这些平台上展示自己的作品，可以迅速接触到大量潜在受众。而一个与受众偏好高度契合的风格则能够促使这些潜在受众转化为真正的观众和粉丝，进而推动作品的广泛传播和深入影响。

（四）风格创新与受众拓展

随着时代的发展和审美的不断变化，受众的偏好也在逐渐演变。因此，艺术家在保持个人风格特色的同时，也需要不断探索和创造新的风格元素和表现手法，以满足不断变化的受众需求。通过风格创新，艺术家不仅能够吸引更多新的受众群体，还能够拓展作品的传播领域和影响力范围。同时，风格创新也是艺术家个人成长和艺术探索的重要途径，它能够激发艺术家的创造力和想象力，推动数字绘画艺术的不断发展和繁荣。

风格与受众偏好之间存在着紧密的联系和互动关系。艺术家在创作数字绘画作品时，应充分考虑受众的情感共鸣、审美偏好以及作品传播的需求，选择合适的风格以更好地实现个人表达与受众需求的和谐统一。同时，通过不断探索和创造新的风格元素和表现手法，艺术家还能够拓展受众群体、提升作品传播力，为数字绘画艺术的繁荣发展贡献自己的力量。

五、风格探索的意义

（一）拓宽艺术视野，激发创作灵感

在数字绘画领域，探索不同风格的重要性首先体现在它能够极大地拓宽艺术家的艺术视野。每一种风格都承载着特定的文化背景、审美理念和艺术追求，它们如同五彩斑斓的窗口，让艺术家得以感悟不同的艺术世界和创作可能。通过深入学习和实践不同风格，艺术家能够接触到更为丰富

多样的艺术语言和表现手法，从而激发新的创作灵感和思路。

这种灵感的激发不仅来源于对外部世界的观察和体验，更源自内心深处对艺术的热爱和追求。当艺术家在探索不同风格的过程中遇到挑战和困难时，他们会更加积极地思考、尝试和突破，这个过程本身就是一种宝贵的创作经验和灵感来源。

（二）促进个人艺术成长，提升创作能力

风格探索对艺术家的个人成长具有不可估量的价值。在不断地尝试和实践中，艺术家会逐渐形成自己独特的艺术语言和创作风格。这种风格的形成不是一蹴而就的，而是需要经过长时间的积累和沉淀。通过探索不同风格，艺术家能够更全面地了解自己的创作特点和优势，同时也能够更清晰地认识到自己的不足和需要改进的地方。

在这个过程中，艺术家的创作能力会得到显著提升。他们会更加熟练地运用各种绘画工具和技法，更加精准地把握色彩、线条和构图等要素，从而创作出更具感染力和表现力的作品。同时，他们还会学会如何将自己的情感和思想融入作品中，使作品更加生动、真实和具有深度。

（三）推动艺术创新，丰富艺术生态

风格探索不仅是个人艺术成长的重要途径，也是推动整个艺术领域创新发展的关键力量。在数字绘画领域，艺术家通过不断地尝试和融合不同风格，创造出了许多新颖独特的艺术形式和表现手法。这些创新不仅丰富了数字绘画的艺术语言和表现形式，还推动了整个艺术生态的多元化和繁荣发展。同时，风格探索还促进了不同文化之间的交流和融合。在全球化的大背景下，不同文化之间的交流和互动日益频繁。艺术家通过探索不同风格，能够更加深入地了解和感受不同文化的独特魅力和艺术价值。这种跨文化的交流和融合，不仅促进了文化的多样性和包容性发展，还为艺术家们提供了更为广阔的创作空间和灵感源泉。

探索不同风格在数字绘画中具有极其重要的意义。它不仅能够拓宽艺

术家的艺术视野、激发创作灵感、促进个人艺术成长和提升创作能力；还能够推动整个艺术领域的创新和发展、丰富艺术生态、促进文化交流与融合。因此，我们应该鼓励和支持艺术家在数字绘画中勇于探索、敢于创新、不断突破自我限制和束缚；同时也应该为他们提供更加开放、包容和多元化的创作环境和平台。

第二节　写实风格的表现技巧

一、细节刻画与质感表现

在写实风格的数字绘画中，细节刻画与质感表现是构成画面真实感不可或缺的两大要素。它们共同作用于画面，使观者能够感受到超越二维平面的立体空间与材料质感，仿佛置身于画境之中。

（一）精准的光影模拟

光影是自然界中塑造物体形态与质感的重要元素。在写实风格的数字绘画中，精准模拟光影效果是增强画面真实感的关键。艺术家须细致观察光源的位置、强度以及物体表面的反射、折射现象，通过层次分明的明暗对比、柔和的光影过渡以及高光与阴影的精确刻画，塑造出逼真的光影效果。这种光影模拟不仅增强了物体的立体感，还使画面中的每一个细节都充满了生命力。

（二）细腻的纹理展现

纹理是物体表面质感的直接体现。在数字绘画中，艺术家可以利用各种绘图软件和笔刷工具，通过细致的笔触和色彩渐变来模拟不同材质的纹理效果。无论是粗糙的岩石、光滑的金属还是柔软的织物，艺术家都需根据物体的特性，精准把握其纹理的走向、密度和色彩变化，使画面中的每一个物体都呈现出独特的质感。这种细腻的纹理展现不仅丰富了画面的视觉层次，还提升了观者的感知体验。

（三）精确的形态塑造

形态是物体存在的基础。在写实风格的数字绘画中，艺术家须对物体的形态进行精确塑造，包括其比例、结构和轮廓等方面。通过准确的线条勾勒和形态调整，艺术家能够创造出符合透视原理和解剖结构的物体形象，使画面中的物体看起来更加真实可信。同时，艺术家还须注意物体之间的空间关系与相互遮挡，通过巧妙的构图和布局，营造出具有深度感和层次感的画面空间。

（四）色彩的真实还原

色彩是绘画中表达情感与氛围的重要手段。在写实风格的数字绘画中，艺术家应注重色彩的真实还原，即根据物体的固有色、环境色和光源色等因素，准确调配出与实物相符的色彩效果。这要求艺术家具备敏锐的色彩感知能力和丰富的色彩理论知识，能够灵活运用色彩对比、互补与和谐等原理，使画面中的色彩既丰富又统一，既真实又富有表现力。

（五）细节的深入挖掘

细节是画面的点睛之笔。在写实风格的数字绘画中，艺术家须深入挖掘并刻画画面中的每一个细节，包括物体的微观结构、表面的微小瑕疵以及环境中的细微变化等。这些细节不仅丰富了画面的内容，还使画面更加生动逼真。艺术家要有耐心和毅力，通过反复推敲和精心雕琢，将每一个细节都做到极致完美。

细节刻画与质感表现在写实风格数字绘画中发挥着至关重要的作用。艺术家须通过精准的光影模拟、细腻的纹理展现、精确的形态塑造、色彩的真实还原以及细节的深入挖掘等手段，不断增强画面的真实感与表现力。只有这样，才能创作出令人信服、引人入胜的写实风格数字绘画作品。

二、光影与色彩的精准运用

（一）光影的魔力：塑造立体与深度

在写实风格的数字绘画中，光影的运用是塑造物体形态与空间感不可或缺的关键。光影不仅能够赋予画面生动的视觉效果，还能通过明暗对比、投影与高光等手法，塑造出强烈的立体感和深度感。光影的精准运用首先依赖于对光源的准确设定。艺术家须明确光源的位置、强度、颜色以及照射角度，这些因素将直接影响物体表面的明暗分布和色彩变化。通过模拟自然光或人造光源的效果，艺术家能够创造出逼真而富有层次感的画面。

在绘制过程中，艺术家需细致观察并捕捉光影的微妙变化。高光区域通常位于物体表面直接受光处，呈现出明亮而鲜艳的色彩；而阴影区域则位于背光处，色彩相对暗淡且可能带有环境色的反射。通过对比高光与阴影的明暗程度、色彩饱和度以及形状变化，艺术家能够准确表现出物体的体积感和质感。

此外，投影也是塑造立体感和空间感的重要手段。投影的形状、大小、方向和深浅都能反映出物体与光源之间的位置关系，以及物体自身的形态特点。艺术家须根据光源的照射方向和物体的形状特点来绘制投影，使其与物体表面形成自然的过渡和衔接。

（二）色彩的奥秘：渲染氛围与情感

色彩在写实风格的数字绘画中同样扮演着至关重要的角色。色彩不仅能够真实再现物体的固有色和环境色，还能通过色彩搭配和色调调节来渲染画面的氛围和情感。色彩的精准运用需要艺术家具备扎实的色彩理论知识和敏锐的色彩感知能力。艺术家须了解色彩的基本属性（如色相、明度、纯度等）以及色彩之间的相互作用关系（如对比、和谐、互补等），以便在绘画过程中灵活运用色彩来表达自己的意图和情感。

在写实风格的绘画中，色彩的运用须紧密结合光影效果。高光区域通常使用明亮的色彩来强调其受光状态；而阴影区域则可能采用较为暗淡或带有环境色的色彩来表现其背光状态。同时，艺术家还须注意色彩之间的过渡和融合，避免出现生硬的色彩分界线或色彩断层现象。

色调的调节也是渲染画面氛围的重要手段。通过调整画面整体的色调倾向（如冷暖色调、明暗对比等），艺术家能够营造出不同的情感氛围和视觉效果。例如，暖色调可以塑造出温馨、舒适的氛围；而冷色调则能展现出清新、冷静的感觉。

光影与色彩的精准运用是写实风格数字绘画中不可或缺的关键要素。通过巧妙运用光影和色彩的变化规律，以及它们之间的相互作用关系，艺术家能够创造出逼真而富有感染力的画面效果，让观众尽享非凡的视觉盛宴，引发强烈的情感共鸣。

三、透视与构图的严谨性

在写实风格的数字绘画中，透视与构图不仅是画面的骨架，更是构建画面深度和立体感的核心要素。这种风格对透视的精准把握和构图的严谨设计有着极高的要求，它们共同作用于画面，使观者能够感受到强烈的空间感和立体感。

（一）透视的精准运用：空间深度的营造

透视是表现空间深度和立体感的重要手段。在写实风格的数字绘画中，艺术家需深入掌握线性透视、空气透视等多种透视原理，并将其灵活应用于画面之中。线性透视通过近大远小、平行线相交于灭点等规律，打造出强烈的空间纵深感；而空气透视则通过色彩的明度、纯度变化以及细节的模糊处理，模拟出大气对视觉的影响，增强画面的深远感。艺术家须根据画面的具体需求，选择合适的透视方法，并通过精确地计算与调整，确保透视效果的准确无误。这种对透视的精准运用，不仅使画面中的物体呈现出合理的空间关系，还赋予了画面以强烈的视觉冲击力。

（二）构图的巧妙布局：视觉焦点的引导

构图是画面内容的组织方式，也是引导观者视线、传达画面主旨的关键。在写实风格的数字绘画中，艺术家须注重构图的巧妙布局，通过合理地安排画面元素，构建出既平衡又富有动感的视觉结构。艺术家应明确画面的主题与中心思想，将主要物体置于画面的视觉中心或黄金分割点等关键位置，以吸引观者的注意力；同时，还应利用线条的引导、色彩的对比与和谐、形状的重复与变化等构图手法，创造出富有节奏感和韵律感的画面效果。这种对构图的严谨设计，不仅使画面呈现出清晰的层次感和视觉焦点，还引导观者按照艺术家的意图去解读画面内容，增强了画面的表现力与感染力。

（三）透视与构图的相互融合：空间感与立体感的构建

透视与构图在写实风格数字绘画中并非孤立存在，而是相互融合、相互作用的。艺术家应将透视的精准运用与构图的巧妙布局紧密结合起来，通过透视的引导与构图的安排，共同构建出画面的空间感与立体感。例如，在构图中通过线条的延伸与汇聚来强化透视效果，使画面中的空间关系更加明确；同时，利用透视的变化来调整画面的节奏感与韵律感，使构图更加生动有力。这种透视与构图的相互融合，不仅使画面呈现出强烈的视觉冲击力与感染力，还使观者在欣赏画面的过程中获得深刻的审美体验与情感共鸣。

透视与构图的严谨性，是写实风格数字绘画中不可或缺的重要元素。艺术家须通过精准的透视运用与巧妙的构图布局，共同构建出画面的空间感与立体感。只有这样，才能创作出既真实可信又富有艺术魅力的写实风格数字绘画作品。

四、参考素材的收集与处理

（一）明确需求，精准定位素材来源

在创作写实风格作品时，收集参考素材的第一步是明确作品所需的具体内容和细节。这包括确定作品的主题、场景、物体以及它们之间的关系等。有了明确的需求，艺术家便能更加精准地定位素材来源，提高收集效率。

参考素材的来源广泛多样，包括但不限于网络图片库、专业摄影网站、图书资料、实地拍摄等。艺术家应根据作品的具体需求选择合适的素材来源。例如，对于需要高度还原现实场景的作品，实地拍摄和专业摄影网站是更好的选择；而对于需要特定角度或细节的作品，网络图片库和图书资料则能提供丰富的资源。

（二）筛选与整理，确保素材质量

收集到大量素材后，艺术家需要进行仔细的筛选和整理工作。这一步骤至关重要，因为它直接关系到作品的准确性和真实感。筛选素材时，艺术家应关注素材的清晰度、色彩还原度、光线条件以及构图等因素。清晰度高的素材能更好地展现物体的细节和质感；色彩还原度高的素材则能确保作品色彩的真实性和自然性；良好的光线条件和构图则能提升画面的整体美感。

整理素材时，艺术家可以将它们按照主题、场景或物体进行分类，并标注好来源和使用权限等信息。这样做有助于在后续的创作过程中快速找到所需素材，并避免潜在的版权问题。

（三）深入分析与研究，提炼关键信息

在筛选和整理好素材后，艺术家需要对其进行深入的分析和研究。这一步骤旨在提炼出素材中的关键信息，为创作提供有力的支撑。艺术家应

仔细观察素材中的物体形态、结构比例、光影变化以及色彩搭配等细节，并尝试理解其背后的物理原理和视觉规律。通过对比不同素材之间的异同点，艺术家可以更加准确地把握物体的特征和规律，从而在创作中做到心中有数。

此外，艺术家还可以结合自己的创作经验和审美判断，对素材进行适当的加工和改造。例如，通过调整色彩饱和度、对比度或明暗关系等手法来增强画面的表现力；或者通过剪裁、拼接等方式来重新组合素材元素以符合创作需求。

（四）技术辅助，优化素材使用效果

在数字绘画中，技术辅助是提高素材使用效果的重要手段。艺术家可以利用各种图像处理软件和绘图工具来优化素材的使用效果，使其更好地融入作品中。例如，通过调整图层属性、应用滤镜效果或进行色彩校正等手法来增强素材的质感和层次感；或者利用绘画软件中的笔刷工具和色彩混合功能来模拟真实绘画的笔触和色彩过渡效果。这些技术手段不仅能帮助艺术家更好地利用素材资源，还能提升作品的艺术价值和观赏性。

在创作写实风格作品时，收集和处理参考素材是一个系统而复杂的过程。艺术家需要明确需求、精准定位素材来源；筛选与整理素材以确保其质量；深入分析与研究素材以提炼关键信息；并利用技术辅助手段优化素材使用效果。通过这些步骤的有机结合和不断实践探索，艺术家能够创作出具有高度准确性和真实感的写实风格作品。

五、持续观察与练习的重要性

在写实风格的数字绘画领域，技艺的精进离不开艺术家持续地观察与练习。这一过程不仅是技术层面的磨砺，更是对现实世界深刻理解与感知的不断提升。

（一）观察：洞察细微，捕捉真实

观察是绘画创作的起点，也是写实风格的核心。艺术家需具备敏锐的观察力，能够洞察自然界的微妙变化，捕捉到那些稍纵即逝的真实瞬间。这种观察不仅仅是视觉上的浏览，更是心灵上的感受与理解。艺术家应学会用艺术家的眼光去审视世界，关注物体的形态、结构、质感以及光影、色彩等细节，通过不断地观察积累，形成对现实的深刻感知与独特见解。在数字绘画中，艺术家可以利用数字工具的优势，对观察对象进行更加细致入微的分析与记录，为创作提供丰富的素材与灵感。

（二）理解：深入剖析，把握本质

观察之后的理解是艺术创作的关键。艺术家须对观察所得进行深入剖析，把握物体的本质特征与内在规律。这包括对物体形态结构的理解、光影变化规律的掌握以及色彩关系的分析等。通过理解，艺术家能够更准确地还原现实，使画面中的物体既符合客观规律又富有艺术表现力。在写实风格的数字绘画中，艺术家还须对数字绘画技术有深入的了解，包括软件操作、笔刷运用、色彩管理等方面，以便更好地将观察所得转化为画面上的形象。

（三）练习：熟能生巧，技艺精进

练习是提高技艺的必经之路。艺术家应通过大量的练习来巩固所学知识，提高绘画技能。在写实风格的数字绘画中，练习不仅包括对基本技法的掌握与运用，还包括对画面构图、透视、光影等复杂问题的处理。艺术家应制定科学合理的练习计划，有针对性地进行训练，逐步提高自己的绘画水平。同时，艺术家还须保持耐心与毅力，勇于面对挑战与困难，在不断的实践中积累经验、总结教训，最终实现技艺的精进。

（四）反思：总结经验，提升自我

反思是艺术创作中不可或缺的一环。艺术家在完成作品后，应及时进行反思与总结，分析自己的优点与不足，明确未来的努力方向。在写实风格的数字绘画中，反思不仅有助于艺术家发现自己的技术短板与审美偏差，还能激发其创新思维与创造力。艺术家应学会从多个角度审视自己的作品，包括画面的整体效果、细节处理、技术运用等方面，通过不断地反思与改进，提升自己的艺术修养与创作能力。

（五）保持敏锐：与时俱进，紧跟潮流

写实风格的数字绘画是一个不断发展的领域。随着科技的进步与艺术的创新，新的绘画技法、工具与理念不断涌现。艺术家须保持敏锐的感知力，关注行业动态与前沿趋势，及时吸收新知识、新技能，以适应时代的发展与变化。同时，艺术家还须保持开放的心态与独立的思考能力，在传承与创新之间找到平衡点，创造出既具有时代特色又富有个人风格的写实风格数字绘画作品。

持续观察与练习是提高写实风格和数字绘画技艺的重要途径。艺术家应通过敏锐地观察、深入地理解、刻苦地练习、不断地反思以及保持敏锐的感知力，来提升自己的绘画技能与创作能力。只有这样，才能在写实风格的数字绘画领域中不断探索前行，创作出更加真实、生动、感人的艺术作品。

第三节　卡通与动漫风格

一、卡通与动漫风格的特点

（一）造型的夸张与幻想

卡通与动漫风格在造型设计上往往追求极致的夸张与幻想，这一特点在数字绘画中得到了淋漓尽致的展现。卡通角色的造型往往不拘泥于现实世界的物理规律，通过夸张的比例、变形的体态以及丰富的想象力，创造出既有趣又富有个性的角色形象。大眼睛、小嘴巴、细长的四肢或是圆润的身躯，这些特征在卡通与动漫中屡见不鲜，它们以简化和概括的方式，强化了角色的辨识度和情感表达。

在色彩方面，卡通与动漫风格的造型也充满了鲜明的对比和丰富的想象力。角色服装的设计往往色彩斑斓，采用高饱和度的色彩搭配，营造出活泼、欢快的氛围。同时，通过色彩的变化和对比，还可以巧妙地传达出角色的情绪状态、性格特点以及场景的氛围变化。这种色彩的运用不仅增强了画面的视觉冲击力，也丰富了作品的艺术表现力。

（二）色彩的鲜艳与对比

卡通与动漫风格在色彩运用上独具匠心，以鲜艳、明快的色彩为主调，塑造出一种梦幻般的视觉效果。这种色彩选择不仅符合了卡通与动漫的受众群体——儿童和青少年的审美偏好，也有效地增强了作品的吸引力和感染力。在卡通与动漫中，色彩往往被赋予了丰富的象征意义和情感表达功能。通过色彩的冷暖对比、明暗对比以及色相、纯度、明度的变化，艺术家能够巧妙地传达出角色的内心世界、情感波动以及故事的发展脉络。例如，暖色调常被用来表现温馨、幸福的场景或角色的喜悦情绪；而冷色调则往往与孤独、悲伤或紧张的氛围相关联。

（三）线条的简洁与表现力

卡通与动漫风格的线条设计以简洁、流畅著称，这是其区别于其他绘画风格的重要特征之一。在数字绘画中，艺术家通过精确控制线条的粗细、曲直、疏密等变化，来塑造出富有生命力的角色形象和生动的场景氛围。线条的简洁并不意味着简单或缺乏表现力。相反，卡通与动漫风格的线条设计往往蕴含着丰富的情感信息和视觉冲击力。一条流畅的线条可以勾勒出角色的动态轮廓和姿态美；而一条粗犷有力的线条则能表现出角色的力量和决心。此外，线条的疏密变化也能有效地营造出画面的空间感和层次感，使作品更加生动立体。

卡通与动漫风格在造型、色彩、线条等方面都展现出了独特的艺术魅力。它们以夸张的造型设计、鲜艳的色彩搭配以及简洁而富有表现力的线条语言，共同构建了一个充满幻想和创意的艺术世界。在数字绘画的语境下，这些特点得到了更加充分的发挥和展现，为艺术家提供了广阔的创作空间和无限的想象可能。

二、角色设计与情感表达

在卡通与动漫这一充满活力的艺术领域中，角色设计不仅是构成作品视觉吸引力的基石，更是传达深层次情感与故事内涵的关键。通过精心设计的角色形象，艺术家能够跨越语言的界限，与全球观众建立深刻的情感联系，共同探索虚拟世界的无限可能。

（一）角色设计：塑造独特个性的艺术

角色设计是卡通与动漫创作的核心环节之一，它要求艺术家在特定的创作要求下，运用合适的笔触和色彩创造出既符合故事背景，又独具个性的角色形象。这一过程涉及对角色外表、服饰、动作乃至性格特征的全面构思与塑造。优秀的角色设计能够让人物跃然纸上，即便是使用简单的线条与色彩，也能传递出丰富的情感与生命力。例如，通过夸张的比例、鲜明的色彩对比或是独特的造型元素，艺术家能够赋予角色以鲜明的个性特征，使其在众多角色中脱颖而出，成为观众心中的经典形象。

（二）情感传达：角色与观众的心灵对话

卡通与动漫中的角色不仅仅是视觉上的呈现，更是情感与故事的载体。通过角色的言行举止、表情变化以及与其他角色的互动，艺术家能够巧妙地传达出复杂的情感与深刻的主题。观众在观赏过程中，往往会不自觉地将自己代入到角色之中，与角色同悲共喜，体验着角色的成长与蜕变。因此，角色设计必须注重情感表达的细腻与真实，让角色成为连接观众与作品情感的桥梁。艺术家应通过深入挖掘角色的内心世界，将其情感状态以直观、生动的方式呈现出来，从而引起观众的共鸣与思考。

（三）故事叙述：角色驱动情节发展的动力

在卡通与动漫作品中，角色不仅是情感的传达者，更是推动情节发展的核心动力。一个成功的角色设计，应该能够自然地融入故事之中，成为情节发展的关键节点。通过角色的成长、冲突与化解，艺术家能够构建出扣人心弦的故事情节，引导观众一步步深入探索作品的内涵与意义。因此，在角色设计过程中，艺术家应充分考虑角色与故事之间的关联性，确保角色行为逻辑的合理性与一致性，使角色成为推动故事发展的有力工具。

（四）数字绘画技术：赋予角色设计无限可能

随着数字绘画技术的不断发展，卡通与动漫的角色设计迎来了前所未有的创作空间。艺术家可以利用各种绘图软件与工具，实现更加精细、复杂的角色设计效果。从角色建模到材质贴图，从光影渲染到动态效果，数字绘画技术为角色设计提供了全方位的支持与保障。这不仅极大地提高了创作效率与质量，还使得角色设计更加多样化与个性化。艺术家可以充分发挥自己的想象力与创造力，将传统与现代、现实与幻想巧妙地融合在一起，创造出令人惊叹的角色形象。

角色设计与情感表达在卡通与动漫风格中占据着举足轻重的地位。通过精心设计的角色形象与细腻真实的情感传达，艺术家能够构建出引人入胜的故事世界，与观众建立深刻的情感联系。而数字绘画技术的不断革新，则为角色设计提供了更加广阔的创作空间与可能性。在未来的卡通与动漫创作中，我们有理由相信，角色设计与情感表达将继续发挥着不可替代的作用，引领着这一艺术形式不断向前发展。

三、色彩与氛围的营造

（一）色彩的情感传达与氛围构建

在卡通与动漫风格的数字绘画中，色彩不仅是视觉的呈现者，更是情感的载体和氛围的构建者。通过精心挑选和搭配色彩，艺术家能够创造出丰富多样的情感氛围，引领观众进入特定的情绪状态。

色彩的情感传达是基于人类共同的色彩心理感受。在卡通与动漫中，色彩情感被巧妙地运用，通过调整色彩的纯度、明度以及与其他色彩的对比关系，艺术家能够精确地传达出角色内心的波动、场景的情绪基调以及故事的深层含义。

（二）色彩对比与和谐在氛围营造中的应用

色彩对比与和谐是营造氛围的重要手段。在卡通与动漫风格的数字绘画中，艺术家通过巧妙的色彩对比，如冷暖对比、明暗对比、色相对比等，来增强画面的视觉冲击力和情感表达力。同时，他们也注重色彩之间的和谐统一，通过色彩搭配的协调性来营造出和谐、舒适的视觉体验。冷暖对比在卡通与动漫中尤为常见。冷色调的背景与暖色调的前景形成鲜明对比，能够突出画面的主体，并创造出一种温暖而神秘的氛围。明暗对比则通过光影的变化来强化物体的立体感和空间感，使画面更加生动立体。色相对比则通过不同色彩之间的搭配来丰富画面的色彩层次和视觉效果，使作品更加丰富多彩。

（三）色彩与情感的深度融合

在卡通与动漫风格的数字绘画中，色彩与情感的深度融合是创作的核心之一。艺术家通过色彩的运用，将角色的情感状态、性格特征以及故事的情节发展巧妙地融入画面之中，使观众在欣赏作品的同时能够感受到强烈的情感共鸣。为了实现色彩与情感的深度融合，艺术家需要深入理解角色的内心世界和故事的情感脉络。他们需要思考角色在不同情境下的情感变化，以及这些情感变化如何通过色彩来表达。同时，他们还需要关注色彩之间的情感联系和色彩心理学的原理，以便更好地运用色彩来传达情感信息。

在创作过程中，艺术家可以通过试色、调色等手法来不断调整和完善色彩的运用。他们可以通过观察色彩在画面中的实际效果来感受色彩所传达的情感信息，并根据需要进行微调。通过不断地尝试和实践，艺术家能够逐渐掌握色彩与情感之间的微妙关系，实现色彩与情感的完美结合。

色彩在卡通与动漫风格的数字绘画中扮演着至关重要的角色。它不仅是视觉的呈现和情感的载体，更是氛围的营造者和情感的传达者。通过巧妙的色彩运用和与情感的深度融合，艺术家能够创造出充满生命力、感染力和艺术魅力的卡通与动漫作品。

四、动态与夸张的表现手法

在卡通与动漫这一充满想象与创意的艺术形式中，动态与夸张的表现手法是不可或缺的元素。它们不仅赋予了角色以鲜活的生命力，还极大地增强了作品的视觉冲击力与表现力。

（一）动作夸张：超越现实的活力展现

动作夸张是卡通与动漫中最具标志性的表现手法之一。与现实生活中的动作相比，卡通与动漫中的角色动作往往被放大、加速或变形，以达到更加生动、有趣的效果。这种夸张不仅体现在动作的幅度上，还体现在动作的速度、节奏以及力量的表现上。例如，在描绘角色奔跑时，艺术家可能会故意拉长角色的四肢，使其呈现出一种"橡胶人"般的弹性与灵活，从而让观众感受到角色奔跑时的速度与力量。此外，夸张的动作还能有效地突出角色的性格特征，如勇敢、幽默或笨拙等，使角色形象更加鲜明立体。

（二）表情生动：情感传递的直观窗口

表情是情感传递的重要载体，而在卡通与动漫中，表情的生动性更是被发挥到了极致。艺术家通过夸张的手法，将角色的面部表情放大、变形，使其能够直观地传达出角色的喜怒哀乐、惊讶恐惧等复杂情感。这种夸张不仅让表情更加鲜明易读，还赋予了角色以独特的个性魅力。例如，在表现角色开心时，艺术家可能会将角色的眼睛画成弯弯的月牙形，嘴角大幅度上扬，甚至加入几颗飞出的星星或心形图案，以强化开心的情绪氛围。这种生动的表情设计不仅增强了作品的趣味性，还让观众能够更加深入地理解角色的内心世界。

（三）线条与色彩的运用：强化动态与夸张效果的视觉语言

在数字绘画中，线条与色彩是构建画面、传达情感的重要工具。对于卡通与动漫风格而言，线条的流畅性、粗细变化以及色彩的鲜明对比都是强化动态与夸张效果的关键因素。艺术家通过运用流畅而富有弹性的线条来描绘角色的动作轨迹与形态变化，使画面充满动感与活力。同时，他们还会巧妙地运用色彩对比与渐变来突出角色的重点部位或情感状态，如用鲜艳的色彩来强调角色的眼睛或嘴巴等表情区域，以吸引观众的注意力并加深情感传达的效果。

（四）场景与氛围的营造：动态与夸张手法的延伸

除了角色本身的表现外，场景与氛围的营造也是动态与夸张手法的重要延伸。艺术家通过精心设计的场景布局、光影效果以及色彩搭配来营造出与角色动作和情感相匹配的氛围环境。例如，在描绘一场激烈的战斗场景时，艺术家可能会采用快速切换的镜头、强烈的色彩对比以及夸张的光影效果来营造出紧张刺激的氛围；而在表现温馨浪漫的场景时，则可能会采用柔和的光线、温暖的色调以及细腻的线条来营造出浪漫温馨的氛围。这种场景与氛围的营造不仅增强了作品的视觉冲击力与感染力，还使观众能够沉浸于作品所构建的世界之中。

动态与夸张的表现手法是卡通与动漫风格中不可或缺的元素。它们通过夸张的动作、生动的表情、线条与色彩的运用以及场景与氛围的营造等手法，赋予了作品以鲜活的生命力与强烈的视觉冲击力。在数字绘画的实践中，艺术家们不断探索与创新这些表现手法，以创造出更加丰富多彩、引人入胜的卡通与动漫作品。

五、风格流派与趋势分析

（一）卡通与动漫风格的多元化发展

随着数字绘画技术的不断进步和全球文化交流的日益频繁，卡通与动漫风格呈现出多元化的发展趋势。这种多元化不仅体现在造型设计的多样性和色彩运用的丰富性上，更在于不同文化、地域、艺术流派的融合与创新。

一方面，传统卡通与动漫风格在保留其经典元素的基础上，不断吸收新的艺术元素和表现手法，形成了一系列独具特色的分支流派。例如，日式卡通以其细腻的画风、丰富的情感表达和深刻的主题探讨而受到广泛喜爱；欧美卡通则以其幽默诙谐的叙事风格、夸张的角色设计和鲜明的色彩对比而著称。另一方面，随着跨文化交流的加深，不同国家和地区的卡通与动漫风格开始相互借鉴和融合，产生了许多具有创新性的作品。这些作品在保持各自文化特色的同时，又融入了其他文化的精髓和元素，呈现出一种全新的艺术风貌。

（二）技术革新对风格的影响

数字绘画技术的革新为卡通与动漫风格的创作提供了更加广阔的空间和可能性。随着图形处理软件、手绘板、数位笔等工具的普及和升级，艺术家们能够更加便捷地实现自己的创意和想象。

技术革新不仅提高了创作效率和质量，还促进了风格的多样化和创新化。例如，三维建模和渲染技术的应用使得卡通与动漫角色和场景的设计更加立体和逼真；而动态捕捉和动作捕捉技术则让角色的动作更加自然流畅。此外，虚拟现实（VR）和增强现实（AR）等新兴技术也为卡通与动漫的创作和展示带来了全新的体验。

（三）市场趋势与受众需求

市场趋势和受众需求也是影响卡通与动漫风格发展的重要因素。随着全球娱乐产业的快速发展和受众群体的不断扩大，卡通与动漫作品的市场竞争也日益激烈。为了满足不同受众的需求和喜好，卡通与动漫风格在创作上更加注重多样化和个性化。一方面，艺术家们会根据目标受众的年龄、性别、文化背景等因素来调整作品的风格和主题；另一方面，他们也会积极尝试新的创作手法和表现形式，以吸引更多观众的关注和喜爱。

此外，随着社交媒体和网络平台的兴起，卡通与动漫作品的传播方式也发生了巨大变化。艺术家们可以通过网络平台展示自己的作品并与观众进行互动交流，这为他们提供了更多的创作灵感和反馈机会。

（四）未来展望与创作方向

展望未来，卡通与动漫风格将继续保持多元化和创新性的发展趋势。随着技术的不断进步和受众需求的不断变化，新的艺术流派和表现手法将不断涌现。对于艺术家而言，保持对新技术和新趋势的敏锐洞察力和探索精神至关重要。他们需要不断学习和掌握新的创作工具和技术手段，同时保持对艺术的热爱和追求。在创作过程中，他们应该注重挖掘和表达自己的独特视角和情感体验，创作出具有个性和深度的作品。

跨文化的交流与合作也将成为未来卡通与动漫风格发展的重要趋势。艺术家们应该积极参与国际艺术交流活动，与其他国家和地区的艺术家进行互动和学习，以拓宽自己的艺术视野和创作思路。通过跨文化交流与合作，他们可以将不同文化的精髓和元素融入自己的作品中，创作出具有全球影响力和文化价值的卡通与动漫作品。

第四节 抽象与表现主义风格

一、抽象艺术的本质与特点

抽象艺术，作为艺术领域中的一股独特力量，其本质在于对视觉表达形式的深刻探索与革新。它摒弃了传统绘画对自然物象的直接再现，转而追求色彩、线条、形状等视觉元素本身的独立价值与表现力，以此构建出超越具象、直指心灵的艺术世界。在数字绘画的语境下，抽象艺术更是借助技术的力量，拓宽了创作的边界，展现了前所未有的艺术魅力。

（一）抽象艺术的本质：视觉语言的纯粹提炼

抽象艺术的本质，在于对视觉语言的纯粹提炼与重构。它不再局限于对客观世界的忠实描绘，而是将色彩、线条、形状等视为独立的艺术语言，通过艺术家的主观处理与组合，创造出一种全新的视觉体验。这种体验超越了现实的束缚，直指人的内心世界，引发观者的情感共鸣与深层思考。在数字绘画中，艺术家可以利用软件的强大功能，对色彩进行无限调配，对线条进行精准控制，从而实现对视觉语言的极致提炼与表达。

（二）抽象艺术的特点：形式与内容的自由融合

抽象艺术的特点之一，在于其形式与内容的自由融合。传统绘画往往注重形式与内容的统一，即形式服务于内容的表达。而抽象艺术则打破了这一界限，形式本身成为了表达的主体，内容则隐藏于形式之后，需要观者自行解读与领悟。这种自由融合的方式，使得抽象艺术具有极大的开放性与包容性，能够容纳多种思想与情感。在数字绘画中，艺术家可以更加灵活地运用各种技术手段，创造出形态各异、风格多样的抽象作品，进一步强化了这一特点。

（三）与传统绘画的区别与联系

抽象艺术与传统绘画在多个方面存在显著差异。首先，在创作理念上，传统绘画追求对自然物象的忠实再现，强调技法的精湛与形象的逼真；而抽象艺术则更注重主观情感的抒发与视觉语言的创新，追求形式的独立价值与表现力。其次，在表现手法上，传统绘画往往遵循一定的构图法则与色彩规律；而抽象艺术则更加自由灵活，不受任何规则的限制。然而，尽管存在这些差异，抽象艺术与传统绘画之间仍存在着深刻的联系。抽象艺术并非完全脱离现实而存在，它依然是对现实世界的一种反映与解读，只不过是通过一种更为抽象、更为直接的方式来进行。同时，传统绘画中的某些元素与技法也为抽象艺术提供了灵感与借鉴。

（四）数字绘画中的抽象艺术实践

在数字绘画领域，抽象艺术的实践呈现出前所未有的活力与创造力。艺术家们利用数字技术的优势，如色彩的无限调配、线条的精准控制以及图像处理的便捷性，创作出了一系列令人耳目一新的抽象作品。这些作品不仅保留了抽象艺术的核心特质，如形式与内容的自由融合、视觉语言的纯粹提炼等，还融入了数字技术的独特魅力，如动态效果的呈现、虚拟空间的探索等。这些实践不仅丰富了抽象艺术的表现形式与内涵，也为数字绘画的发展开辟了新的方向。

二、色彩与形状的自由运用

（一）色彩的情感释放与自由表达

在抽象与表现主义风格的数字绘画中，色彩被赋予了前所未有的自由与生命力，成为艺术家表达深层情感和抽象观念的重要媒介。色彩不再仅仅是对物体固有色的再现，而是成为情感与思想的直接映射。艺术家们通过大胆的色彩运用，打破传统色彩搭配的束缚，创造出强烈而富有冲击力的视觉效果，以此激发观者的情感共鸣。

在色彩的自由运用中，艺术家常常运用色彩的对比与和谐来营造特定的情感氛围。冷暖色调的交织、明暗对比的强烈或柔和，都能引发观者不同的心理感受。例如，热烈的红色与冷静的蓝色并置，可以传达出矛盾与冲突的情感张力；而柔和的粉色与宁静的蓝色相融合，则能营造出一种温馨和谐的氛围。此外，艺术家还通过色彩的纯度、明度等属性的变化，来丰富画面的色彩层次和深度，使作品更加生动立体。

（二）形状的无拘无束与观念传达

与色彩相似，形状在抽象与表现主义风格的数字绘画中同样享有极高的自由度。艺术家们不再受限于具象形态的束缚，而是根据自身的情感和观念，创造出各种独特的形状组合。这些形状可能是几何图形的抽象变形，也可能是自然形态的夸张与简化，它们以非传统的方式组合在一起，共同构成了一个充满想象力和表现力的艺术世界。

形状的自由运用不仅体现在其形态的多样性上，更在于其背后的象征意义和观念传达。艺术家通过形状的选择、排列和组合，来暗示或明示自己的创作意图和思想观念。例如，尖锐的三角形可能象征着冲突与紧张；圆润的曲线则可能代表着和谐与安宁。形状的大小、比例、方向等属性也都能成为艺术家表达情感和观念的有力手段。

（三）色彩与形状的互动与融合

在抽象与表现主义风格的数字绘画中，色彩与形状并不是孤立存在的元素，而是相互依存、相互作用的有机整体。色彩赋予形状以情感色彩和视觉冲击力，而形状则为色彩提供了具体的表现载体和视觉形态。色彩与形状的互动与融合，使得作品在视觉上更加饱满丰富，情感表达上也更加深刻有力。

艺术家在创作过程中，会根据自身的情感和观念需求，灵活地运用色彩与形状这两个元素。他们可能先以某种色彩基调作为出发点，再通过形状的构建来强化或弱化这种色彩的情感表达；也可能先以某种形状组合作为创作的基础，再通过色彩的渲染来赋予其特定的情感色彩。无论是哪种方式，色彩与形状的完美结合都是艺术家表达情感和观念的关键所在。

　　抽象与表现主义风格的数字绘画中，色彩与形状的自由运用为艺术家提供了广阔的创作空间和无限的想象可能。通过色彩的情感释放与自由表达、形状的无拘无束与观念传达以及色彩与形状的互动与融合，艺术家能够创造出具有深刻情感和独特观念的艺术作品，引领观者进入一个充满想象力和表现力的艺术世界。

三、情感与意象的传达

　　在抽象与表现主义的艺术世界里，色彩与形状不仅是构成画面的基本元素，更是艺术家传达特定情感和意象的强大工具。通过巧妙地组合这些元素，艺术家能够跨越语言的界限，与观者建立深层次的情感共鸣，引导观者进入一个充满想象与感悟的艺术空间。在数字绘画的语境下，这种传达方式更加灵活多样，为艺术家提供了无限的创作可能。

（一）色彩的情感表达

　　色彩在抽象与表现主义艺术中扮演着至关重要的角色。不同的色彩能够激发人们不同的情感反应，从而成为艺术家传达情感的重要手段。例如，红色常被用来表达热烈、激情或危险的情绪；蓝色则往往引发人们对宁静、深邃或忧郁的联想。艺术家通过精心调配色彩，创造出独特的色彩氛围，以此传达特定的情感意象。在数字绘画中，艺术家可以利用软件提供的丰富色彩选项，实现色彩的精准控制与无限变化，从而更加细腻地表达内心的情感波动。

（二）形状的象征意义

　　形状作为视觉语言的基本单位，在抽象与表现主义艺术中同样承载着丰富的象征意义。不同的形状能够引发观者不同的心理反应，进而与特定的意象相联系。例如，圆形常被视为和谐、完整或无限的象征；而尖锐的角形则可能引发紧张、冲突或力量的感受。艺术家通过选择、变形与组合形状，创造出具有特定象征意义的视觉符号，以此传达深层的意象与观念。在数字绘画中，艺术家可以轻松地绘制、编辑与变换形状，使其更加符合创作意图，增强作品的表现力与感染力。

（三）色彩与形状的互动与融合

在抽象与表现主义艺术中，色彩与形状并非孤立存在，而是相互依存、相互作用的。它们之间的互动与融合，形成了独特的视觉语言，共同传达着艺术家的情感与意象。艺术家通过巧妙地安排色彩与形状的布局、对比与呼应，创造出具有强烈视觉冲击力的画面效果，使观者在欣赏过程中感受到一种整体的、和谐的美感。同时，色彩与形状的融合还能够激发观者的想象力与创造力，引导他们深入探索作品背后的深层含义。在数字绘画中，艺术家可以利用软件的图层、蒙版、滤镜等功能，实现色彩与形状之间的复杂互动与融合，创造出更加丰富多彩的艺术效果。

（四）数字绘画的独特优势

数字绘画为抽象与表现主义艺术提供了独特的创作平台与技术支持。它不仅使色彩与形状的表现更加精准细腻、变化无穷，还赋予了艺术家更多的创作自由与可能性。艺术家可以随时修改、调整与完善作品，无须担心传统绘画中材料限制与不可逆的问题。此外，数字绘画还允许艺术家将图像、视频、音频等多种媒体元素融入作品中，创造出更加多元化、立体化的艺术体验。这些独特优势使得数字绘画在传达情感与意象方面展现出前所未有的魅力与潜力。

在抽象与表现主义风格中，色彩与形状是传达特定情感和意象的重要工具。艺术家通过巧妙地组合这些元素，创造出具有独特魅力的艺术作品。而数字绘画则以其独特的优势为艺术家提供了更加广阔的创作空间与技术支持，使得情感与意象的传达更加精准细腻、丰富多彩。

四、材料与技法的探索

（一）混合媒介的无限可能

在抽象与表现主义风格的数字绘画中，混合媒介的运用为艺术家提供了前所未有的创作自由度。不同于传统绘画中单一材料的限制，数字绘画允许艺术家将多种媒介元素无缝融合，创造出独特而丰富的视觉效果。

混合媒介的运用体现在多个层面。艺术家可以在数字画布上模拟传统绘画材料的质感与效果，如油画的厚重感、水彩的透明感等，通过调整笔触、色彩混合方式等参数来实现。这种模拟不仅保留了传统媒介的韵味，还赋予了作品更多的可塑性和灵活性。艺术家还可以将数字绘画与其他数字艺术形式相结合，如摄影、图像处理、三维建模等。通过将不同来源的图像素材进行拼贴、融合、变形等处理，艺术家能够创造出超越现实的视觉景象，进一步拓展抽象与表现主义的表现边界。

此外，混合媒介的运用还体现在对创作过程的探索上。艺术家不再局限于固定的创作流程和工具选择，而是根据创作需要灵活调整，甚至在同一幅作品中尝试多种媒介和技法的结合。这种即兴性和实验性的创作方式，使得每一幅作品都充满了未知和惊喜。

（二）即兴创作的力量

即兴创作是抽象与表现主义风格中不可或缺的一部分。它强调艺术家在创作过程中的直觉、情感和自由表达，鼓励艺术家摆脱预设的框架和限制，让灵感自由流淌。在数字绘画中，即兴创作尤为便捷和高效。艺术家可以随时调整画布上的元素，无须担心材料的浪费或修改的困难。他们可以根据当下的心情、感受或灵感，快速地在画布上挥洒笔触、涂抹色彩，让作品在不断地尝试和修正中逐渐成型。

即兴创作不仅能够激发艺术家的创造力和想象力,还能够使作品更加真实、生动和富有感染力。因为在这种创作方式下,艺术家能够更直接地表达自己的情感和观念,将内心的世界毫无保留地呈现在画布上。同时,即兴创作也能够让观众感受到艺术家的创作热情和真诚,从而更加深入地理解和欣赏作品。

(三)技法的创新与融合

在抽象与表现主义风格的数字绘画中,技法的创新与融合是推动艺术发展的重要动力。艺术家们不断探索新的表现手法和技巧,将传统技法与数字技术相结合,创造出独具特色的艺术语言。

一方面,艺术家们借鉴传统绘画中的技法元素,如笔触的运用、色彩的混合等,将其转化为数字绘画中的独特效果。通过调整笔触的大小、形状、密度等参数,艺术家能够模拟出各种绘画风格的笔触效果;通过运用色彩混合算法和滤镜效果,艺术家则能够创造出丰富多变的色彩层次和质感。另一方面,艺术家们也积极探索数字技术带来的新可能性。他们利用图像处理软件中的各种工具和插件,对图像进行分割、重组、变形等处理,创造出超越现实的视觉效果;他们还利用三维建模和渲染技术,将二维的数字绘画转化为三维的立体作品,进一步拓展艺术的表现形式和空间维度。

技法的创新与融合不仅丰富了抽象与表现主义风格的表现手法和视觉效果,也推动了数字绘画艺术的不断发展和进步。它使艺术家们能够更加自由地表达自己的情感和观念,创造出更加独特、生动和富有感染力的艺术作品。

五、个人视角与创新的追求

在抽象与表现主义的艺术殿堂里,个人视角与创新精神如同璀璨星辰,引领着艺术家们探索未知、挑战传统,创造出独一无二的艺术作品。这一风格不仅是对视觉形式的革新，更是对个人情感、思想及世界观的深刻表达。在数字绘画的广阔舞台上，个人视角与创新精神的追求显得尤为重要，它们共同构成了艺术家创作活动的核心动力。

（一）个人视角：独特情感与思想的映射

　　每一位艺术家都是独一无二的个体，他们拥有各自独特的成长经历、情感体验与思想观念。在抽象与表现主义风格中，个人视角成为艺术家表达自我、与世界对话的重要窗口。艺术家通过作品传达的不仅是视觉上的冲击与美感，更是内心深处未被触及的情感波动与思想火花。他们运用色彩、形状、线条等视觉元素，构建出属于自己的艺术语言体系，使作品成为个人情感与思想的直观映射。

　　在数字绘画领域，技术的便捷性为艺术家提供了更多的创作可能。艺术家可以自由地尝试不同的色彩搭配、形状组合与画面布局，直至找到最能表达个人视角与情感的方式。这种无拘无束的创作过程，不仅激发了艺术家的创造力与想象力，也让他们的作品更加贴近内心、真实可信。

（二）创新精神的驱动力：挑战与超越

　　创新精神是推动艺术发展的不竭动力。在抽象与表现主义风格中，艺术家们不断挑战传统、突破界限，以新的视角审视世界、以新的方式表达情感。他们勇于尝试未知的材料、技法与表现形式，不断探索艺术的无限可能。这种创新精神不仅体现在对艺术语言的革新上，更体现在对艺术观念与审美标准的重塑上。数字绘画为艺术家提供了前所未有的创新空间。艺术家可以利用软件的强大功能，创造出传统绘画难以实现的视觉效果；他们还可以借助互联网的力量，与全球范围内的艺术家交流切磋、相互启发。这种跨地域、跨文化的交流与合作，进一步拓宽了艺术家的视野与思维边界，推动了抽象与表现主义风格的持续发展。

（三）勇于表达：个人见解与感受的释放

　　在抽象与表现主义风格中，勇于表达是艺术家必备的品质之一。艺术家不满足于对现实的简单再现或对他人作品的模仿与借鉴，他们渴望通过自己的作品传达出独特的见解与感受。这种表达不仅是艺术创作的最终目的，也是艺术家实现自我价值、获得社会认同的重要途径。

数字绘画为艺术家提供了更加便捷、高效的表达工具。艺术家可以随时随地通过数字设备进行创作与修改，将内心的想法与感受迅速转化为可视化的艺术作品。同时，数字平台也为艺术家提供了展示与交流作品的广阔舞台，使他们的作品能够跨越时空的限制，触达更广泛的观众群体。这种广泛的传播与反馈机制，进一步激发了艺术家的创作热情与表达欲望。

个人视角与创新精神在抽象与表现主义风格中占据着举足轻重的地位。它们不仅是艺术家创作活动的核心动力，也是推动艺术不断向前发展的重要因素。在数字绘画的语境下，这种追求个人视角与创新精神的重要性更加凸显。艺术家们应当勇于表达自己的独特见解与感受，不断探索新的艺术语言与表现形式，为抽象与表现主义风格的繁荣发展贡献自己的力量。

第五节　个人风格的形成与发展

一、自我认知与定位

在数字绘画的广阔天地中，每一位艺术家都是独一无二的探索者，他们的作品如同星辰般璀璨，各自散发着独特的光芒。然而，在追求个人风格形成之前，一场深刻的自我认知之旅是必不可少的。这不仅是对个人兴趣、才能的审视，更是对艺术追求和创作方向的明确界定。

自我认知始于对内心世界的深入挖掘。艺术家需要静下心来，倾听自己内心的声音，理解那些驱动自己创作的原始动力。是对色彩的敏感，对形状的执着，还是对情感的深刻表达？这些内在的驱动力将成为艺术家个人风格形成的基石。同时，艺术家还需审视自己的技术能力和审美偏好，明确自己在数字绘画领域的优势和短板，为后续的学习和创作提供方向。

（一）明确艺术追求：照亮前行的灯塔

在自我认知的基础上，艺术家需要进一步明确自己的艺术追求。这不仅仅是对艺术风格的界定，更是对艺术价值的理解和追求。艺术家应当思考，自己希望通过作品传达什么？是对现实世界的独特见解，还是对人性深处的深刻剖析？是对美好事物的赞美，还是对社会问题的批判？明确的艺术追求将为艺术家的创作提供强大的动力，使他们在面对困难和挑战时能够坚持不懈，勇往直前。

（二）定位创作方向：绘制个性化的艺术地图

有了自我认知和艺术追求的指引，艺术家接下来需要定位自己的创作方向。这涉及对艺术流派、题材、技法等方面的选择。在数字绘画领域，艺术家可以自由地探索各种风格和技法，但最终需要找到适合自己的那一条道路。是沉浸在抽象表现主义的自由挥洒中，还是追求超现实主义的奇幻想象？是专注于人物肖像的细腻刻画，还是热衷于风景画的广阔描绘？定位创作方向将有助于艺术家在纷繁复杂的艺术世界中保持清醒的头脑，坚定地走自己的路。

（三）持续学习与实践：磨砺个性的艺术之剑

自我认知、明确艺术追求和定位创作方向只是开始，真正的挑战在于持续地学习与实践。数字绘画技术日新月异，艺术家需要不断学习新的软件工具、技法理念和艺术理论，以丰富自己的创作手段和提升作品的艺术价值。同时，艺术家还需要通过大量的实践来磨砺自己的技艺和个性。在每一次的创作过程中，艺术家都应勇于尝试新的想法和表现方式，不断挑战自己的极限。只有这样，才能在不断地试错和修正中逐渐形成自己的独特风格。

艺术家在形成个人风格前进行自我认知和定位是至关重要的。这是一场关乎自我发现、艺术追求和创作方向的深刻探索。通过深入挖掘内心世界、明确艺术追求、定位创作方向以及持续地学习与实践，艺术家将能够找到属于自己的艺术之路，并在这条路上越走越远，最终创作出具有独特魅力和深刻内涵的艺术作品。

二、风格元素的提炼与融合

在数字绘画的广阔天地里，每位艺术家都渴望形成并展现自己独特的个人风格。这一过程并非一蹴而就，而是需要艺术家在广泛汲取各种风格营养的基础上，进行精心的提炼与融合。

（一）广泛探索，汲取灵感

艺术家应保持开放的心态，广泛接触并深入研究不同风格的艺术作品。这包括但不限于传统绘画、现代艺术、数字艺术等多个领域。通过浏览画廊、参加展览、阅读艺术书籍、观看在线教程等方式，艺术家可以接触到丰富多样的艺术形式和表现手法。这些多元的艺术体验将为艺术家提供宝贵的灵感来源，帮助他们在创作中融入更多元的元素和视角。

（二）深入理解，提炼精髓

在广泛探索的基础上，艺术家需要深入理解每一种风格的特点和精髓。这要求艺术家不仅关注作品表面的视觉效果，更要深入探究作品背后的创作理念、情感表达和艺术语言。通过反复观察、分析和实践，艺术家可以提炼出每种风格中最具代表性的元素和技巧。这些元素和技巧将成为艺术家后续创作中宝贵的资源库，为形成个人风格奠定坚实的基础。

（三）批判性思考，筛选适合的元素

面对纷繁复杂的艺术元素和技巧，艺术家需要进行批判性思考，筛选出真正适合自己的元素。这要求艺术家根据自己的审美偏好、创作需求和情感表达的需要，对各类元素进行筛选和重组。在这个过程中，艺术家需要保持敏锐的洞察力和判断力，避免盲目跟风或简单模仿。只有那些能够

激发艺术家创作灵感、符合其个人气质和风格的元素，才值得被保留和进一步融合。

（四）勇于实践，融合创新

提炼出适合自己的元素后，艺术家需要勇于将这些元素融入自己的创作中。这个过程充满了挑战和不确定性，因为不同的元素在融合过程中可能会产生意想不到的效果。艺术家需要不断尝试、调整和优化，以找到最佳的融合方式。同时，艺术家还需要保持创新的精神，勇于突破传统和常规的限制，创造出具有独特魅力的个人风格。在数字绘画中，艺术家可以利用软件的强大功能进行各种尝试和探索，如调整色彩、变换形状、应用滤镜等，以实现更加个性化的艺术效果。

（五）持续反思，完善风格

艺术家需要持续反思自己的创作过程和成果，不断完善和丰富个人风格。这包括对自己的作品进行深入的自我批评和审视，以及接受来自同行和观众的反馈和建议。通过反思和反馈，艺术家可以发现自己在创作中的优点和不足，从而有针对性地进行改进和提升。同时，艺术家还需要保持对艺术发展的敏感度和关注度，不断学习和吸收新的艺术理念和表现手法，以丰富和完善自己的个人风格。

从多种风格中提炼出适合自己的元素并将其融合到自己的创作中，是形成独特个人风格的重要途径。艺术家需要保持开放的心态，拥有深入的感悟，秉持批判性的思考展现勇于实践的精神以及进行持续的反思，才能在数字绘画的舞台上绽放出独特的艺术光芒。

三、实践与反思的循环

（一）实践的深度探索：技艺与灵感的交融

在数字绘画的世界里，实践是通往艺术巅峰的必经之路。艺术家通过不断地创作实践，将理论知识转化为实际的绘画技能，同时也在这一过程中激发新的灵感与创意。每一次的笔触落下，都是对自我风格的探索与塑造；每一次的色彩调配，都是对艺术语言的丰富与拓展。

实践不仅意味着技术上的精进，更在于情感与思想的投入。艺术家在创作时，须将个人的情感、对生活的观察、对世界的理解融入作品中，使作品成为情感与思想的载体。这种深度的情感投入，使得作品更具生命力，也更能触动观者的心灵。

（二）反思的力量：审视与成长的契机

反思是艺术家在创作过程中不可或缺的一环。它要求艺术家在完成作品后，能够客观地审视自己的作品，分析其中的优点与不足，进而明确下一步的改进方向。反思不仅仅是对技术层面的评估，更是对艺术观念、创作思路的深刻剖析。通过反思，艺术家能够发现自己的创作盲点，认识到自身在风格形式上的局限性。这种自我审视的过程虽然可能伴随着痛苦与挑战，但正是这些经历促使艺术家不断成长，逐渐完善自己的艺术语言。

（三）实践与反思的循环：风格优化的螺旋上升

实践与反思并非孤立的两个环节，而是紧密相连、相互促进的。艺术家在实践中不断积累经验，通过反思则能够将这些经验转化为对创作的深刻理解与认识。这种理解与认识又会反过来指导艺术家的下一次实践，形成一个螺旋上升的循环过程。在这个循环中，艺术家的个人风格得以不断优化和完善。他们逐渐摆脱初期的模仿与试探，形成自己独特的艺术语言和视觉风格。同时，随着技艺的成熟和思想的深化，他们的作品也将更加具有深度和内涵，能够引发观者的共鸣与思考。

（四）保持热情与探索精神：持续前行的动力

在数字绘画的征途中，保持对创作的热情和探索精神是艺术家持续前行的动力源泉。热情使艺术家能够克服创作过程中的种种困难与挑战，保持对艺术的热爱与追求；而探索精神则驱使艺术家不断尝试新的创作手法和表现形式，拓宽自己的艺术视野和创作边界。

艺术家应当始终保持一颗好奇心和求知欲，勇于走出舒适区，挑战自己的极限。他们应当关注艺术领域的新动态、新技术和新观念，积极吸收并融入自己的创作中。只有这样，他们才能在数字绘画的广阔天地中不断探索、不断进步，最终创作出具有独特魅力和深刻内涵的艺术作品。

四、风格与时代背景的互动

在数字绘画的领域中，个人风格与时代背景的互动构成了一幅丰富多彩的画卷。艺术家在追求个性表达的同时，不可避免地会受到所处时代的影响，而时代元素的融入又往往能为作品增添新的生命力。

（一）时代精神的映照

每个时代都有其独特的精神风貌和文化特征，这些特征会潜移默化地影响艺术家的创作理念和审美取向。在数字绘画中，艺术家通过色彩、形状、构图等视觉元素，将时代精神融入作品中，使作品成为时代精神的呈现。例如，在科技高速发展的时代，数字绘画作品中常出现未来感十足的线条、光影效果和色彩搭配，这些都反映了艺术家对科技时代的独特理解和感受。同时，艺术家也可以通过作品表达对社会现象的关注和思考，如环保、和平、人权等议题，这些都是时代精神的重要组成部分。

（二）技术革新的推动

数字绘画作为一种新兴的艺术形式，其发展离不开技术的推动。随着数字技术的不断革新，新的绘画工具和软件层出不穷，为艺术家提供了更加便捷、高效的创作手段。这些技术革新不仅改变了艺术家的创作方式，也深刻影响了个人风格的形成和发展。艺术家可以利用数字技术实现传统绘画难以达到的效果，如超现实的场景、细腻的纹理和丰富的色彩层次等。同时，技术革新也为艺术家提供了更多的创作可能和想象空间，使他们在保持个性的同时，能够更好地融入时代元素。

（三）文化交流的融合

在全球化的背景下，文化交流日益频繁和深入。不同文化之间的碰撞和融合为艺术家提供了丰富的创作资源和灵感来源。艺术家可以通过学习和借鉴其他文化的艺术元素和表现形式，丰富自己的创作语言和风格特点。同时，他们也可以将本土文化与时代元素相结合，创造出具有独特魅力的艺术作品。在数字绘画中，艺术家可以利用数字技术跨越地域和文化的界限，实现不同文化元素的融合与创新，使作品呈现出更加多元和包容的艺术风貌。

（四）个性与时代的和谐共生

在追求个性表达的同时，艺术家也需要关注时代背景的影响和变化。他们需要在保持个人风格的基础上，积极融入时代元素和文化特征，使作品既具有独特的艺术魅力，又能与时代产生共鸣。这种和谐共生的关系要求艺术家具备敏锐的洞察力和判断力，能够准确把握时代脉搏和文化趋势，同时保持独立的思考和创作态度。在数字绘画中，艺术家可以通过不断尝试和探索新的创作手法和表现形式，实现个性与时代的有机结合和统一。

个人风格与时代背景的互动是数字绘画创作中不可忽视的重要方面。艺术家需要在广泛汲取时代精神、技术革新和文化交流的基础上，不断提炼和融合适合自己的元素和风格特点。在这个过程中，艺术家将实现个性与时代的和谐共生，创作出具有深远影响和价值的艺术作品。

五、风格持续发展的动力

（一）艺术之旅的无尽探索：风格背后的学习动力

在数字绘画的领域里，当艺术家历经艰辛，终于形成了自己独特的艺术风格时，这并非终点，而是新旅程的起点。因为艺术的海洋浩瀚无垠，新的艺术理念和技法如潮水般不断涌现，持续推动着艺术的边界向前拓展。因此，艺术家在形成个人风格后，更需保持一种不懈的学习动力，以开放的心态去拥抱这些变化，让个人风格在时代的洪流中不断发展与升华。

（二）知识的海洋：持续学习的必要性

数字绘画作为艺术与技术的完美结合，其发展速度之快令人瞩目。新的软件工具、插件、技术革新层出不穷，为艺术家提供了前所未有的创作手段。艺术家若想在这快速变化的环境中保持领先地位，就必须不断学习新知识，掌握新技能。这不仅包括软件操作技巧的提升，更包括艺术理论、美学观念、历史文化等多方面的素养积累。只有这样，艺术家才能在创作中更加游刃有余，将个人风格与时代精神相融合，创作出既有深度又有广度的艺术作品。

（三）开放的心态：接纳与融合的艺术

在持续学习的过程中，艺术家还需保持一种开放的心态。这意味着要勇于接受不同的艺术理念和风格，不拘泥于自己的舒适区，敢于尝试新的表现手法和创作思路。艺术是多元的，每一种风格和理念都有其独特的魅力和价值。艺术家应该像海绵一样吸收这些养分，将它们融入自己的创作中，使个人风格更加丰富多彩。同时，开放的心态也促使艺术家与同行进行更广泛的交流与合作，共同推动艺术事业的发展。

（四）创新的火花：个人风格的持续发展

学习的动力与开放的心态为艺术家提供了源源不断的创新灵感。在数字绘画的实践中，艺术家可以运用所学的新知识、新技能，对个人风格进行不断地探索和尝试。他们可以尝试将传统技法与数字技术相结合，创造出独特的视觉效果；也可以从其他艺术领域中汲取灵感，将不同艺术形式的元素融入自己的作品中。这些尝试和探索不仅丰富了艺术家的创作手段，也推动了个人风格的持续发展。在这个过程中，艺术家可能会遇到失败和挫折，但正是这些经历让他们更加坚韧不拔，更加珍惜每一次的成功。

（五）时代精神的融入：风格发展的社会维度

艺术家在推动个人风格持续发展的过程中，还须关注时代精神的变迁。艺术是时代的镜像，反映着社会的风貌和人们的精神追求。艺术家应当敏锐地捕捉时代的变化趋势，将社会热点、文化现象、科技进步等元素融入自己的创作中，使个人风格与时代精神相契合。这样不仅能够增强作品的时代感和现实意义，也能够让个人风格在更广阔的社会背景中得到认可和传承。

艺术家在形成个人风格后仍需保持学习的动力和开放的心态，不断吸收新的艺术理念和技法，推动个人风格的持续发展。这是一条充满挑战与机遇的道路，需要艺术家用坚定的信念和不懈的努力去走好每一步。

第七章　数字绘画的商业应用

第一节　数字绘画在游戏设计中的应用

一、游戏角色与场景设计

在数字绘画的广袤领域中，游戏角色与场景的设计占据了举足轻重的地位。它们不仅是游戏视觉呈现的核心组成部分，更是玩家沉浸于游戏世界的关键桥梁。通过精细的细节刻画、巧妙的色彩搭配以及氛围的精心营造，数字绘画赋予了游戏角色与场景鲜活的生命力，让玩家在虚拟世界中体验到前所未有的真实与震撼。

（一）角色设计的深度刻画

在游戏角色设计中，数字绘画以其独特的优势，实现了对角色形象的深度刻画。艺术家运用高精度的笔触和丰富的色彩层次，精心雕琢角色的每一个细节，从面部的微妙表情到服饰的繁复纹理，无不展现出极高的艺术水准。同时，通过光影效果的巧妙运用，角色不仅具有了立体感，更在视觉上呈现出强烈的情感色彩，使得玩家能够与角色产生共鸣，深化游戏体验。

（二）色彩搭配的和谐统一

色彩是视觉艺术的重要语言，在游戏角色与场景设计中同样不可或缺。

数字绘画以其丰富的色彩表现力，为游戏世界带来了绚丽多彩的视觉盛宴。艺术家根据游戏主题和场景氛围的需求，精心搭配色彩，创造出既和谐统一又富有层次感的画面效果。无论是温馨宁静的田园风光，还是紧张刺激的战斗场景，都能通过色彩的巧妙运用，营造出恰到好处的氛围，让玩家仿佛置身于游戏世界之中。

（三）氛围营造的沉浸体验

氛围营造是游戏角色与场景设计的重要目标之一。数字绘画通过光影、构图、色彩等多种元素的综合运用，为游戏世界构建了独特的氛围。在恐怖游戏里，暗色调的运用和阴森的光影效果相结合，能够营造出令人毛骨悚然的氛围；而在冒险游戏中，明亮而丰富的色彩搭配以及开阔的构图相结合，能够激发玩家的探索欲望。此外，艺术家还须注重细节的处理，如飘动的树叶、闪烁的星光等，这些细微之处虽不起眼，却能在无形中增强游戏的沉浸感，让玩家更加投入地享受游戏过程。

（四）技术与艺术的完美融合

数字绘画在游戏角色与场景设计中的应用，不仅是艺术创作的体现，更是技术与艺术完美融合的典范。随着数字技术的不断发展，艺术家拥有了更多元化的创作工具和表现手法。他们可以利用 3D 建模软件构建出复杂的角色模型和场景结构，再通过数字绘画技术进行细节刻画和色彩调整；也可以直接在数位板上绘制出精美的 2D 图像，再通过图像处理软件进行优化和完善。这些技术手段的运用，不仅提高了创作效率和质量，更为艺术家提供了更广阔的创作空间，让他们能够尽情发挥自己的想象力和创造力。

数字绘画在游戏角色与场景设计中发挥着不可替代的作用。通过精细的细节刻画、巧妙的色彩搭配以及氛围的精心营造，数字绘画为游戏世界带来了生动而丰富的视觉体验。在未来的发展中，随着数字技术的不断进步和艺术家的不懈努力，我们有理由相信，游戏角色与场景设计将会呈现出更加精彩纷呈的面貌。

二、UI/UX 界面设计

（一）数字绘画在 UI/UX 设计中的视觉引领

在现代游戏设计中，用户界面（UI）与用户体验（UX）的和谐统一是吸引玩家并提升游戏沉浸感的关键因素。数字绘画以其独特的艺术表现力和高度的灵活性，在游戏 UI/UX 设计中扮演着举足轻重的角色。它不仅塑造了游戏世界的视觉风格，还通过图标、按钮、菜单等元素的精细设计，引导玩家的操作流程，增强游戏的互动性和可玩性。

（二）图标设计的艺术表达

图标是 UI 设计中最为直观且频繁使用的元素之一，它们以简洁的图形语言传达复杂的信息，帮助玩家快速理解并执行操作。数字绘画在图标设计中展现了其无限的创意空间。艺术家们运用色彩、形状、纹理等视觉元素，创造出既符合游戏主题又具有高度识别度的图标。这些图标不仅美观大方，还通过细腻的笔触和丰富的层次感，营造出独特的视觉风格，使玩家在初次接触游戏时就能感受到浓厚的艺术氛围。

（三）按钮设计的交互体验

按钮是玩家与游戏进行互动的重要桥梁，其设计直接影响玩家的操作体验和游戏流畅度。数字绘画在按钮设计中注重色彩搭配、形状设计以及反馈效果的实现。通过精心挑选的色彩组合，按钮能够吸引玩家的注意力，并引导其进行点击操作。同时，按钮的形状设计需符合人体工学原理，确保玩家在操作时能够轻松舒适。此外，数字绘画还为按钮添加了丰富的反馈效果，如点击时的光影变化、声音提示等，进一步提升了玩家的交互体验。

（四）菜单设计的导航引导

菜单是游戏中信息展示和导航的主要窗口，其设计直接影响到玩家的游戏体验和游戏世界的探索效率。数字绘画在菜单设计中发挥了其强大的视觉表现力，通过布局规划、色彩搭配、字体选择等手法，创造出既美观又实用的菜单界面。菜单的布局需清晰合理，便于玩家快速找到所需信息；色彩搭配则需与游戏整体风格相协调，营造出统一的视觉感受；字体的选择则需考虑可读性和美观性，确保玩家能够轻松阅读菜单内容。通过这些设计元素的精心组合，数字绘画为玩家提供了一条清晰明确的导航路径，使其能够顺畅地探索游戏世界。

（五）数字绘画在 UI/UX 设计中的整合与创新

在 UI/UX 设计中，数字绘画不仅仅是单一元素的创作过程，更是整个视觉系统的整合与创新。艺术家需要综合考虑游戏主题、玩家需求、技术实现等多方面因素，将数字绘画融入 UI/UX 设计的每一个环节中。他们通过不断地尝试与探索，创造出既符合游戏特色又具有创新性的设计方案。这些方案不仅提升了游戏的视觉品质，还通过优化操作流程、增强互动体验等方式，为玩家带来了更加沉浸式的游戏体验。

数字绘画在游戏 UI/UX 设计中发挥着不可替代的作用。它通过精细的图标设计、交互体验的按钮设计、导航引导的菜单设计以及整体的整合与创新，为玩家打造了一个既美观又实用的游戏世界。随着数字绘画技术的不断发展和创新，我们有理由相信，在未来的游戏设计中，数字绘画将继续发挥其独特的艺术魅力，为玩家带来更加丰富多彩的游戏体验。

三、游戏宣传与广告素材

在游戏产业蓬勃发展的今天，游戏宣传与广告素材的制作成为提升游戏吸引力和认知度的关键环节。数字绘画以其独特的艺术魅力和强大的表现力，在这一领域发挥着不可替代的作用。通过精心设计的宣传海报、引人入胜的广告视频以及生动有趣的社交媒体素材，数字绘画不仅展现了游戏的独特魅力，更激发了广大玩家的兴趣。

（一）宣传海报的视觉冲击力

宣传海报作为游戏宣传的第一印象，其视觉冲击力至关重要。数字绘画以其细腻的笔触、丰富的色彩和独特的构图，为海报设计注入了无限创意。艺术家通过精心构思，将游戏的核心元素与视觉艺术完美结合，创造出既符合游戏主题又具有高度辨识度的海报作品。这些海报不仅能够在众多信息中脱颖而出，吸引玩家的注意，还能通过视觉上的震撼效果，激发玩家对游戏的好奇心和探索欲。

（二）广告视频的动态叙事

广告视频是展示游戏内容、氛围和玩法的重要载体。数字绘画在广告视频制作中的应用，使得视频画面更加生动、流畅且富有感染力。艺术家运用数字绘画技术，结合动画、特效和音效等多种元素，构建出一个个精彩纷呈的游戏世界。通过动态叙事的方式，广告视频能够带领观众身临其境地体验游戏的魅力，感受游戏带来的乐趣。同时，数字绘画还能够在短时间内传达出游戏的核心价值和特色，提高人们对游戏的认知和兴趣。

（三）社交媒体素材的互动性

在社交媒体时代，游戏宣传与广告素材的互动性变得尤为重要。数字绘画以其灵活多变的特点，为社交媒体素材的创作提供了丰富的可能性。艺术家可以根据社交媒体平台的特点和用户需求，设计出形式多样、内容丰富的素材作品。这些素材不仅可以在视觉上吸引用户的眼球，还能通过互动元素如表情包、GIF 动画等形式，增强用户与游戏之间的情感联系和互动体验。此外，数字绘画还能快速响应市场变化和用户反馈，及时调整素材内容和风格，保持游戏宣传的时效性和针对性。

（四）品牌形象的塑造与传播

数字绘画在游戏宣传与广告素材中的应用，还有助于塑造和传播游戏的品牌形象。通过统一的视觉风格和品牌形象设计，数字绘画能够增强游戏的辨识度和记忆点，使玩家在众多游戏中迅速识别并记住该游戏。同时，艺术家还可以根据游戏的特点和定位，创作出具有独特魅力和文化内涵的品牌形象元素，如角色形象、标志符号等。这些元素在宣传海报、广告视频和社交媒体素材中的广泛应用，能够进一步加深玩家对游戏品牌的认知和认同感，提升游戏的品牌价值和市场竞争力。

数字绘画在游戏宣传与广告素材制作中的重要性不言而喻。它不仅为游戏宣传带来了视觉上的震撼和冲击，更通过动态叙事、互动体验和品牌形象塑造等多种方式，提升了游戏的吸引力和认知度。在未来的发展中，随着数字技术的不断进步和艺术家的不断创新，我们有理由相信数字绘画将在游戏宣传领域发挥更加重要的作用，为游戏产业带来更多的惊喜和可能。

四、动态效果与动画实现

（一）数字绘画与动画技术的融合基础

在追求极致游戏体验的当下，数字绘画与动画技术的深度融合成为提升游戏视觉表现力的关键。数字绘画以其独特的艺术性和表现力，为游戏角色和场景提供了丰富的视觉素材；而动画技术则通过动态效果的呈现，让这些静态的画面"活"起来，赋予它们生命力和运动感。两者的结合，不仅增强了游戏的互动性和沉浸感，也为玩家带来了更加生动、逼真的游戏体验。

（二）动态效果的创意构思

在将数字绘画融入动画之前，创意构思是至关重要的一步。艺术家和动画师需要共同探讨游戏的世界观、角色性格、场景氛围等因素，以此为基础构思出符合游戏整体风格的动态效果。这些效果可能包括角色的行走、奔跑、攻击等动作，以及场景中的光影变化、粒子效果、天气系统等。通过细致入微的构思，确保每一个动态效果都能与游戏世界完美融合，为玩家营造出一种身临其境的感觉。

（三）数字绘画在动画中的角色塑造

在动画中，角色是故事的核心，也是玩家关注的焦点。数字绘画通过精细的笔触和丰富的色彩，为角色赋予了独特的外观和气质。而动画技术则通过关键帧动画、骨骼动画、物理模拟等手段，将这些静态的角色形象转化为生动的动态形象。艺术家和动画师需紧密合作，确保角色在动画中的动作流畅自然，表情生动丰富，能够准确传达角色的情感状态和内心世界。同时，通过数字绘画的细致描绘，还能让角色的服装、饰品等细节在动画中展现出更加精美的效果，提升整体的视觉品质。

（四）场景动画的营造与氛围渲染

场景是游戏世界的重要组成部分，也是玩家探索游戏世界的重要载体。数字绘画通过丰富的色彩和构图技巧，为场景设计提供了广阔的创意空间。而动画技术则通过动态效果的添加，让场景中的元素如树木摇曳、水流潺潺、云雾缭绕等变得栩栩如生。这些动态效果不仅增强了场景的视觉效果，还通过光影、色彩等元素的变化，营造出不同的氛围和情感基调。例如，在紧张的战斗场景中，可以通过快速切换的光影效果和激烈的粒子效果来营造紧张刺激的氛围；而在宁静的乡村场景中，则可以通过柔和的光线和悠扬的音效来营造宁静和谐的氛围。

（五）互动性与沉浸感的提升

数字绘画与动画技术的结合，最终目的是提升游戏的互动性和沉浸感。通过精细的动态效果设计，玩家在游戏中可以感受到更加真实、生动的角色和场景，从而增强对游戏世界的代入感和参与感。例如，在角色扮演游戏中，当玩家与 NPC 对话时，NPC 的口型动画与语音同步，以及微妙的肢体动作都能让玩家感受到更加真实的互动体验。此外，动态效果还能为游戏玩法增添新的维度，如通过环境互动来触发特定事件或解谜等，进一步提升游戏的趣味性和挑战性。

数字绘画与动画技术的结合为游戏角色和场景添加了丰富的动态效果，极大地增强了游戏的互动性和沉浸感。这种结合不仅要求艺术家和动画师具备高超的技术水平和艺术素养，还需要他们紧密合作、共同探索和创新。随着技术的不断进步和玩家需求的日益多样化，我们有理由相信数字绘画与动画技术的融合将在未来游戏设计中发挥更加重要的作用。

五、游戏文化与故事叙述

在游戏艺术的广阔天地中，游戏文化与故事叙述是构筑玩家情感体验与认知深度的基石。数字绘画以其独特的视觉艺术语言，在这一领域扮演着至关重要的角色。它不仅是一种表现形式的革新，更是游戏世界观和价值观传递的桥梁，通过细腻的笔触、丰富的色彩与深刻的寓意，引领玩家穿越至一个又一个充满想象力的游戏世界。

（一）构建游戏世界的视觉基础

游戏世界是玩家沉浸体验的核心舞台，而数字绘画则是这个舞台的视觉基石。艺术家运用高超的数字绘画技术，将游戏世界的每一个角落、每一个细节都描绘得栩栩如生。从广袤无垠的自然风光到错综复杂的城市街景，从神秘莫测的古代遗迹到未来感十足的科技奇观，数字绘画以其独特的艺术魅力，为玩家构建了一个又一个既真实又梦幻的游戏世界。这些视觉元素不仅为玩家提供了丰富的视觉享受，更通过视觉上的引导与暗示，让玩家在游戏中不自觉地感受到游戏世界所蕴含的文化底蕴和故事氛围。

（二）深化游戏故事的叙述层次

游戏故事是连接玩家与游戏世界的情感纽带，而数字绘画则是这一纽带的重要表现形式。艺术家们通过精心设计的角色形象、场景布局以及色彩搭配，将游戏故事中的每一个情节、每一个转折都生动地呈现在玩家面前。这些视觉元素不仅直观地展示了游戏故事的情节发展，更通过隐喻、象征等手法，深化了游戏故事的叙述层次。玩家在欣赏这些视觉盛宴的同时，也能够更加深刻地理解游戏故事所传达的价值观和情感内涵，从而与游戏世界产生共鸣。

（三）传递游戏文化的独特魅力

游戏文化是游戏产业的重要组成部分，它包含了游戏所承载的历史、传统、信仰以及审美观念等多种元素。数字绘画以其独特的艺术风格和表现力，成为传递游戏文化的重要载体。艺术家通过数字绘画将游戏文化的独特魅力展现得淋漓尽致，无论是古老的传说故事、神秘的魔法仪式还是现代的科技文明，都能够在数字绘画的笔触下焕发出新的生命力。这些视觉作品不仅丰富了游戏的文化内涵，也为玩家提供了一个了解和学习游戏文化的窗口，促进了游戏文化的传承与发展。

（四）促进玩家对游戏世界观的认同

游戏世界观是游戏故事与游戏文化的核心所在，它决定了游戏世界的运行规则和价值取向。数字绘画通过视觉艺术的方式，将游戏世界观具象化、生动化，使玩家能够更加直观地感受到游戏世界的逻辑与秩序。艺术家们通过精心设计的场景、角色以及道具等元素，构建了一个既符合游戏世界观又充满想象力的游戏世界。玩家在探索这个世界的过程中，会逐渐形成对游戏世界观的认同与理解，从而更加深入地融入游戏世界之中，享受游戏带来的乐趣与启示。

数字绘画在游戏文化建设和故事叙述方面发挥着不可替代的作用。它不仅是构建游戏世界视觉基础的重要手段，更是深化游戏故事叙述层次、传递游戏文化独特魅力以及促进玩家对游戏世界观认同的关键因素。在未来的游戏艺术发展中，我们有理由相信数字绘画将继续发挥其独特的艺术魅力与表现力，为游戏产业带来更多的惊喜与可能。

第二节　影视概念设计与数字绘画

一、影视场景概念图

（一）数字绘画：影视场景概念图的创意启航

在影视项目策划的初始阶段，场景概念图的绘制是至关重要的一环。它不仅为导演和制作团队提供了直观的视觉参考，更是整个项目视觉风格与叙事基调的奠基石。数字绘画，凭借其高效、灵活与无限的创意空间，在这一过程中发挥着不可替代的作用。

（二）创意构思的直观呈现

在影视创作的初期，创意构思往往以文字或口头讨论的形式存在，这些抽象的想法难以被所有人直接理解和把握。数字绘画的出现，为这些创意构思提供了一个具象化的平台。艺术家可以通过数字绘画软件，将脑海中的场景设想转化为生动的图像，包括建筑物的轮廓、自然景观的布局、光影效果的预设等。这些概念图不仅让导演和制作团队能够直观地看到场景面貌，还能够激发他们的想象力，促进更多创意火花的碰撞。

（三）视觉风格的统一与确立

影视作品的视觉风格是其独特性的重要体现。在场景概念图的绘制过程中，数字绘画帮助艺术家探索并确立整部作品的视觉基调。艺术家会考虑色彩搭配、构图方式、光影效果等多个方面，力求使每一幅概念图都能与影片的整体风格相契合。通过不断地尝试与调整，最终形成一个统一而鲜明的视觉体系，为后续的设计工作提供明确的方向。

（四）叙事需求的精准传达

场景概念图不仅是视觉上的展示，更是叙事需求的重要载体。艺术家在绘制过程中，会充分考虑场景在影片中的功能与作用，如营造氛围、推动情节发展、展现人物关系等。通过数字绘画的细腻描绘，艺术家能够准确地传达出这些叙事需求，帮助导演和制作团队更好地理解场景在影片中的位置与价值。同时，概念图还能为后续的拍摄计划、布景设计、特效制作等环节提供重要的参考依据。

（五）团队协作的桥梁

在影视项目的制作过程中，团队协作是至关重要的。数字绘画绘制的场景概念图成为各个部门之间沟通的桥梁。导演可以通过概念图向摄影师、美术师、特效师等团队成员清晰地阐述自己的创意构想；而这些团队成员也可以根据自己的专业知识和技能，对概念图提出修改建议或进行进一步的细化设计。这种基于数字绘画的协作方式，不仅提高了工作效率，还促进了团队成员之间的沟通与理解，为项目的成功实施奠定了坚实的基础。

（六）技术革新的推动力量

随着数字绘画技术的不断发展与革新，其在影视场景概念图绘制中的应用也日益广泛和深入。新的绘画工具、软件算法和渲染技术的出现，为艺术家提供了更加丰富的表现手法和更高的创作自由度。这些技术革新不仅提升了概念图的绘制效率和质量，还推动了影视制作行业的整体进步与发展。因此，数字绘画不仅是影视场景概念图绘制的重要手段，更是推动整个影视产业技术革新的重要力量。

二、角色形象与服装设计

（一）数字绘画在角色形象塑造中的艺术探索

在影视制作中，角色形象的塑造是吸引观众、传达故事情感的核心要素之一。数字绘画以其独特的艺术表现力和无限的创意空间，在角色外貌特征的刻画上发挥着关键作用。艺术家通过精细的笔触、丰富的色彩搭配以及光影效果的运用，将角色的面部轮廓、五官特征、皮肤质感乃至微妙的表情变化都一一呈现，使得角色形象栩栩如生，具有极高的辨识度和感染力。

（二）性格特质的视觉传达

除了外貌特征，角色的性格特质也是数字绘画需要深入探索的领域。艺术家们会根据剧本对角色的描述，通过服装、配饰、姿态、眼神等细节来传达角色的性格特征。例如，一个勇敢无畏的战士会被描绘成肌肉线条分明、眼神坚定、手持武器的形象；而一个温柔细腻的女性角色则拥有柔和的面部轮廓、温暖的笑容以及精致的服饰。这些视觉元素共同构成了角色独特的性格符号，使观众能够在第一时间感受到角色的内在特质。

（三）服装设计的创意与实现

服装是角色形象的重要组成部分，也是数字绘画在影视制作中不可或缺的一环。艺术家会根据角色的身份、背景、性格以及影片的整体风格，设计出既符合角色特点又具有艺术美感的服装。在数字绘画中，服装的材质、纹理、色彩以及剪裁都需要精心处理，以呈现出最佳的视觉效果。同时，艺术家们还会考虑服装与角色的动作、环境之间的互动关系，确保服装在动态场景中依然能够保持美观和合理。这些设计不仅为演员的造型提供了明确的指导，也为后续的服装制作和化妆工作奠定了基础。

（四）指导演员造型与化妆的桥梁

数字绘画所塑造的角色形象，不仅是视觉上的享受，更是演员造型与化妆工作的重要参考。通过数字绘画，导演和制作团队可以清晰地看到角色在不同场景下的外貌变化，从而指导造型师、化妆师等工作人员如何通过化妆、发型、服饰等手段来贴近角色形象。同时，数字绘画中的光影效果、色彩搭配等元素也可以为化妆师提供灵感和借鉴，帮助他们在实践中创造出更加贴合角色气质的妆容效果。这种基于数字绘画的指导方式，不仅提高了演员造型与化妆的准确性和效率，还促进了影视制作团队之间的沟通与协作。

（五）技术与艺术的融合创新

随着数字绘画技术的不断发展，其在影视角色形象与服装设计中的应用也日益广泛和深入。新的绘画工具、软件算法和渲染技术的出现，为艺术家们提供了更加丰富的表现手法和更高的创作自由度。他们可以将传统绘画技巧与现代数字技术相结合，创造出既具有艺术美感又符合影视制作需求的角色形象。同时，数字绘画还促进了影视制作流程的创新与优化，使得角色形象的设计、制作与呈现更加高效、精准和生动。这种技术与艺术的融合创新，不仅推动了影视制作行业的整体进步与发展，也为观众带来了更加丰富多彩的视觉体验。

三、特效预览与视觉创意

在影视制作的浩瀚宇宙中，特效预览与视觉创意构思是迈向精彩视觉呈现的重要途径。数字绘画，作为这一领域的先锋力量，以其无与伦比的灵活性和创造性，为特效团队搭建了理解导演创作意图的桥梁。它不仅帮助团队在前期阶段就能直观理解并探索创意的无限可能，更在后续制作中作为精确指导，确保每一个视觉元素都能精准传达故事的情感与深意。

（一）概念探索与创意孵化

在项目初期，导演与创意团队往往面临诸多未知的挑战，如何将脑海中的抽象概念转化为具体可感的视觉形象，是数字绘画的首要任务。艺术家们通过数字绘画，将导演的想法迅速转化为草图、概念图乃至初步的三维预览，这一过程不仅是创意的孵化过程，也是团队对创意可行性的初步评估。数字绘画的灵活性使得这些概念图可以迅速迭代，直至找到最符合导演愿景且技术可行的设计方案。

（二）视觉风格的确立与统一

每一部影视作品都有其独特的视觉风格，这不仅是导演对艺术追求的体现，也是吸引观众的重要因素。数字绘画在视觉风格的确立与统一上发挥着至关重要的作用。艺术家们通过绘制色彩板、材质样例以及场景氛围图等，为影片建立起一套完整的视觉语言体系。这些视觉元素不仅为特效团队提供了明确的制作方向，也确保了影片在视觉上的连贯性和统一性，使观众在观影过程中能够沉浸于影片所营造的独特氛围中。

（三）复杂场景的预览与规划

影视特效中，复杂场景的构建往往耗时耗力，且存在较高的技术难度。数字绘画在此方面的应用，极大地降低了前期规划的风险和成本。通过绘制高精度的场景预览图，特效团队可以提前了解场景的布局、光照、色彩以及特效元素的位置与动态，从而进行更加精准的规划。这种预览不仅有助于团队内部沟通协作，还能帮助导演和制片人更直观地评估场景效果，及时调整创意方向。

（四）角色与生物设计的创意呈现

在影视作品中，角色与生物的设计往往直接影响到观众的情感投入。数字绘画以其丰富的想象力和创造力，为这些角色与生物的设计提供了无限可能。艺术家们通过绘制不同角度的草图、概念图以及动态预览图，将角色的性格特点、外貌特征以及动作表现等细节——呈现。这些设计不仅为特效团队提供了制作依据，也为观众带来了前所未有的视觉震撼。

（五）动态效果的预览与调整

影视特效中的动态效果，如爆炸、火焰、水流等，是营造紧张氛围、增强视觉冲击力的重要手段。数字绘画在动态效果的预览与调整中也扮演着重要角色。艺术家们可以通过绘制动态草图或使用数字绘画软件中的动画功能，模拟特效的动态效果，为特效团队提供直观的参考。这一过程不仅有助于团队快速理解并实现导演的创意愿景，还能在前期阶段就发现并解决潜在的技术难题，确保特效制作的顺利进行。

　　数字绘画在影视特效预览与视觉创意构思中的应用，是影视制作流程中不可或缺的一环。它不仅帮助特效团队更好地理解并实现导演的创意愿景，还通过其独特的艺术魅力和技术实力，为影视作品增添了无尽的视觉魅力与情感深度。

四、氛围营造与情感表达

（一）色彩的语言：数字绘画中的情感调色盘

　　在影视氛围营造中，色彩是无声的语言，能够迅速而深刻地触动观众的情感。数字绘画以其精准的色彩控制能力，为影视作品的情感表达提供了丰富的手段。艺术家们通过精心调配色彩，创造出与影片主题、情节发展及角色内心世界相契合的色彩氛围。例如，温暖的色调可以营造出温馨、和谐的场景氛围，激发观众内心的幸福感；而冷色调则常被用来表达孤独、忧郁或紧张的情绪，引导观众进入特定的情感状态。数字绘画中的色彩不仅美化了画面，更在潜移默化中传递了影片的情感信息。

（二）光影的魔术：营造空间与情感的双重维度

　　光影是影视艺术中不可或缺的元素，它不仅能够塑造空间感、增强画面的立体感，还能深刻影响观众的情感体验。数字绘画在光影处理上展现出了独特的优势。艺术家们可以运用软件中的光影模拟技术，创造出逼真的光影效果，使画面更加生动、真实。同时，他们还可以通过调整光影的强弱、方向、色彩等属性，来强化或弱化画面的情感表达。例如，柔和且温暖的光线可以营造出温馨、浪漫的氛围；强烈且对比鲜明的光影则能增强画面的紧张感和冲击力。数字绘画中的光影魔术，让影视作品在视觉与情感上达到了高度的统一。

（三）构图的智慧：引导视线，深化情感

构图是影视画面布局的艺术，它决定了观众如何观看画面，以及画面如何传达信息。数字绘画在构图上同样展现出了高超的智慧。艺术家们通过巧妙的构图设计，引导观众的视线流动，使画面中的元素相互关联、相互呼应，从而形成一个有机的整体。同时，他们还会根据影片的情感需求，运用不同的构图手法来强化或弱化画面的情感表达。例如，采用对称构图可以营造出稳定、庄严的氛围；而倾斜构图则能增加画面的动感和不稳定感，引发观众的不安情绪。数字绘画中的构图智慧，不仅提升了画面的美感，更深化了影片的情感内涵。

（四）数字绘画的无限创意与情感共鸣

数字绘画技术的不断发展，为艺术家提供了更加广阔的创作空间和无限的创意可能。他们可以利用数字绘画软件中的各种工具和特效，创造出传统绘画难以实现的视觉效果和情感体验。这种技术上的突破，使得数字绘画在影视氛围营造和情感表达方面更具优势。艺术家们可以更加自由地表达自己的想法和感受，将影片的情感信息以更加直观、生动的方式传递给观众。同时，数字绘画的精准性和可修改性也为影视制作提供了极大的便利，使得艺术家能够在不断试错和优化中，找到最能触动观众内心的表达方式。最终，通过数字绘画的独特优势，影视作品得以在视觉与情感上达到高度的共鸣，让观众在享受视觉盛宴的同时，也能深刻感受到影片所传达的情感与思想。

五、国际合作与跨文化交流

在全球化的今天，影视行业的国际合作项目日益增多，不同文化背景下的创意碰撞与融合成为常态。数字绘画作为跨越国界与文化的艺术语言，在这一进程中发挥着至关重要的桥梁作用。它以其独特的视觉表达方式和

高度的技术灵活性，促进了各国艺术家之间的交流与理解，推动了影视艺术的多元化发展。

（一）跨越语言的视觉沟通

在国际合作项目中，语言差异往往成为沟通的一大障碍。而数字绘画，作为一种直观且富有表现力的艺术形式，能够超越语言的界限，实现不同文化背景艺术家之间的有效沟通。通过数字绘画，艺术家们可以快速地传达自己的创意构想、色彩偏好以及视觉风格，使得即便来自不同国家的团队成员也能迅速理解并产生共鸣。这种基于视觉的沟通方式，极大地提高了合作效率，减少了误解与冲突的可能性。

（二）艺术风格的融合与创新

每个国家和地区都有其独特的艺术传统和审美观念，这些差异在国际合作项目中往往成为创意的源泉。数字绘画以其高度的可塑性和灵活性，为不同艺术风格的融合与创新提供了可能。艺术家可以在数字画布上自由挥洒，将各自的文化元素、色彩搭配以及构图技巧相互融合，创造出既具有地域特色又富有新意的视觉作品。这种跨文化的艺术融合，不仅丰富了影视作品的视觉表现力，也促进了全球艺术文化的交流与发展。

（三）技术标准的统一与协作

国际合作项目中，技术标准的统一是确保项目顺利进行的关键。数字绘画作为一种高度技术化的艺术形式，其制作流程、软件工具以及文件格式等方面都有一套相对成熟的标准体系。这些标准不仅有助于各国艺术家在技术上实现无缝对接，也为项目的整体质量和进度提供了有力保障。通过数字绘画的协作平台，艺术家们可以远程共享创作成果、交流技术心得，实现跨地域的高效协作。

（四）促进文化多样性的传播

影视作品作为文化传播的重要载体，其视觉呈现往往承载着丰富的文化内涵和价值取向。数字绘画在国际合作项目中的应用，使得影视作品能够更加生动地展现不同文化的多样性和独特性。艺术家们通过数字绘画，将各自的文化元素巧妙地融入影视作品之中，使观众在享受视觉盛宴的同时，也能感受到不同文化的魅力与智慧。这种跨文化的传播方式，有助于增进各国人民之间的相互理解和尊重，促进世界文化的多样性和包容性。

（五）培养全球视野的艺术家

国际合作项目不仅为影视作品带来了多元化的艺术风格和技术创新，也为艺术家们提供了宝贵的国际交流与学习机会。在数字绘画的协作过程中，艺术家们可以接触到来自不同国家和地区的创作理念和技术手段，拓宽自己的艺术视野和创作思路。这种跨文化的交流与学习，有助于培养具有全球视野和跨文化能力的艺术家，推动影视艺术在全球范围内的繁荣发展。

数字绘画在国际合作项目中发挥着不可替代的桥梁作用。它不仅促进了不同文化背景和艺术风格的融合与交流，还推动了影视艺术的多元化发展。随着全球化进程的加速和科技的不断进步，我们有理由相信数字绘画将在未来的国际合作中发挥更加重要的作用，为全球影视艺术的发展注入新的活力与创意。

第三节　广告与包装设计中的数字绘画

一、广告创意与视觉表现

（一）数字绘画：广告创意的催化剂

在广告行业，创意是吸引目标受众、传递品牌信息、激发购买欲望的核心动力。数字绘画，凭借其独特的艺术风格和无限的创意潜力，成为广告创意构思中不可或缺的一环。它不仅能够打破传统视觉表现的局限，还能以新颖、独特的方式呈现广告内容，从而在众多信息中脱颖而出，吸引目标受众的注意力。

（二）艺术风格的多样探索

数字绘画为广告创意提供了丰富多样的艺术风格选择。从细腻逼真的写实主义到抽象梦幻的超现实主义，从复古怀旧的油画风格到前卫时尚的扁平化设计，艺术家可以根据广告的主题、品牌形象及目标受众的喜好，灵活运用数字绘画技术，创造出符合品牌调性且富有吸引力的视觉形象。这种艺术风格的多样性不仅丰富了广告的视觉语言，也增强了广告的情感表达能力和信息传达效果。

（三）创意元素的自由组合

数字绘画的灵活性还体现在创意元素的自由组合上。在广告创意构思中，艺术家可以将各种图像、色彩、文字、图案等创意元素进行无缝拼接和融合，创造出全新的视觉形象和故事情境。这种跨界的创意融合不仅能够打破常规思维的束缚，还能激发受众的想象力和好奇心，使广告更具吸引力和感染力。同时，数字绘画还可以轻松实现动态效果和交互设计，让广告在静态与动态之间自由切换，进一步提升受众的参与度和体验感。

（四）情感共鸣的深刻营造

广告的最终目的是与受众建立情感联系，引发共鸣并促进品牌认同。数字绘画以其独特的艺术表现力和深刻的情感挖掘能力，在营造情感共鸣方面发挥着重要作用。艺术家可以通过细腻的笔触、丰富的色彩和巧妙的构图，将广告中的情感元素，如喜悦、悲伤、温馨、激情等生动呈现，使受众在视觉上受到冲击的同时，也能在情感上产生共鸣。这种情感共鸣的建立，有助于增强广告的记忆度和传播力，使品牌形象更加深入人心。

（五）技术革新推动广告创意升级

随着数字绘画技术的不断进步和革新，其在广告创意中的应用也在不断拓展和深化。新的绘画工具、软件算法和渲染技术的出现，为艺术家提供了更加高效、精准和富有创意的创作手段。这些技术革新不仅提高了广告创意的制作效率和质量，还推动了广告创意的多元化和个性化发展。艺术家可以更加自由地发挥想象力和创造力，将更多新颖、独特的创意元素融入广告中，为受众带来更加震撼和难忘的视觉体验。

数字绘画在广告创意构思和视觉表现中发挥着举足轻重的作用。它以其独特的艺术风格、灵活的创意组合、深刻的情感共鸣以及不断革新的技术优势，为广告行业注入了新的活力和灵感。在未来的发展中，随着数字技术的不断演进和广告市场的不断变化，数字绘画在广告创意中的应用前景将更加广阔和美好。

二、产品形象塑造

在当今竞争激烈的市场环境中，产品的品牌形象与个性特征是其脱颖而出的关键。数字绘画，作为一种富有创造力和表现力的艺术形式，正日益成为产品形象塑造的重要工具。它通过独特的视觉语言和丰富的创意元素，赋予产品独特的灵魂与气质，进而增强产品的市场竞争力，深化消费者的认同感。

（一）精准传达品牌理念

数字绘画能够精准捕捉并传达品牌的核心理念与价值主张。艺术家运用色彩、线条、构图等视觉元素，将品牌的抽象概念具象化为生动的视觉形象。这些形象不仅具有高度的识别度，还能在潜移默化中向消费者传递品牌的独特魅力和深层含义。通过艺术家的精心塑造，产品不再仅仅是物质上的存在，而是成为品牌理念的物质载体，与消费者建立起深层次的情感联系。

（二）塑造产品个性特征

每个产品都有其独特的个性特征，这是区分于同类产品的重要标识。

数字绘画以其独特的艺术风格和创意手法，为产品量身定制个性化的视觉形象。这些形象或幽默风趣、或高贵典雅、或前卫时尚，能够准确反映产品的市场定位和目标消费群体。通过数字绘画的塑造，产品仿佛被赋予了生命和性格，能够更加生动地展现其独特魅力，吸引目标消费者的目光和青睐。

（三）提升视觉冲击力与吸引力

在"注意力经济时代"，产品的视觉冲击力与吸引力是吸引消费者关注的重要因素。数字绘画以其丰富的色彩、细腻的笔触和强烈的视觉表现力，能够创造出令人惊艳的视觉效果。这些视觉效果不仅能够迅速吸引消费者的眼球，还能激发他们的好奇心和购买欲望。通过数字绘画的精心打造，产品能够在众多同类产品中脱颖而出，成为消费者心目中的首选。

（四）增强品牌记忆点与辨识度

在竞争激烈的市场中，品牌的记忆点与辨识度是品牌成功的关键。数字绘画通过独特的视觉形象和创意元素，为品牌塑造出鲜明的记忆点和辨识度。这些记忆点和辨识度不仅能够帮助消费者在众多品牌中快速识别出目标品牌，还能加深他们对品牌的印象和好感度。随着时间的推移，这些记忆点和辨识度将逐渐转化为品牌的无形资产，为品牌的长远发展奠定坚实基础。

（五）促进品牌与消费者的情感共鸣

数字绘画在塑造产品形象的同时，也注重与消费者建立情感联系。艺术家通过深入挖掘品牌与消费者之间的情感契合点，运用数字绘画的艺术手段将其具象化为视觉形象。这些形象能够触动消费者的内心情感，激发他们的共鸣与认同。通过数字绘画的巧妙运用，品牌与消费者之间建立起一座情感沟通的桥梁，使得品牌不再仅仅是一个商业符号，而是成为消费者生活中不可或缺的一部分。

数字绘画在产品形象塑造中发挥着至关重要的作用。它不仅能够精准传达品牌理念、塑造产品个性特征、提升视觉冲击力与吸引力，还能增强品牌记忆点与辨识度、促进品牌与消费者的情感共振。随着数字技术的不断发展和创新应用，我们有理由相信数字绘画将在未来的产品形象塑造中发挥更加重要的作用，为品牌的发展注入新的活力和动力。

三、包装设计与材质表现

（一）数字绘画：包装设计的创意引擎

在日益激烈的市场竞争中，包装设计作为产品的第一印象，其重要性不言而喻。数字绘画以其强大的创意表现力和高效的制作流程，成为包装设计中不可或缺的一部分。它不仅能够为产品打造独特的视觉形象，还能通过色彩、图案和质感等元素的巧妙运用，提升包装的吸引力和实用性，从而在众多同类产品中脱颖而出。

（二）色彩的艺术魅力

色彩是包装设计中最为直观且具有强烈情感影响力的元素之一。数字绘画技术使得色彩的运用更加精准和丰富。艺术家们可以根据产品的特性和目标受众的喜好，精心调配出最适合的色彩方案。鲜艳的色彩能够迅速吸引眼球，激发购买欲望；而柔和的色彩则能营造出温馨、舒适的氛围，增强产品的亲和力。此外，数字绘画还能实现色彩渐变、色彩叠加等复杂效果，为包装设计增添更多层次感和动感。

（三）图案的创意表达

图案是包装设计中传递信息、表达创意的重要手段。数字绘画技术为图案设计提供了无限可能。艺术家可以通过手绘、矢量图形、图像处理等多种方式，创造出各种形态各异、风格独特的图案元素。这些图案元素既可以作为装饰性元素，美化包装外观；也可以作为功能性元素，如产品说明、品牌标识等，直接参与产品信息的传达中。数字绘画的灵活性使得图案设计能够紧跟时代潮流，满足不同消费者的审美需求。

（四）质感的虚拟呈现

质感是包装设计中不可忽视的一环。它直接关系到消费者对产品的第一触感体验。传统包装设计在质感的呈现上往往受材料和工艺的限制，而数字绘画技术则能够突破这一局限，通过模拟不同材质的光影效果、纹理细节等，实现质感的虚拟呈现。无论是金属的光泽、玻璃的透明感、还是布料的柔软触感，数字绘画都能以高度逼真的方式展现出来。这种虚拟质感的呈现不仅丰富了包装的视觉效果，还为消费者提供了更加直观真实的购物体验。

（五）实用性与美观性的平衡

在包装设计中，实用性与美观性往往需要相互平衡。数字绘画技术在这一方面同样发挥着重要作用。艺术家们在设计过程中会充分考虑包装的功能性需求，如保护产品、便于携带、易于开启等，同时结合美观性要求，通过色彩、图案和质感的巧妙搭配，使包装既实用又美观。此外，数字绘画还能实现包装设计的个性化定制，满足不同消费者的个性化需求，进一步提升产品的市场竞争力。

（六）技术革新引领包装设计新趋势

随着数字技术的不断发展，数字绘画在包装设计中的应用也将不断创新和拓展。新的绘画工具、设计软件和渲染技术的出现，将为包装设计带来更多的可能性。例如，虚拟现实（VR）和增强现实（AR）技术的应用，将使消费者能够通过手机等终端设备，在虚拟环境中预览包装效果，获得更加沉浸式的购物体验。这种技术革新不仅将推动包装设计行业的快速发展，还将为消费者带来更加便捷、高效、有趣的购物方式。

数字绘画在包装设计和材质表现方面发挥着至关重要的作用。它以其独特的创意表现力、丰富的色彩运用、灵活的图案设计、逼真的质感呈现以及实用性与美观性的平衡，为包装设计注入了新的活力和灵感。在未来的发展中，随着数字技术的不断进步和应用场景的不断拓展，数字绘画在包装设计领域的应用前景将更加广阔和美好。

四、市场定位与受众分析

在广告与包装设计的广阔舞台上，市场定位与受众分析是确保设计策略精确无误、有效触达目标群体的基石。数字绘画凭借其独特的艺术魅力与技术优势，在这一过程中扮演着至关重要的角色。它不仅为设计师提供了丰富的创意表达手段，还促进了设计方案的深度定制与精准投放，确保了广告与包装设计能够精准对接市场需求，有效吸引并留住目标受众。

（一）精准捕捉市场趋势

数字绘画以其敏锐的视觉洞察力和无限的创意空间，帮助设计师精准捕捉市场动态与消费趋势。通过对市场数据的深入分析，结合数字绘画的灵活性与创新性，设计师能够迅速提炼出符合时代潮流的设计元素与风格，确保广告与包装设计始终走在市场前沿。这种前瞻性的设计策略，有助于企业在激烈的市场竞争中占据有利位置，吸引更多潜在消费者的关注。

（二）深度剖析受众心理

受众是广告与包装设计的最终接受者，他们的喜好、需求与心理特征直接决定了设计的成败。数字绘画通过细腻的笔触、丰富的色彩与层次分明的构图，能够深刻揭示受众的内在世界，捕捉其微妙的情感变化与心理需求。设计师运用数字绘画这一工具，对受众进行深入的心理剖析，从而设计出更加贴近受众需求、触动其心灵的作品。

（三）个性化定制设计方案

在日益细分化的市场中，个性化定制已成为广告与包装设计的重要趋势。数字绘画以其高度的灵活性与可定制性，为设计师提供了实现个性化设计的可能。通过对不同受众群体的精准分析，设计师可以运用数字绘画技术，为每一个细分市场量身定制独特的设计方案。这些方案不仅符合各自市场的审美偏好与消费习惯，还能有效传递品牌的核心价值与差异化优势，增强品牌的辨识度与竞争力。

（四）优化视觉传达效果

视觉传达是广告与包装设计的基本功能之一。数字绘画以其独特的艺术表现力和视觉冲击力，能够显著提升设计作品的视觉传达效果。通过精心设计的色彩搭配、构图布局与光影效果，数字绘画能够迅速吸引受众的注意力，引导其关注产品信息与品牌形象。同时，数字绘画还能根据受众的视觉习惯与心理预期，优化信息的传达路径与方式，确保信息能够准确、高效地传达给目标受众。

（五）促进品牌与市场的深度融合

数字绘画在广告与包装设计中的应用，旨在促进品牌与市场的深度融合。通过精准的市场定位与受众分析，结合数字绘画的创意表达与视觉呈现，设计师能够打造出既符合市场需求又富有品牌特色的广告与包装作品。这些作品不仅能够提升品牌的知名度与美誉度，还能增强品牌与消费者之间的情感联系与互动，为品牌的长期发展奠定坚实基础。因此，数字绘画在广告与包装设计中的重要性不容忽视，它是实现品牌与市场双赢的关键所在。

五、数字化趋势与技术创新

（一）数字化趋势下的广告与包装设计变革

随着科技的飞速发展，数字化趋势正以前所未有的速度改变着广告与包装设计行业。这一变革不仅体现在创作工具与流程的革新上，更深刻地影响着行业的思维模式、创作理念及市场策略。数字绘画作为这一变革中的重要力量，其应用范围与效果也随之不断拓展和提升。

（二）技术融合：数字绘画与新兴技术的碰撞

在数字化趋势下，数字绘画与新兴技术如 AR（增强现实）、VR（虚拟现实）等的融合，为广告与包装设计带来了前所未有的创新机遇。AR 技术能够通过手机等智能设备，将虚拟元素叠加到现实世界中，使消费者能够与广告或包装进行互动，获得更加沉浸式的体验。而 VR 技术则能创造出一个完全虚拟的环境，让消费者仿佛置身于广告或包装所营造的场景之中，感受更加直观和强烈的视觉冲击。这些技术的运用，极大地丰富了数字绘画的表现形式和互动方式，使得广告与包装设计更加生动有趣，能够更好地吸引消费者的注意力并激发他们的购买欲望。

（三）创作效率与质量的双重提升

数字化趋势还促进了广告与包装设计行业创作效率与质量的双重提升。数字绘画技术通过精确的色彩管理、高效的图层操作以及便捷的修改功能，使得设计师能够更快速地完成作品创作，并随时根据需求进行调整和优化。同时，随着算法和人工智能技术的不断发展，一些烦琐的绘画任务如色彩搭配、图案生成等也可以由计算机自动完成，进一步提高了创作效率。此外，数字化趋势还推动了设计资源的共享与协作，设计师可以通过云端平台与其他团队成员或外部专家进行实时沟通和协作，共同打造出更加优秀的作品。

（四）个性化与定制化需求的满足

在数字化时代，消费者对广告与包装设计的个性化与定制化需求日益增强。数字绘画技术以其灵活性和可编辑性，为满足这一需求提供了有力支持。设计师可以根据消费者的具体需求和喜好，通过数字绘画技术快速制作出符合其个性化要求的广告或包装设计方案。同时，数字绘画还能够实现动态效果和交互设计的创作，使得广告或包装在不同情境下呈现出不同的视觉效果和互动体验，从而更加贴合消费者的实际需求和使用场景。

（五）市场策略与数据驱动的决策

数字化趋势还促进了广告与包装设计行业市场策略与数据驱动的决策。

通过大数据分析和人工智能技术，企业可以更加精准地了解消费者的行为模式和偏好特征，从而制订出更加有效的市场策略和推广方案。在数字绘画的创作过程中，设计师也可以充分利用这些数据资源，对作品进行有针对性的优化和调整，以提高其市场吸引力和转化率。此外，数字化趋势还推动了广告与包装设计行业的智能化发展，如智能推荐系统、智能广告投放等技术的应用，使得市场策略的制定和执行更加高效和精准。

面对数字化趋势的不断深入和新技术的不断涌现，广告与包装设计行业面临着前所未有的机遇与挑战。数字绘画作为这一行业中的重要技术支撑，其应用效果和发展前景也将随着技术的不断进步而不断提升。未来，随着5G、物联网、人工智能等技术的普及和应用，数字绘画将更加深入地融入广告与包装设计的各个环节中，为行业带来更加丰富的创作手段和更加广阔的发展空间。同时，我们也需要认识到，技术的快速发展也带来了市场竞争的加剧和消费者需求的多样化等挑战。因此，在享受技术带来的便利和机遇的同时，我们还需要不断学习和创新，以应对未来的挑战并推动行业的持续发展。

第四节　插画与绘本创作

一、叙事性插画

在视觉艺术的广阔领域中，叙事性插画以其独特的魅力，成为连接文字与图像、讲述故事、传达情感与思想的桥梁。尤其在绘本、小说和漫画等作品中，数字绘画技术的运用更是将这一艺术形式推向了新的高度，赋予了插画前所未有的表现力和生命力。

（一）构建故事框架，引导情节发展

叙事性插画的首要功能在于构建故事的框架，通过一系列精心设计的画面，将故事的起承转合有序地呈现出来。在数字绘画的助力下，插画师能够运用丰富的色彩、细腻的笔触和动态的构图，创造出既符合逻辑又充满想象的场景，引导读者跟随画面的流转，逐步深入故事的核心。这些画面不仅是对文字描述的直观再现，更是对故事情节的深化与拓展，使读者在视觉与想象的双重作用下，更加全面地理解和感受故事。

（二）传达细腻情感，触动心灵共鸣

情感是故事的灵魂，而叙事性插画则是传达情感的重要媒介。数字绘画技术赋予了插画师更多表达情感的手段，如光影的巧妙运用、色彩的情感暗示以及人物表情的精细刻画等。通过这些手段，插画师能够准确地捕捉并传达故事中人物的情感变化，无论是喜悦、悲伤、愤怒还是迷茫，都能通过画面直接触动读者的心灵，引发共鸣。这种情感的传递，使得故事更加生动感人，也让读者在欣赏插画的过程中，获得深刻的情感体验。

（三）深化思想内涵，拓宽想象空间

优秀的叙事性插画不仅仅是对故事的简单描绘，更是对作品思想内涵的深刻挖掘与展现。数字绘画技术为插画师提供了广阔的创作空间，使他们能够自由地表达自己对故事的理解与感悟，将作品的深层含义寓于画面之中。这些画面往往蕴含着丰富的象征意义与隐喻元素，引导读者在欣赏的过程中不断思考、探索与发现。同时，插画师还通过留白、模糊等手法，激发读者的想象力与创造力，鼓励他们根据自己的理解去填充和完善故事的世界，从而拓宽了作品的想象空间与解读维度。

（四）增强阅读体验，促进文化交流

叙事性插画在绘本、小说和漫画等作品中的应用，不仅丰富了作品的视觉表现形式，还极大地增强了读者的阅读体验。数字绘画技术使得插画更加精美、生动且富有感染力，让读者在翻阅书页的过程中仿佛置身于故事之中，与人物同悲共喜、共同成长。此外，叙事性插画作为一种跨越语言与文化的艺术形式，还促进了不同国家和地区之间的文化交流与理解。通过插画这一共同的语言，人们能够跨越地域与文化的界限，分享彼此的故事与情感，增进相互之间的了解与友谊。

叙事性插画作为数字绘画的重要应用领域之一，以其独特的艺术魅力和强大的叙事能力，在绘本、小说和漫画等作品中发挥着不可替代的作用。它不仅是讲述故事、传达情感与思想的工具，更是连接作者与读者、促进文化交流与理解的桥梁。随着数字技术的不断发展与创新，我们有理由相信叙事性插画将在未来展现出更加丰富多彩的面貌与更加深远的影响力。

二、风格多样性与创新

（一）插画风格的广阔天地：多样性与创新的源泉

在数字绘画的广阔舞台上，插画风格以其独特的魅力和无限的创造力，成为艺术家们探索与表达的重要载体。从古典主义的细腻雅致到现代主义的抽象前卫，从东方水墨的韵味悠长到西方油画的丰富层次，插画风格的多样性不仅展现了艺术的多元面貌，更为艺术家们提供了无尽的创意空间。

（二）传统与现代的交融

插画风格的多样性首先体现在传统与现代的交融之中。艺术家们不断从世界各地的传统艺术中汲取灵感，如中国画的留白与意境、日本浮世绘的色彩与构图、欧洲文艺复兴时期的细腻与写实等，将其与现代审美和技术手段相结合，创造出既具有文化底蕴又不失时代感的作品。这种跨文化的融合不仅丰富了插画的艺术语言，也促进了不同文化之间的交流与理解。

（三）技术革新引领风格创新

随着数字技术的飞速发展，插画风格的创新性得到了前所未有的提升。数字绘画软件、图形处理器（GPU）加速技术、人工智能辅助创作等现代科技手段的应用，使得艺术家们能够以前所未有的效率和精度进行创作，同时也为插画风格的探索提供了更多可能性。例如，通过数字绘画软件中的笔刷、滤镜等工具，艺术家可以轻松实现传统绘画中难以达到的效果；而人工智能则能够根据艺术家的创作意图自动生成图像元素或进行风格迁移，为插画创作带来新的灵感和思路。

（四）个性化与实验性的追求

在插画风格的探索中，艺术家们往往追求个性化和实验性的表达。他们不拘泥于现有的风格和规则，勇于尝试新的表现手法和创作思路，以独特的视角和感受去诠释世界。这种个性化的追求不仅使得插画作品呈现出丰富多彩的面貌，也推动了插画艺术的发展和创新。实验性的创作更是艺术家们不断挑战自我、突破界限的过程，他们通过尝试不同的材料、技法或媒介，探索插画艺术的无限可能。

（五）社会文化与心理趋势的影响

插画风格的多样性和创新性还受到社会文化与心理趋势的深刻影响。随着社会的不断发展和变迁，人们的审美观念、价值观念和生活方式也在不断变化。这些变化反映在插画艺术中，就形成了多样化的风格趋势和创新性的表现手法。例如，在环保意识日益增强的今天，越来越多的插画作品开始关注自然生态和可持续发展等议题；在快节奏、高压力的现代生活中，人们对于放松和治愈的需求也促使了温馨、柔和等插画风格的兴起。

（六）鼓励探索：开启插画艺术的新篇章

面对插画风格的多样性和创新性，我们鼓励艺术家勇于探索、敢于创新。无论是从传统艺术中汲取灵感，还是利用现代科技手段进行创作；无论是追求个性化的表达，还是关注社会文化的变迁，都是插画艺术发展的重要动力。让我们携手共进，开启插画艺术的新篇章，为这个世界带来更多的美好与惊喜。

三、儿童绘本与教育应用

在儿童成长的道路上，绘本作为早期教育的重要载体，以其丰富的故事情节、生动的画面表现和深刻的教育意义，深受孩子们的喜爱。而数字绘画技术的引入，更是为儿童绘本的创作带来了前所未有的创新与活力，为激发儿童的想象力和学习兴趣开辟了新的路径。

（一）视觉盛宴：数字绘画构建梦幻世界

儿童绘本的魅力在于其能够用色彩斑斓的画面吸引孩子的目光，引领他们进入一个充满奇幻与想象的世界。数字绘画技术以其无限的色彩选择、细腻的笔触表现和灵活的创意空间，为绘本创作提供了丰富的可能性。从梦幻般的童话王国到神秘的深海探险，从遥远的星际旅行到微观的生命世界，数字绘画都能以惊人的视觉效果将这些场景栩栩如生地呈现在孩子面前，激发他们的好奇心和探索欲。

（二）情感共鸣：插画传递深层寓意

优秀的儿童绘本不仅在于其精美的画面，更在于其能够触动孩子心灵的深层寓意。数字绘画技术通过细腻的情感表达和深刻的象征意义，使插画成为绘本中不可或缺的情感传递工具。无论是温馨的家庭亲情、纯真的友谊之情，还是面对困难时的勇气与坚持，数字绘画都能以独特的视角和方式将这些情感细腻地呈现出来，让孩子在欣赏画面的同时，感受到爱与温暖的力量，学会理解与共情。

（三）寓教于乐：视觉艺术激发学习兴趣

儿童绘本不仅是娱乐的工具，更是教育的手段。数字绘画技术通过创意十足的插画设计，将知识融入故事之中，使孩子在享受阅读乐趣的同时，潜移默化地学习到新知识、新技能。无论是自然科学、社会科学还是人文艺术等领域的知识，都可以通过数字绘画的巧妙运用，以生动有趣的方式展现在孩子面前，激发他们的学习兴趣和求知欲。此外，数字绘画还注重培养孩子的观察力、想象力和创造力等综合素质，为他们未来的学习和发展奠定坚实的基础。

（四）互动体验：数字绘本引领未来教育趋势

随着科技的发展，数字绘本作为一种新兴的绘本形式正逐渐走进孩子们的生活。它结合了传统绘本的故事性和数字技术的互动性，为孩子们提供了更加丰富多彩的阅读体验。在数字绘本中，数字绘画不仅可以作为静态的画面呈现，还可以通过动画、游戏等多种形式的互动元素，让孩子更加积极地参与到故事中来，成为故事的一部分。这种互动体验不仅增强了绘本的趣味性和吸引力，还促进了孩子与绘本之间的情感交流和理解深度，为未来的教育趋势提供了有益的探索和尝试。

数字绘画技术在儿童绘本创作中的应用，不仅为孩子们带来了视觉上的盛宴和情感上的共鸣，更通过寓教于乐的方式激发了他们的学习兴趣和创造力。随着科技的不断进步和教育理念的不断更新，我们有理由相信数字绘本将在未来发挥更加重要的作用，为孩子们的成长和发展贡献更多的力量。

四、成人绘本与情感表达

（一）成人绘本：情感深海的导航图

在数字绘画的绚烂色彩与细腻笔触下，成人绘本以其独特的艺术形式和深刻的情感内涵，成为许多人探索内心世界、理解复杂情感的桥梁。这些绘本超越了传统儿童读物的界限，以更加成熟和深邃的视角，探讨着人生的哲理、情感的波折与自我成长的轨迹。

（二）情感的细腻描绘与共鸣

成人绘本通过插画这一直观而富有表现力的艺术形式，将人类情感的细腻与复杂展现得淋漓尽致。无论是喜悦、悲伤、愤怒还是孤独，艺术家都能以独特的视角和精湛的技艺，将这些情感转化为一幅幅触动人心的画。这些画不仅是对情感的直接表达，更是对人类心灵深处共同感受的呼唤，让读者在欣赏的过程中感受到一种难以言喻的温暖与慰藉。

（三）人生哲理的深刻探讨

成人绘本不仅仅是情感的抒发，更是对人生哲理的深刻探讨。艺术家通过精心设计的情节和富有象征意义的图像，引导读者思考生命的意义、存在的价值以及人与人之间的关系等命题。这些绘本往往以简洁而富有哲理的语言，配合生动的插画，让读者在轻松愉快的阅读体验中，获得对人生更深层次的理解和感悟。

（四）自我探索与成长的旅程

成人绘本还是一场关于自我探索与成长的旅程。它们鼓励读者勇敢地面对自己的内心世界，正视自己的情感需求和人生目标。在绘本的陪伴下，读者可以逐渐揭开自己内心的迷雾，发现真实的自我，并勇敢地迈出成长的步伐。这种自我探索的过程不仅有助于个人心理的健康与成长，更能促进人际关系的和谐与社会的进步。

（五）数字绘画：成人绘本的新篇章

随着数字技术的发展，数字绘画在成人绘本中的应用越来越广泛。数字绘画以其独特的色彩处理、光影效果以及无限的创意空间，为成人绘本的创作提供了更加丰富的表现手法和更加广阔的创作天地。艺术家可以利用数字绘画软件中的各种工具和功能，轻松实现传统绘画难以达到的效果，从而创作出更加生动、逼真、富有感染力的绘本作品。这些作品不仅提升了读者的阅读体验，也推动了成人绘本艺术的创新与发展。

成人绘本以其独特的艺术魅力和深刻的情感内涵，成为人们情感表达和自我探索的重要载体。在数字绘画的助力下，这些绘本更是焕发出了新的生机与活力。它们如同一盏盏明亮的灯塔，照亮了人们内心深处的情感海洋和人生道路，引导着我们勇敢地面对生活的挑战与困境，不断追求自我成长与超越。

五、数字平台与插画传播

在数字化浪潮的推动下，插画艺术的传播与推广方式正经历着前所未有的变革。社交媒体、在线画廊、电子书等新兴数字平台，不仅为插画师提供了更为广阔的展示空间，还极大地加速了插画作品的传播速度，拓宽了受众范围，重塑了插画艺术的生态格局。

（一）社交媒体：即时互动的艺术舞台

社交媒体作为当下最为活跃的数字平台之一，以其即时性、互动性和广泛的覆盖面，成为插画传播的重要阵地。插画师们通过社交平台，可以轻松上传自己的作品，与全球范围内的观众进行即时交流。这种无界线的沟通方式，不仅让插画作品能够迅速获得关注与反馈，还促进了插画师之间的交流与合作，形成了活跃的插画社群。此外，社交媒体上的话题挑战、用户生成内容（UGC）等机制，也为插画艺术的传播增添了更多的趣味性和参与感，进一步激发了公众对插画艺术的兴趣与热爱。

（二）在线画廊：打破地域限制的艺术市场

传统画廊在地理位置上的局限性，使得许多优秀的插画作品难以被更广泛的受众所认知。而在线画廊的兴起，则彻底打破了这一限制。通过构建在线展览平台，在线画廊能够汇聚来自世界各地的插画作品，为观众提供丰富多样的艺术选择。同时，借助互联网的技术优势，在线画廊还能够实现作品的高清展示、在线交易等功能，为插画师提供了更加便捷的销售渠道和更广阔的市场空间。这种线上与线下相结合的艺术市场模式，不仅促进了插画艺术的商业化进程，也推动了插画艺术产业的繁荣发展。

（三）电子书：融合文字与图像的全新阅读体验

电子书的普及，为插画艺术的传播提供了全新的载体。与传统纸质书籍相比，电子书具有存储量大、携带方便、互动性强等优点。在电子书中融入插画元素，不仅能够丰富书籍的视觉表现力，提升读者的阅读体验，还能够更好地传达书籍的主题和情感。同时，电子书还支持多媒体元素的嵌入，如音频、视频等，为插画艺术的呈现提供了更多的可能性。这种融合文字与图像的全新阅读方式，不仅让插画艺术在数字化时代下焕发出新的生机与活力，也推动了出版业的数字化转型与升级。

（四）数字平台的综合效应：推动插画艺术的多元化发展

数字平台对插画传播和推广的影响是多方面的、深远的。它不仅为插画师提供了更加便捷、高效的展示与推广渠道，还促进了插画艺术的商业化进程和市场拓展。更重要的是，数字平台通过其独特的传播机制和互动方式，激发了公众对插画艺术的兴趣与热情，推动了插画艺术的多元化发展。在未来的发展中，随着数字技术的不断进步和应用场景的不断拓展，我们有理由相信插画艺术将在数字平台上绽放出更加璀璨的光芒。

第五节　数字艺术市场的现状与前景

一、市场规模与增长趋势

（一）数字艺术市场的蓬勃兴起

在当今数字化浪潮的推动下，数字艺术市场正以前所未有的速度蓬勃发展，其中数字绘画作为其核心组成部分，更是展现出了强劲的增长势头。这一市场的繁荣不仅体现在规模的持续扩大上，更在于其深刻的行业变革与市场潜力的不断释放。

（二）市场规模的迅速扩张

近年来，随着科技的进步和互联网的普及，数字艺术作品的创作、传播与交易方式发生了根本性变化。数字绘画作品以其独特的艺术魅力、便捷的传播渠道以及广泛的受众基础，迅速赢得了市场的青睐。据行业报告显示，全球数字艺术市场的规模正以年均双位数的速度增长，其中数字绘画市场的贡献不容忽视。这一快速增长的背后，是消费者对个性化、高品质艺术品需求的日益增长，以及数字平台为艺术家提供了更广阔的展示与销售空间。

（三）市场驱动因素的多元分析

数字艺术市场之所以能够保持如此强劲的增长态势，得益于多重市场驱动因素的共同作用。首先，技术革新是推动市场发展的核心动力。随着图形处理技术的不断进步、数字绘画软件的日益完善以及人工智能、区块链等前沿技术的融入，数字绘画的创作效率、作品质量及版权保护等方面均得到了显著提升。其次，消费者偏好的变化也是市场增长的重要因素。年轻一代消费者更加倾向于接受和欣赏数字化、个性化的艺术形式，他们愿意为具有独特创意和审美价值的数字绘画作品买单。此外，社交媒体、在线画廊等新型传播渠道的兴起，也为数字绘画作品的广泛传播和市场拓展提供了有力支持。

（四）发展动力的持续注入

展望未来，数字艺术市场仍将保持强劲的发展动力。一方面，随着技术的不断进步和应用场景的持续拓展，数字绘画的创作手段将更加多样化、表现手法将更加丰富，从而吸引更多艺术家投身于这一领域。另一方面，随着数字经济的蓬勃发展，数字艺术市场将逐渐融入更广泛的经济体系中，成为推动文化产业创新发展的重要力量。同时，随着人们对知识产权保护的重视程度不断提高，数字绘画作品的版权价值将得到进一步释放，为艺术家创造更多经济收益。

（五）市场机遇与挑战并存

在数字艺术市场蓬勃发展的同时，我们也应清醒地认识到其中存在的机遇与挑战。一方面，随着市场规模的扩大和消费者需求的多样化，数字绘画市场将涌现出更多细分领域和创新模式，为艺术家和投资者提供更多发展机遇。另一方面，市场竞争也将日益激烈，艺术家需要不断提升自身创作水平和市场敏锐度，以应对来自同行的竞争压力。此外，如何有效保护数字绘画作品的版权、维护市场秩序等问题也需要行业内外共同努力解决。

数字艺术市场正处于快速发展阶段，其中数字绘画作为重要组成部分，展现出了巨大的市场潜力和广阔的发展前景。面对机遇与挑战并存的市场环境，我们需要保持敏锐的洞察力、积极的创新精神和务实的行动态度，共同推动数字艺术市场的繁荣发展。

二、消费者需求与偏好

在数字化时代，消费者对数字艺术产品的需求和偏好正经历着显著的变化，这些变化不仅反映了技术进步带来的消费习惯革新，也深刻影响着艺术家和从业者的创作方向与市场策略。

（一）个性化与定制化需求的崛起

随着消费者自我表达意识的增强，他们对数字艺术产品的个性化与定制化需求日益增长。在数字绘画领域，这意味着消费者不再满足于标准化的艺术作品，而是更倾向于那些能够体现个人风格、符合个人审美偏好甚至融入个人故事元素的作品。因此，艺术家和从业者需要关注并满足这一趋势，通过提供多样化的创作选项、定制服务或利用 AI 技术实现个性化推荐，来增强作品的吸引力和市场竞争力。

（二）互动性与参与感的追求

数字艺术产品的另一大魅力在于其强大的互动性和参与感。消费者不再满足于静态的观赏体验，而是渴望通过互动来更深入地理解和感受艺术作品。在数字绘画领域，这可以体现为虚拟现实（VR）、增强现实（AR）等技术的应用，使观众能够身临其境地探索画作背后的世界；或是通过社交媒体平台，让消费者参与作品的创作过程，如投票决定色彩搭配、线条走向等，从而建立起与作品的情感联系。艺术家应积极探索这些新兴技术，为观众带来更加丰富和沉浸式的艺术体验。

（三）情感共鸣与文化认同的渴望

在快节奏、高压力的现代生活中，消费者对于能够引发情感共鸣、体现文化认同的艺术作品有着强烈的渴望。数字绘画作为一种视觉艺术形式，其独特的表现力和感染力使其成为传递情感、表达文化的重要载体。因此，艺术家和从业者应深入挖掘不同文化背景下的情感共鸣点，创作出既有深度又具广度的艺术作品，以满足消费者对精神层面的追求。同时，关注社会热点、环境问题等现实议题，通过艺术的方式传递正能量和人文关怀，也是赢得消费者青睐的有效途径。

（四）品质与性价比的平衡考量

在数字艺术产品市场中，消费者对于作品的品质与性价比有着严格的考量。他们既希望获得高质量的艺术作品，又希望这些作品能够物有所值甚至物超所值。因此，艺术家和从业者需要在保证作品品质的同时，合理定价并优化销售渠道和营销策略，以提高产品的性价比和市场竞争力。此外，通过提供限量版、签名版等具有收藏价值的作品，或开展会员制度、积分兑换等促销活动，也可以有效激发消费者的购买欲望和忠诚度。

消费者对数字艺术产品的需求和偏好趋向于个性化、互动性，追求情感共鸣和文化认同，同时注重品质与性价比的平衡。艺术家和从业者应紧跟市场趋势，不断创新创作理念和技术手段，以满足消费者的多元化需求，从而在激烈的市场竞争中脱颖而出。

三、技术创新与产业升级

（一）技术革新：重塑数字艺术市场的格局

在数字艺术领域，技术创新如同一股不竭的动力，持续推动着市场的繁荣与产业升级。人工智能、区块链等新兴技术的兴起，不仅为数字绘画的创作、传播与交易带来了革命性的变化，更深刻地重塑了市场的竞争格局与发展路径。

（二）人工智能：提升创作效率与个性化表达

人工智能技术的融入，为数字绘画的创作过程带来了前所未有的便捷与高效。通过深度学习等先进技术，AI 能够模拟并学习人类艺术家的创作风格与技巧，辅助艺术家完成部分绘画工作，甚至独立创作出具有独特风格的作品。这不仅极大地提高了创作效率，还使得个性化表达成为可能，艺术家能够借助 AI 的力量，探索更多元化的艺术风格和表现形式。

（三）区块链：保障版权与促进透明交易

区块链技术的引入，则为数字绘画作品的版权保护与交易的透明化，提供了有力保障。通过区块链的去中心化、不可篡改等特性，每一幅数字绘画作品都能获得独一无二的数字身份和全程可追溯的版权信息，有效遏制了盗版与侵权行为的发生。同时，区块链技术还能为作品的交易过程提供安全、透明的环境，降低交易成本，提高交易效率，为艺术家和收藏家创造更加公平、公正的市场环境。

（四）产业升级：机遇与挑战并存

随着技术创新的不断推进，数字艺术市场正经历着一场深刻的产业升级。这场升级不仅为市场带来了更多的发展机遇，也带来了前所未有的挑战。一方面，产业升级推动了数字艺术市场的细分化、专业化发展，为艺术家提供了更加广阔的职业发展空间和商业模式创新的可能性。另一方面，产业升级也加剧了市场的竞争态势，要求艺术家不断提升自身的专业素养和创新能力，以适应市场变化的需求。

（五）把握机遇，应对挑战

面对产业升级带来的机遇与挑战，数字艺术市场的参与者需要保持敏锐的洞察力和积极的应对态度。首先，要紧跟技术发展的步伐，不断学习和掌握新技术、新工具的应用方法，以技术创新为驱动，推动自身作品的创作水平和市场竞争力的提升。其次，要深化对市场需求的理解和把握，根据市场变化调整创作方向和经营策略，以满足消费者日益多样化的艺术需求。最后，要加强行业内的交流与合作，共同推动数字艺术市场的规范化和健康发展，为行业的长远发展奠定坚实基础。

技术创新与产业升级正在深刻改变着数字艺术市场的面貌。在这场变革中，艺术家要勇于拥抱新技术、新机遇，积极应对挑战与困难，共同推动数字艺术市场的繁荣发展。

四、版权保护与法律环境

在数字艺术蓬勃发展的今天，版权保护成为维护艺术家权益、促进市场健康发展的关键所在。对于数字绘画这一高度依赖创意与技术的艺术形式而言，版权保护的重要性更是不言而喻。

（一）版权保护是数字绘画市场的生命线

数字绘画作为数字艺术的重要组成部分，其创作过程凝聚了艺术家的智慧与心血。每一件作品都是独一无二的，具有极高的艺术价值和商业价值。然而，在数字化时代，作品的复制与传播变得异常便捷，这也为侵权行为提供了温床。未经授权擅自使用、复制、传播数字绘画作品，不仅侵犯了艺术家的著作权，也损害了市场的公平竞争秩序。因此，加强版权保护，确保艺术家对其作品享有完整的著作权和应得的经济利益，是数字绘画市场得以持续繁荣发展的生命线。

（二）法律环境对艺术家权益的保护逐步加强

随着数字艺术的兴起，各国政府及国际组织对版权保护的重视程度日益提高，相关法律法规不断完善。一方面，国际层面如《伯尔尼公约》《世界知识产权组织版权条约》等条约的签订与实施，为数字绘画作品的跨国保护提供了法律基础；另一方面，各国也根据本国国情制定了相应的版权法律法规，对数字绘画作品的创作、传播、使用等环节进行了全面规范。这些法律法规的出台，为艺术家提供了强有力的法律保障，使其在面对侵权行为时能够依法维权。

（三）技术手段助力版权保护

除了法律层面的保护外，技术手段在数字绘画版权保护中也发挥着重要作用。数字水印、区块链等技术的应用，为作品的身份认证、版权追踪和侵权取证提供了有力支持。数字水印技术可以在不破坏作品原貌的前提下，将版权信息嵌入作品中，实现作品的唯一性标识；而区块链技术则以其去中心化、不可篡改的特性，为版权登记、交易和维权提供了透明、高效的解决方案。这些技术手段的应用，不仅提高了版权保护的效率，也降低了维权成本，为艺术家提供了更加全面的保护。

（四）面临的挑战与应对策略

尽管法律环境和技术手段在不断完善，但数字绘画版权保护仍面临诸多挑战。一方面，网络环境的复杂性和匿名性使得侵权行为难以被及时察觉和有效打击；另一方面，部分艺术家对版权保护的意识不足，也加剧了侵权现象的发生。因此，要进一步完善版权保护体系，需要从多个方面入手：一是加强法律法规的宣传教育，提高艺术家和公众的版权保护意识；二是加大执法力度，严厉打击侵权行为；三是推动技术创新，利用先进技术手段提高版权保护的效率和准确性；四是建立健全版权服务体系，为艺术家提供便捷的版权登记、交易和维权服务。

版权保护是数字绘画市场不可或缺的基石。只有加强版权保护，才能激发艺术家的创作热情，维护市场的公平竞争秩序，推动数字艺术产业的繁荣发展。

五、未来发展趋势与预测

（一）融合创新：技术与艺术的无缝对接

展望未来，数字艺术市场将进一步深化技术与艺术的融合创新，推动数字绘画领域迈向新的高度。随着人工智能、虚拟现实（VR）、增强现实（AR）等前沿技术的不断成熟与应用，数字绘画的创作将不再局限于二维平面，而是向三维空间乃至多维体验拓展。艺术家将能够利用这些技术，创造出更加立体、沉浸式的艺术作品，让观众在欣赏过程中获得前所未有的感官体验。同时，技术的融合也将为数字绘画的创作过程带来更多可能性，如实时互动、动态变化等元素将被引入作品中，使艺术表达更加生动、丰富。

（二）个性化与定制化趋势加强

随着消费者需求的日益多样化与个性化，数字艺术市场将更加注重作品的个性化与定制化服务。数字绘画作为高度个性化的艺术形式，其创作过程本身就充满了无限可能。未来，艺术家将更加注重与消费者的沟通与互动，根据消费者的喜好、需求乃至情感诉求，量身定制专属的艺术作品。这种个性化与定制化的趋势不仅将提升消费者的满意度与忠诚度，也将为艺术家带来更多的创作灵感与市场机会。

（三）版权保护与交易机制的完善

随着区块链等技术在数字艺术市场的广泛应用，版权保护与交易机制将得到进一步完善。区块链技术的去中心化、不可篡改等特性，为数字绘画作品的版权保护提供了强有力的技术支撑。未来，更多的数字艺术平台将采用区块链技术来记录作品的创作信息、交易记录等关键数据，确保作品的版权归属清晰明确。同时，基于区块链的智能合约技术也将被应用于作品的交易过程中，实现交易的自动化、透明化，降低交易成本，提高交易效率。这将为数字艺术市场的健康发展提供有力保障。

（四）跨界融合与产业生态的构建

数字艺术市场将不断推动跨界融合与产业生态的构建。一方面，数字绘画将与其他艺术形式、文化产业乃至科技产业进行深度融合，创造出更多具有创新性和影响力的艺术作品与产品。例如，数字绘画与时尚设计、家居装饰等领域的结合，将推动艺术品的实用化与生活化；与游戏、动漫等产业的融合，则将为数字绘画作品创造更广阔的展示空间与受众基础。另一方面，数字艺术市场将逐渐形成以数字绘画为核心，涵盖创作、传播、交易、教育等多个环节的完整产业生态链。这一生态链的构建将促进资源的优化配置与共享，推动产业的协同发展与创新升级。

（五）国际交流与合作的深化

在全球化的背景下，数字艺术市场的国际交流与合作将不断深化。随着互联网的普及与信息技术的发展，数字绘画作品的传播不再受地域限制，艺术家可以轻松地与全球范围内的同行进行交流与合作。这种国际的交流与合作不仅将促进艺术风格的交流与融合，也将为艺术家提供更多的展示机会与市场空间。同时，国际的合作也将推动数字艺术市场规则的统一与标准化进程，为市场的健康发展提供有力支持。

未来数字艺术市场将呈现出融合创新、个性化与定制化趋势加强、版权保护与交易机制完善、跨界融合与产业生态构建，以及国际交流与合作深化等发展趋势。这些趋势将共同推动数字艺术市场的繁荣发展，为艺术家与消费者创造更多价值与可能。

参 考 文 献

[1] 曹洋 . 数字动画绘画艺术 [M]. 南京：南京大学出版社，2019.

[2] 俞洋 . 数字媒体艺术与传统艺术的融合研究 [M]. 长春：吉林人民出版社，2020.

[3] 李冰 . 数字绘画的艺术形式研究 [J]. 北京印刷学院学报，2022，（第 3 期）：49–52.

[4] 李尤 . 浅谈数字绘画艺术 [J]. 传播力研究，2019，（第 14 期）：185.

[5] 关宇辰，姚鸿芸 . 信息时代背景下中国数字绘画艺术发展路径探析 [J]. 大连大学学报，2024，（第 3 期）：94–100.

[6] 郭雅璇 . 浅谈关于数字绘画艺术发展的思考 [J]. 戏剧之家，2018，（第 20 期）：147.

[7] 张海兰 . 论数字绘画艺术对环艺手绘效果图教学的影响 [J]. 建材与装饰，2020，（第 1 期）：202–203.

[8] 沈剑祥 . 新媒体技术下的数字绘画艺术探究 [J]. 教育现代化，2017，（第 16 期）：112–113.

[9] 石春林 . 数字绘画艺术对传统设计教学的影响及展望 [J]. 现代职业教育，2017，（第 33 期）：88–89.

[10] 纪保超 . 数字绘画艺术与传统绘画艺术 [J]. 大众文艺，2013，（第 4

期）：56.

[11] 张大羽 . 浅谈数字绘画艺术的产生与发展 [J]. 大众文艺，2010，（第 8 期）：2.

[12] 房正 . 数字绘画艺术造型语言研究 [J]. 电影评介，2010，（第 5 期）：77，82.

[13] 罗钰炜 . 数字媒体时代下艺术设计中绘画元素的运用路径探究 [J]. 河北画报，2024，（第 12 期）.

[14] 何观章 . 数字技术在绘画艺术中的应用研究 [J]. 西部皮革，2021，（第 12 期）：103–104.

[15] 李昕夕 . 新媒体时代绘画艺术的数字化传播路径探析 [J]. 传媒，2021，（第 9 期）：69–71.

[16] 万小虎 . 探索绘画造型基础对数字媒体艺术专业的作用 [J]. 卫星电视与宽带多媒体，2019，（第 23 期）：91–92.

[17] 迟锐 . 绘画造型基础对数字媒体艺术专业的作用 [J]. 西部皮革，2019，（第 21 期）：125–126.

[18] 杨兴雨，王承 . 论安塞民间绘画艺术的数字化表现 [J]. 赤峰学院学报（哲学社会科学版），2019，（第 12 期）：109–111.

[19] 潘丽萍 . 数字媒体时代下的数码绘画艺术教学 [J]. 大众文艺，2019，（第 10 期）：233–234.

[20] 刘思奇 . 新媒体语境下绘画艺术的数字化表达解析 [J]. 现代职业教育，2018，（第 12 期）：200.

[21] 曹译文 . 浅析数码绘画的数字化艺术特征 [J]. 文艺生活（文艺理论），2014，（第 7 期）：196.

[22] 陈晓群 . 基础绘画与数字艺术设计 [J]. 计算机教育，2006，（第 4 期）：14–16.

[23] 徐也 . 计算机基础绘画与数字艺术设计 [J]. 齐齐哈尔大学学报（哲

学社会科学版），2009，（第 1 期）.

[24] 郑兴，江宏 . 浅谈 NFT 中数字绘画的表现形式及未来价值 [J]. 丝网印刷，2022，（第 16 期）：49–51.

[25] 张一鸣 . 数字绘画的发展与风格变迁 [J]. 美术界，2023，（第 6 期）：94–95.

[26] 王欢 . 数字绘画方式与传统绘画方式的对比及创作方向分析 [J]. 艺术评鉴，2023，（第 9 期）：29–32.

[27] 迟鸣，周金月，郝磊 . 数字绘画"伪厚涂"法在民族连环画角色造型中的运用 [J]. 中国民族美术，2023，（第 1 期）：78–83.

[28] 吴娅妮，王玉 . 基于计算机虚拟交互的现代数字绘画技术研究 [J]. 微型电脑应用，2023，（第 10 期）：35–38.

[29] 晏斯宇 . 浅析数字绘画时代下的插图创作 [J]. 传播力研究，2019，（第 33 期）：161.

[30] 吴昊玺，唐李阳 . 数字绘画技术下的手绘课程创新实践 [J]. 西部皮革，2020，（第 21 期）：55–56.

[31] 张程 . 基于 EQ 平台下数字绘画设计课程思政实践路径研究 [J]. 四川工商学院学术新视野，2022，（第 2 期）：45–49.

[32] 蔡绍硕，夏晋 . 全媒体语境下绘画艺术的传播变革趋势研究 [J]. 天津美术学院学报，2022，（第 3 期）：96–101.

[33] 邓黎黎 . 绘画艺术元素融入服装设计的视觉展现策略 [J]. 鞋类工艺与设计，2024，（第 6 期）：3–5.